U0382555

中国旱涝灾害时空演变规律

王世新　周　艺　胡　桥　王福涛　著

科学出版社

北　京

内 容 简 介

独特的自然地理环境和季风气候条件使得我国成为世界上旱涝灾害最为频繁和严重的国家之一，旱涝灾害的频繁发生及持续积累给我国社会发展和生态环境造成严重破坏。本书基于历史旱涝资料记录，综合分析了旱涝自然灾害现象的规模、频率、历时、强度、周期、重心等时空特征；以旱灾作为研究对象，从近500a的大时空尺度上，通过空间统计分析、连续功率谱估计、小波分析等经典分析方法，系统地揭示出近500a来我国干旱灾害现象的时空分布特征、时空演变规律和演变趋势。另外，依托近50a的气象数据，提取并构建干旱事件的特征指标——历时、峰值和烈度，通过边缘分布函数拟合，来反映近50a来我国干旱事件、极度干旱事件特征指标的单变量特征、多变量耦合特征。在此基础上，本书基于干旱灾害风险评估理论，分析了干旱灾害与自然因素、社会因素的关系，建立了干旱灾害风险评估模型，开展了我国干旱灾害的风险评估。

本书可供各级防灾减灾部门的工作人员，以及从事地理环境、旱涝灾害研究的专业人员参考，也可供地理信息系统、灾害区划等相关专业学生参考。

审图号：GS（2018）5157号

图书在版编目（CIP）数据

中国旱涝灾害时空演变规律 / 王世新等著 . — 北京：科学出版社，2018.11
ISBN 978-7-03-059404-4

Ⅰ . ①中…　Ⅱ . ①王…　Ⅲ . ①干旱 – 灾害防治 – 中国②水灾 – 灾害防治 – 中国　Ⅳ . ① P426.616

中国版本图书馆 CIP 数据核字 (2018) 第 252632 号

责任编辑：朱海燕　丁传标 / 责任校对：樊雅琼
责任印制：肖　兴 / 封面设计：图阅社

科学出版社 出版
北京东黄城根北街16号
邮政编码:100717
http://www.sciencep.com
北京通州皇家印刷厂 印刷
科学出版社发行　各地新华书店经销
*
2018年11月第　一　版　开本：787×1092　1/16
2018年11月第一次印刷　印张：14　1/4
字数：335 000

定价：129.00元

（如有印装质量问题，我社负责调换）

前　言

旱涝灾害是世界上最严重的自然灾害之一，旱涝灾害的发生具有覆盖范围广、持续时间长、发生频率高、突发性强等特点，严重威胁到农业生产、生态环境和社会生活。中国位于亚欧大陆的东南部，处于“东亚热带季风”和“东亚副热带季风”共同影响的区域，独特的自然地理环境和季风气候使得我国成为世界上旱涝灾害最为严重的国家之一。自公元前206年至公元1949年之间，我国发生较大的水灾约1029次，较重的旱灾达到1056次。14世纪至19世纪，全国出现超过200个县受旱的重大旱年共有8次。近60多年来，在全球气候变化的大背景下，我国旱涝灾害的发生频次、发生范围以及严重程度上都呈现出增加的态势。因此，分析和研究我国历史旱涝灾害的发生过程，探讨旱涝灾害的时空特征、演变规律以及演化趋势，将有利于对旱涝灾害的理解与认识。

本书基于历史旱涝资料数据集的统计与分析，揭示我国历史旱涝灾害的整体特征，并以干旱灾害作为重点研究对象，从近500a的大时空尺度上系统地揭示近500a来我国干旱灾害现象的时空分布特征、时空演变规律和演变趋势，并在近50a的时间尺度上构建、提取干旱事件的历时、峰值与烈度特征指标，用以反映我国干旱事件、极度干旱事件特征指标的单变量特征和多变量耦合特征。同时，本书以干旱灾害风险评估理论为支撑，在分析干旱灾害与自然因素、社会因素关系的基础上，建立干旱灾害的风险评估模型，实现我国干旱灾害风险的评估，为国家防汛抗旱提供决策支持。本书共分为9章，主要编写内容及编者安排分工如下。

第1章由王世新、周艺等负责编写，主要介绍国内外旱涝灾害的研究进展。内容包括旱涝历史资料序列重建、旱涝灾害特征提取方法、旱涝灾害时空一体化分析研究和灾害风险评估等方面的研究进展。

第2章由周艺、王世新等负责编写，主要介绍本书中的研究数据。内容包括数据的来源、数据完整性以及数据的预处理。

第3章由韩昱、李文俊、刘雄飞负责编写，主要介绍500a时间序列和50a时间序列下的研究范围。内容包括不同时间序列下研究范围界定的依据以及研究区基本概况。

第4章由韩昱、王福涛负责编写，重点阐述我国历史洪涝、干旱灾害发生的时空特征。内容包括旱涝灾害事件的规模、发生频率、经历时间、发生强度、时间间隔、分布范围、灾害重心、灾害重心移动轨迹等时空特征。

第 5 章由王世新、李文俊、胡桥负责编写，主要介绍在 500a 的时间序列尺度上，通过地学统计分析、连续功率谱估计、小波分析等分析方法揭示干旱灾害的时空特征，挖掘干旱灾害的时空演变规律，并推测未来干旱的发展趋势。

第 6 章由王世新、胡桥、李文俊负责编写，主要通过提取干旱事件，从而分析历史干旱事件的时空聚类特征，进而分析历史干旱高发区的演变规律，主要包括干旱事件的时空聚类、干旱灾害的时空演变规律以及干旱灾害高发区的演变趋势。

第 7 章由周艺、刘雄飞、王福涛负责编写，主要介绍在近 50a 的时间序列尺度上，应用多维分析模型和方法，分析干旱事件的统计特征以及历时、烈度和峰值等干旱变量的耦合特征。

第 8 章由周艺、胡桥、刘雄飞负责编写，主要通过极端干旱事件的提取，分析极端干旱事件的时空特征及演变特征。主要包括极端干旱事件的识别与提取、极端干旱事件的时空演变规律、周期性特征以及极端干旱事件变量（历时、峰值和烈度）的周期性变化特征和变量之间的时空耦合特征。

第 9 章由王世新、周艺、胡桥、王福涛等负责编写，主要介绍对我国干旱灾害的风险评估，通过分析干旱灾害与自然社会环境之间的关系，以灾害风险评估理论为支撑，构建多方面的干旱风险评估指标，从而评估干旱风险。

全书由王世新、周艺、胡桥、王福涛负责统稿。韩昱、李文俊、刘雄飞负责历史资料的收集、整理和分析，王丽涛、刘文亮、朱金峰、张嘉蓁、常颖、王宏杰等参与了部分章节的数据处理和结果分析、制图。统稿后，全书的内审、内校由尤笛负责完成。

本书得到了高分辨率对地观测系统重大专项（民用部分）“高分遥感在电子政务地理空间基础信息库建设与服务中的应用示范系统（一期）（00-Y30B15-9001-14/16）”、国家重点研发计划“灾害现场信息空地一体化获取技术研究与集成应用示范（2016YFC0803000）”、国家重点研发计划“重特大灾害空天地一体化协同监测应急响应关键技术研究及示范（2017YFB0504100）”、高分辨率对地观测系统重大专项（民用部分）“高分国家主体功能区遥感监测评价应用示范系统（一期）（00-Y30B14-9001-14/16）”等项目的资助。

由于时间仓促，作者水平有限，书中不足和纰漏之处在所难免，敬请广大读者批评指正。

王世新

2018 年 8 月

目　　录

第 1 章　国内外研究现状

在全球变化大背景下，大范围的气候灾害和突发性强烈天气灾害有更为频繁的发生趋势，极端气象事件因其具有突发性、破坏性和难以预测性等特点（邓北胜，2010），给世界经济的发展和人民财产安全造成严重的损失（秦大河，2002；叶笃正和陈伴勤，1992；黄嘉佑，1995），已成为全球最受关注、影响最大的自然灾害之一。自 IPCC 第四次评估报告发表以来，气候变化中时空演化研究受到国内外的高度关注，国内外众多学者对以旱涝灾害为主的气象灾害变化规律和时空特征开展了不同应用层面的科学研究，其研究成果不仅有助于深入理解气候变化规律以及对全球变化的响应，探讨气候变化的原因，而且可以更好地预估未来的气候变化，提高灾害性天气气候事件的预测，为防灾减灾、流域水资源的合理利用及保护和改善生态环境提供科学依据（李斌等，2011；Kunkel et al.，1999；Tank and Können，2003；Zhai et al.，2005；IPCC，2007）。

1.1　旱涝资料序列重建研究

历史旱涝灾害发生规律是地理学、灾害学以及气候学研究的重要内容，其目的是通过对历史旱涝的规律研究，提升对旱涝灾害发生气候背景的认识，以期从气候变化的历史特征分析中找到解释当今气象问题的依据。历史旱涝资料序列重建是历史气象状况分析的数据源，是研究历史旱涝灾害时空演化特征的基础。

旱涝气候的历史记录的建立是气候学研究的重要范畴，现代气象观测资料直到最近 50 ～ 100 年才在全球得到广泛的发展与应用，人类历史上的绝大部分时期都缺乏可与当代气象数据直接比较的器测记录。因此，要认识历史时期气候的变化，就必须去探索这些变化留在各类自然和人工载体中的相关信息。代用资料记录了大自然中代用气候变化特征的特殊物理、生物和化学方面的信息，为地质时期气候变化趋势提供了间接证据（Burroughs，2010）。所以，在古气候的重建研究中，代用资料常被视为对历史时期气候记录的间接反映。历史时期气候变化的研究进程，实际上就是不同种类气候代用数据的发展过程。在气象学研究中，能够反映温度、降水等气候特征的代用记录包括：树木年轮、史料与物候记录、冰芯和石笋、珊瑚和泥炭等多种沉积资料。

各种代用数据的发展又分别涉及相关的学科研究，主要包括植物学、树木年轮气候学、历史学、物候学、冰川学、地质学和海洋学等诸多学科领域。

对代用资料的解析是获取有效气象资料的重要途径，欧洲适于解析降雨特征的文献资料可追溯到公元 700 年。澳大利亚最早的资料始于 18 世纪中后期，北美西部、墨西哥的农业灾害记录为 1450 ～ 1899 年的历史灾害提供了依据（Burroughs，2010）。常用的代用资料解析方法大概遵循以下原则：①采用对于文献记录描述的农作物状态进行定性的分级；②选择与仪器观测有重叠的年份进行定标，判断分级的合理性。Mendoza 等（2006）利用历史农业损失记录，重建了墨西哥东南部 1502 ～ 1899 年的干旱指数序列；Pauling 等（2006）利用德国、捷克等地的农业历史记录，重建长时间序列欧洲降雨网格。除此之外，大部分温带森林的树木树干在生长过程中，随着周围环境的季节性变化形成深浅交替的同心圆（树木年轮），任何一个树种的平均年轮宽度是树种、树龄、树木与土壤中的有效养分以及降水、温度、太阳辐射等气候因子的函数，树木年轮的宽度和结构提供了年轮形成时所处环境的温度和降水信息。在干旱季节，年轮的宽度或厚度通常受有效水分的控制，因而对于旱涝具有显著的指示意义，由于不同的气候类型的干旱时期不同，因此在使用年轮指数时首先应该考虑地区的气候背景，确认反演结果指示干旱季节（Pauling et al.，2006）。Touchan 等（2005）基于地中海气候具有春夏季高温少雨的状况，利用树木年轮宽度指数重建了东地中海过去 237a 的春夏季降水，并与大尺度气候环流做相关分析工作。

我国是拥有悠久历史的文明古国，丰富的历史文献中包含有大量的气象信息，是研究历史气候变化的宝贵代用资料，是全球变化研究的珍贵资源（杨煜达等，2009；中央气象局气象科学研究院，1981；中央气象局气象科学研究所等，1975）。对于史料文献记录的利用是我国历史时期气候研究的主要特色，包括竺可桢、张丕远、王绍武、张德二、陈家其、葛全胜（2012）、郑景云和王绍武（2005）在内的许多学者都对中国东部地区史料记录的气候学信息进行了整理和研究，建立了一些具体区域和时段的气候变化序列，为充分认识东部地区历史气候变化奠定了良好的基础。20 世纪 70 年代初，竺可桢根据大量的历史文献记载，系统地概括了 5000a 来的气候变迁，给出了近 5000a 来中国东部温度变化的曲线。中国气象科学研究院也曾经组织我国各部门的专家学者通过对史料记录的集中整理，建立了中国近 530a 东部地区的旱涝等级，成为认识我国东部干湿变化的一个系统可靠的数据集。20 世纪 70 年代以来，张德二等在全国范围内选取了 120 个站点，根据史料中对旱涝灾情的描述对每个站点在每一年内的旱涝情况进行分站点逐年际划级标识，绘出了我国自 1470 年以来的旱涝分布图，实现了代用资料记录时代与器测资料记录时代的旱涝分布情况的完美衔接（中央气象局气象科学研究院，1981）。而后，张德二等（2003）又将旱涝灾害记录的时间序列延长至2000 年，使得我国关于气象数据的记录时序得到进一步的完善和补充。另一方面，中国气象局兰州干旱气象研究所等研究机构基于西北地区树木年轮、河流流量和湖泊水位资料的恢复和重建，对《中国近五百年旱涝分布图集》中西北四省（区）已有的 12 个站点资料进行了修订和插补，利用柴达木盆地东北边缘的圆柏树木年轮样本建立了格尔木近千年树木年轮年表序列；刚察利用青海湖流域天峻县获取的树木年轮宽度样本，增加了 7 个站点资料，并将站点资料的记录年份从 1979 年延长到 2008 年，绘制《中国西北地区近 500 年旱涝分布图集》（白虎志等，2010）。为我国乃至世界对全球气候变化的研究提供了宝贵的数据信息，在气候变化及气候预测研究中发挥了巨大的作用。

1.2　旱涝灾害时空特征研究

以气候系统的变暖为特征的全球气候变化是不争的事实，干旱灾害系统作为一个非线性的复杂系统，涉及多个无法用相同方法度量的变量（经济、社会、文化、物理、生态和环境）（尹姗等，2012），在不同的时空尺度上，通过多维、整体的角度分析历史干旱灾害的发生状况，对于认识历史旱涝灾害的发生规律具有重要意义。

1.2.1　旱涝灾害空间特征研究

旱涝灾害空间特征研究分为两大类：基于地理信息系统可视化与空间分析方法和基于多变量时间序列统计分析。其中，基于地理信息系统可视化与空间分析的旱涝空间特征研究能够将旱涝灾害的发生规模、分布范围、发生强度、灾害重心、灾害重心迁移等信息显示，并生成相关统计信息。随着基础数据的扩充，地理信息系统的灵活性也保证了能够通过构建显著反映灾害特征的统计量，快速直观地从原始数据中提取灾害空间特征。国外（尤其是北美科学家与相关机构）基于地理信息系统可视化的旱涝灾害特征研究开展较早，以 NOAA/USDA（国家海洋和大气管理局 / 美国农业部）为例，NOAA/USDA 目前已经形成了相对规范的产品集，并且大量的基础数据集允许用户下载，在此基础上发展自己需要的应用，在防灾减灾，农作物估产等业务中开展了广泛的应用。我国从 2006 年 11 月 1 日起发布了用于监测干旱灾害的干旱等级国家标准，也开展了类似的旱涝灾害空间可视化产品发布工作。中国气象局国家气候中心网站会进行数据的实时更新与显示，进而从图像上直观地查阅近期全国的干湿情况，这一数据集的发布为我国防灾减灾、农业、水利、气象等部门的工作提供了可靠的依据。另外，就目前国内基于地理信息系统可视化的旱涝灾害空间特征的研究而言，具有代表性的有史培军（2003）编制的《中国自然灾害系统地图集》，该图集揭示了我国灾害时空分布规律，对我国防灾、减灾和保险业都有很大参考价值；王静爱等（2008；2006；2002）基于县域统计单元的旱涝灾害信息，以总时段（1949 ～ 2005 年）、分时段（1956 ～ 1965 年，1996 ～ 2005 年）、分季度和分月份 4 种时间尺度来划分，选取 2359 个县域单元上的灾害频数作为衡量旱涝灾害危险性的指标，探讨了中国水灾、旱灾以及旱涝综合灾害的危险性时空分异规律。

多变量时间序列数据的空间特征研究的发展经历了从基于 PCA/EOF（主成分分析 / 经验正交函数）到基于时间序列聚类的研究方法的过程。从已有记载的文献资料可知，受观测手段以及时间序列数据处理能力的限制，早期国外使用 EOF 分析进行降水、气温、海洋等气候要素空间特征综合，通过 PCA 来划分气候变化特征一致的区域，在此基础上进一步分析其与大尺度气候环流的耦合特征、时间变化特征（Beckers and Rixen，2003；Kessler，2001；Cheng et al.，1995；Kawamura，1994）。国内在干湿空间分布特征的研究方面，PCA/EOF 法是研究旱涝时空变化特征最常用的方法，通过计算 PCA/EOF，能实现对数据的有效提炼（Burroughs，2010；刘向文等，2008；周书灿，2007；Qian et al.，2003）。王绍武和王朝迎（1993）根据史料分析旱涝的方法，利用 EOF 着重分析近 500a 间旱涝空间分布的特征。朱亚芬（2003）使用我国东部地区 530a 来 100 个站的旱涝等级序列作 REOF 分解，根据前 7 个旋转空间模上高荷载区分布，将中国东部地区分成 7 个旱涝气候区，即东北区、华北北区、华北南区、西北区、长江中下游地区、华南区及西南。Qian 等（2003）对我国 100 个站近 500 a 的旱涝资料进行分析结果表明，中国旱涝变化在时间上和空间上存在着两个主要特征，从空间分布上看，中国旱涝变化呈南北型分布，且南北中心不同；北方只有唯一 1 个中心，南方包含东南和西南 2 个中心。刘向文等（2008）选取中国东部 38 站 531a（1470 ～ 2000 年）旱涝等级资料，利用 EOF 展开得到 3 种基本旱涝型：黄河、长江流域一致型（Ⅰ型），黄河、长江流域相反型（Ⅱ型），黄河、江淮、华南旱涝相间型（Ⅲ型）。

随着时空数据挖掘技术的进步，时间序列聚类方法逐渐引入到气候要素的空间特征分析中，其原理是基于类内的对象相似性最大，而类间的相似性最小的原则，将空间对象分割成有限的类别。根据聚类数据的不同，时间序列聚类分析，按照聚类数据类型划分为：基于原始数据聚类（raw-data-based）；基于特征聚类（feature-based approaches），通过主成分分析、傅里叶分析、小波分析等方法降低数据维，从中获取数据主要特征；基于模型聚类，假定时间序列符合某种模型或者概率分布，从而通过对模型参数划分类别完成原始数据聚类（Warren，2005）。按照聚类算法划分：系统聚类（层次聚类）、k-Means、神经网络等（Hsu and Li，2010；Vicente-Serrano，2006；Munoz-Diaz，2004）。目前国内外有大量学者将时间序列聚类分析方法引入到降雨、旱涝等级等空间特征研究过程中，实现对于旱涝特征区域的划分。Ramos（2001）利用一种综合 k-Means 和 Ward's 的系统聚类方法，对西班牙东北部 100a 的降雨序列分析，划分降雨特征区；Munoz-Diaz（2004）对比分析 Ward's 系统聚类与 EOF 分析划分出的降雨特征区结果；Sahin 和 Cigizoglu（2012）在研究土耳其降雨和气候区域划分时，通过对比发现 Ward's 聚类分析获得的聚类结果更符合实际情况；Hsu 和 Li（2010）利用人工神经网络对台湾地区的降雨站点进行聚类，划分台湾地区不同的降雨特征区；Yang 等（2010）用 Ward's 系统聚类研究珠江流域极端降雨时间的空间分布特征；Zhong 等（2005）选取史料中 1480 ～ 1940 年间共 460a 的旱涝灾害记录，采用湿润指数法建立湿润指数序列，并以最远距离法做聚类分析，讨论了广东省在 15 ～ 19 世纪末期间整体及不同冷暖时期的旱涝区域分布状况。

1.2.2 旱涝灾害时间特征研究

国内外对于旱涝时间特征的研究，按研究内容划分为趋势性研究、周期性研究等方面。针对单个时间序列的周期性研究，傅里叶谱分析是一种经典的诊断方法，可以用于分析时间序列变化的主周期。小波谱分析是随着 20 世纪 80 年代小波多分辨率分析理论的发展而逐渐应用到气象水文时间序列的周期性分析当中。Braun 等（2005）利用傅里叶谱分析构建模型，研究太阳活动周期对于格陵兰冰川 1470a 周期的作用；Latif 和 Grotzner（2000）通过分析海表面温度（SST）的傅里叶变换谱来提取北大西洋涛动的周期变化特征；Ogurtsov 等（2002）应用傅里叶谱分析，获得树木年轮具有 205a、114a、73a、68a、11a、5.1a、2.5a 等显著周期特征，并将这些周期与太阳活动进行相关分析。

国内学者也利用傅里叶谱开展了大量旱涝等气候周期的研究工作。张文兴（2001）利用沈阳地区近 500a 旱涝序列，对该地区历史旱涝进行了周期性和年代际气候变率分析，并对未来进行气候预测。钱维宏等（2011）从时间演变上，利用频谱分析发现中国旱涝变化有明显的周期性，其周期大约为 24.75a。朱亚芬（2003）对中国北方各个旱涝变化中心区域利用频谱方法，分析 1470 年以来中国北方旱涝的阶段性和区域性，发现各个旱涝气候区的旱涝具有多时间尺度的年代际振荡特征。方伟华等（2000）从灾害系统理论出发，利用全国 1736 ～ 1911 年洪涝灾害时间序列，拟合了各个区域的洪涝灾害长期变化趋势，并通过功率谱分析了时间序列的波动规律。

傅里叶谱分析法建立在时间变化是定常的假设之上，用于提取序列变化的主周期

（林祥，2007）。相比之下，小波分析在时频两域都具有表征信号局部特征的能力，非常适合于分析具有多尺度性质的数据信号（Sang，2013；Labat，2005；Torrence and Compo，1998），小波分析检测一个时间序列（或频谱）转化为频率图像的二维时间序列，相比基于傅里叶变换的频谱分析，它联合了一个加权的窗口和一定数量的在该窗口内给定频率的振荡通过卷积运算为时间系列内的任何周期变异特征的衡量提供了一个工具，在气候序列的研究工作中，Morlet 小波最为常用，通过该方法可以获得各个中心内的旱涝灾情变化的阶段性，周期性等时间特征（Burroughs，2010；Zhang et al.，2007；林祥，2007）。

原则上讲，过去使用傅里叶方法所开展的研究，均可以由小波分析取代。近年来越来越多的学者也将小波分析方法用于旱涝指标序列分析中，用以分析历史旱涝的阶段性、周期性等时间特征，尤其是 Torrence 和 Compo（1998）系统地解释了小波分析在气候时间序列上的应用，并无私提供了相关分析工具，大量气候领域的学者基于 Torrence 的研究成果，拓展了小波分析方法在各自领域中的应用。Brázdil 等（2010）基于欧洲斯德哥尔摩地区的温度网格数据，利用小波功率谱分析重建序列的周期性特点；Mendoza 等（2006）利用小波功率谱分析 1502 ～ 1899 年墨西哥东部地区重建干旱序列，得出墨西哥东部干旱具有 3 ～ 4a、7a、12a、20a、43a 以及 70a 的重现周期；Logan 等 （2010）使用 SPI 指数考察了 1900 ～ 2006 年美国中部平原的干旱分布特征及趋势，用傅里叶谱分析检测了 SPI 值的特征频率，认为整个地区的干旱频率模式没有差别。Kang 等（2007）利用小波功率谱分析水文时间序列的周期特征，从中提取出 3a、15a 水文特征重现周期。

国内应用小波功率谱分析气候时间序列的周期性以及阶段性也开展了大量的工作，其中 Zhang 等（2007）针对长江三角洲地区旱涝气候时间特征研究最为系统，其中包括利用小波功率谱分析近 1000a 长江三角洲地区旱涝气候的周期性与阶段性，并与青藏高原的影响进行了相关性分析；林祥（2007）利用小波分析工具，对搜集到的多种代用数据进行时间特征分析，挖掘代用数据的周期特征。Lu 等（1986）采用 Walsh 功率谱分析了中国东部地区 24 个站点近 200a 的旱涝特征，认为中国东部地区存在 2 ～ 9a 的高频波动周期。张文兴等（2001）利用沈阳地区近 500a 的旱涝序列，对该地区历史旱涝进行了周期性和年代际气候变率分析，对未来进行气候预测。Qian 等（2003）利用频谱分析认为中国旱涝变化有明显的大约为 24.75a 的周期性特征。朱益民（2003）等根据武汉和上海两个代表性测站 523a 的旱涝资料，利用小波分析对长江中下游地区在不同时间尺度上的旱涝周期进行了比较和诊断。

1.2.3　旱涝灾害序列耦合特征研究

现有研究主要是利用统计分析的方法推断两个时间序列在某一时期的相关特征，常用的方法包括：相关分析、交叉谱分析、交叉小波谱分析和小波相关系数分析等（孙卫国和程炳岩，2008）。其中相关分析与交叉谱分析是进行气候时间序列之间耦合性分析的经典统计方法，在分析气候要素之间的耦合性，发现要素之间的相关特征研究中发挥着重要的作用。Pauling 等（2006）运用相关分析发现大尺度环流以及区域降雨之间存在很大相关性。通过近 500a 降雨的分时期研究，发现西班牙南部、摩洛哥北部以及中欧地区的大气模式在这两个地区的降雨特征具有代表性。通过尺度综合分析，显示出中欧以及西班牙南部的极端降雨与地区气压模式有关。Latif 和 Grotzner（2000）应用交叉谱分析了 Niño—3 区海表面温度（南方涛动 ENSO 指数）与 ATL-3 区海表面温度（大西洋涛动 AO 指数）的相关性，发现大西洋涛动变化相比南方涛动变化具有 6 个月滞后的特点。

相比相关系数分析以及交叉谱分析方法，交叉小波谱分析与小波相关系数分析具有在多个时间尺度上解释耦合特征的能力。交叉小波谱分析与小波相关系数分析原理都是基于交叉小波变换来解释两个时间序列之间的耦合振荡行为，二者相比，小波相关系数分析对于弱相关特征挖掘的表现更优秀。近年来，交叉小波谱分析与小波相关系数分析以其多尺度的优势，逐渐取代交叉谱分析，被广泛地应用于气候变化、生态环境等领域的时间序列相关性研究当中。Grinsted 等（2004）对交叉小波谱分析、小波相关系数在地理时间序列上的应用进行了系统的介绍，并且分享了实验所用的交叉小波分析工具，众多学者基于此进行了气候时间序列之间的相关性研究工作，尤其是用在降雨、气温等要素与大尺度气候指数之间（例如：North Atlantic Oscillation – NAO、Arctic Oscillation – AO、 Southern Oscillation Index –SOI、Pacific Decadal Oscillation – PDO 以及 NINO3.4 – Pacific mean Sea Surface Temperature）。相关研究包括，Labat（2005）利用交叉小波分析得到了美洲大陆年平均径流与 NAO、AO、SOI、PDO 以及 NINO3.4 指数之间的交叉小波谱分析与小波相关系数图，从中获得径流量与各指数 2 ～ 10a，10 ～ 20a，以及 20 ～ 30a 尺度上相关性显著；Mu Mullon 等（2012）利用交叉小波分析，获取北美大陆森林绿度指数（MODIS EVI）与大尺度气候环流指数（AVHRR Pathfinder GHRSST Global Level 4，SST）之间的遥相关特；Lehmann 等（2011）应用交叉小波分析，挖掘波罗的海附近长时间序列气温与 NAO 之间的相关关系，获取区域气温变换与大尺度气候环流之间的遥相关特征。

1.3 干旱灾害风险评估

在全球变暖的大背景下，世界范围内的干旱灾害发生的频度和强度呈增加态势，从多维、整体和不同时空尺度上研究干旱灾害风险评估是积极应对全球气候变换的必然选择。风险（risk）是由西方经济学家在19世纪末提出的概念，指从事某项活动结果的不确定性，IPCC（2013）报告中指出，灾害风险是指在某个特定时期的由于危害性的自然事件造成的某个社区或社会的正常运行出现剧烈改变的可能性。干旱灾害风险指干旱的发生和发展对社会、经济以及自然环境系统造成影响和危害的可能性（姚玉璧等，2013）。当代灾害风险评估的基本理论表明，极端气候事件并不必然导致灾害，而是与脆弱性和暴露程度叠加之后产生灾害风险，风险才能转化成为灾害（刘冰和薛澜，2012）。章国材等（2012）将干旱灾害风险系统分解为致灾因子危险性、孕灾环境脆弱性、承灾体暴露度和防灾减灾能力4个部分，即，干旱灾害风险指数＝危险性 ∩ 脆弱性 ∩ 暴露度 ∩ 防灾减灾能力。其中，致灾因子危险性是表示干旱危险程度的度量，一般由强度和频次来进行衡量。通常认为干旱强度越大，发生的频次越高，所造成的干旱影响也就越严重，相应的灾害风险也越大。承灾体指承受干旱灾害的受体，即致灾因子所作用的对象，它反映了区域自身对致灾因子的敏感性。承灾体的暴露度越高，灾害发生后引起的损失就越大。通常来说，承灾体暴露度的评估对象一般为人类及社会经济实体，评估指标有数量型和价值量型两种。其中，与干旱灾害风险有关的数量型指标包括耕地面积、灌溉面积、农作物播种面积百分比、经济密度、人口密度、牲畜总量、耕作制度等；价值量型指标包括粮食产量等（姚玉璧等，2013）。孕灾环境即承灾体所处的自然环境，可以对干旱致灾因子的危险性起到放大或者缩小的作用，孕灾环境可以分为两大类：自然环境（地形、地貌、水文、气候等）和社会环境（人口、经济等）。干旱灾害的孕灾环境脆弱性主要体现在农作物、牲畜、地形地貌、降水量、土壤、植被、气候特征等自然因素中。防灾减灾能力包括工程性和非工程性两类，工程性防灾减灾能力指标主要包括抗旱减灾工程，如有效灌溉面积占区域总耕地面积比例，单位面积水库容量等；非工程性防灾减灾能力指标主要包括财政收入和抗旱投入、抗旱减灾管理系统建设、干旱灾害监测预警系统、种植制度、农业布局及结构调整、农业气候资源利用等。面对未来的干旱风险，加强气候变化背景下的干旱灾害风险评估研究，把干旱灾害风险管理和气候变化适应视为发展过程的组成部分，以降低未来干旱灾害风险，从而实现科学的可持续的发展（郑艳，2012）。

国外对自然灾害风险评估的研究始于20世纪20年代，最初的研究多局限于关注致灾因子发生的概率，即自然灾害发生的可能性（包括时间、强度等），而对自然灾害的脆弱性研究不多（Hewitt，1995）。但随着全球变暖和社会经济的迅猛发展，自然灾害对社会经济的影响以及人类对自然灾害的脆弱性的认识在不断增强，20 世纪 70 年代以后，灾害风险评估发展为更加关注致灾因子作用的对象，与社会经济条件的分析结合起来（Prabhakar et al.，2008；Bender，2002；Changon et al.，2000），Shahid 和 Behrawan（2008）认为干旱危险性同时取决于旱灾强度大小和发生频率高低。干旱强度越大，发生频率越高，危险性越大，通过确定干旱等级划分标准和权重，实现干旱危险性模型的构建。Todisco 等（2013）认为由 Copula 函数得到的 Severity—Duration—Frequency 曲线（SDF 曲线）无法很好地与定量化经济损失相关，从而选择建立干旱经济风险评估模型来作为 SDF 曲线和经济发展受干旱影响之间的桥梁。最终对 Umbria 地区的向日葵产量进行了风险制图。Habiba 等（2011）衡量了 Bangladesh 地区干旱对社会经济、工业基础以及农业前景方面的影响能力。

从整体上来说，中国干旱灾害风险评估主要以农业干旱评估为主。陈素华等（2009）开展了干旱对内蒙古草原牧草生物量损失的评估方法研究。贾慧聪等（2011）改用 EPIC 模型绘制了中国黄淮海地区夏玉米在不同干旱状况下的产量损失分布图，并分析了夏玉米生育期与旱灾致灾风险变化的对应关系。刘义花等（2013）基于灾损评估对青海省牧草干旱灾害风险进行了研究，根据牧草生育期降水量数据将青海省划分为 4 类风险区域。赵志龙等（2013）考虑了致灾危险性和脆弱性两方面，通过划分相应干旱灾害指标和权重对青藏高原农牧区的干旱灾害风险进行了分析。石界等（2014）利用 1981 ～ 2010 年的各类干旱统计资料，结合地形特征、人口密度与社会经济等资料，建立加权归一化回归模型，对定西市干旱灾害风险进行了评估。

第 2 章　研究数据的获取与处理

历史时期的中国是一个干旱灾害频发的国家，由于我国有仪器观测记录的时间不长，及历史的更新迭替，导致早年的观测资料残缺不全，给长时间尺度的旱涝特征研究带来困难。鉴于此，为了获取更多的历史气象信息，众多学者利用史料文献中记录的大量信息，整理出几百年间的干旱灾害与洪涝灾害的发生信息，其中具有重大的价值和代表性的成果主要有《中国近五百年旱涝分布图集》和《中国西北地区近 500 年旱涝分布图集》。

2.1　研究数据的来源

本书中对于我国历史旱涝灾害的研究主要是在近 500 年和近 50 年时间序列两种时间尺度下分析我国旱涝灾害的发生规律特征，书中对于我国历史旱涝灾害特征的研究所使用的数据主要来源于《中国近五百年旱涝分布图集》《中国西北地区近 500 年旱涝分布图集》以及中国地面气候资料日值数据集（V3.0）和中国地面气候资料月值数据集（V3.0）。

2.1.1　近 500a 尺度下的研究数据来源

20 世纪 70 年代，由中央气象局气象科学研究院（现中国气象科学研究院）主持，组织全国 30 多个单位，共同合作开展了我国历史旱涝史料的整理工作。气象学家们根据2100多部文献，如明实录、清实录、地方志（通志、府志、县志等）及其他历史文献（如《古今图书集成》《历代天灾人祸表》等）中关于旱涝的记载作为原始素材，最终出版了《中国近五百年旱涝分布图集》（中央气象局气象科学研究院，1981）。该图集根据史料中对于旱涝灾情的描述定出 5 级制的旱涝等级，形成了全国 120 个旱涝站点 1470 ～ 1979 年逐年的旱涝等级资料。之后，张德二等学者在此基础上又发表了《中国近五百年旱涝分布图集》续补和《中国近五百年旱涝分布图集》再续补（张德二等，1993；2003）。

《中国近五百年旱涝分布图集》系统地反映了我国近 500 多年的旱涝分布情况，首次把描述性的史料转换成定量的等级，为气候、灾害等领域的相关研究提供了十分重要的基础。图集出版以来，许多研究者依据这份资料完成了很多有意义的工作（Chen and Yang，2013；刘向文等，2008；尉英华，2007；Qian et al.，2003；朱亚芬，2003；Hu and Feng，2001；Wang and Zhao，1981），在气候变化及气候预测研究中发挥了极大的作用。同时，这项工作在国际上也饱受赞誉，国外的一些研究也使用过该图集及其所附资料（Bradley，1991；Clegg and Wigley，1984；Hameed et al.，1983）。但是，由于西北地区缺乏系统的文献资料，所以《中国近五百年旱涝分布图集》中缺少对于西北地区旱涝状况的解释。近 30 多年来，西北地区的气象工作者编写了各省（区）的《气象灾害大典》，许多树木年轮、河流流量和湖泊水位资料得到了恢复和重建。据此，中国气象局兰州干旱气象研究所组织西北 4 省（区）气象工作者，依照《中国近五百年旱涝分布图集》中的评定方法，对西北 4 省（区）已有的 12 个站点资料进行了修订和插补，并增加了 7 个站点的资料，于 2010 年出版了《中国西北地区近 500 年旱涝分布图集》（白虎志等，2010），并将这些站点旱涝等级资料延长到 2008 年，进一步完善了我国历史旱涝灾害的数据记录。

《中国近五百年旱涝分布图集》中对于发生旱涝等级的划定时，在有降水量记录数据的情况下，则主要根据实测降水量值来确定旱涝的等级，一般采用站点所在地区 5 ～ 9 月的降水量，其中东北、华北的站点则根据 6 ～ 9 月的降水量评定，。在降水量记录数据缺失的地区，依据史料记载评定旱涝等级时，主要考虑春、夏、秋 3 季旱情、雨情的出现时间、范围、严重程度。关于各级划分标准及其在志书上的典型描述以及降水量记录数据评定标准的计算方法如表 2.1 所示。

表 2.1　旱涝等级评定标准对应的典型描述及降水量计算公式

旱涝等级	评定标准	志书典型描述	实测降水量计算公式
1	持续时间长且强度大的江水、大范围大水、沿海特大的台风雨成灾等	“春夏霖雨”“夏大雨浃旬，江水溢”“春夏大水溺死人畜无算”“夏秋大水禾苗涌流”“大雨连日，陆地行舟”数县“大水”“飓风大雨，漂没田庐”等	$R_i>(\overline{R}+1.17\sigma)$
2	春、秋单季成灾不重的持续降水、局地大水、成灾稍轻的飓风大雨	“春霖雨伤禾”“秋霖雨害稼”“四月大水，饥”“八月大水”某县“山水陡发，坏田亩”等	$(\overline{R}+0.33\sigma)<R_i<(\overline{R}+1.17\sigma)$
3	年成丰稔、大有，或无水旱可记载	“大稔”“有秋”“大有年”等	$(\overline{R}-0.33\sigma)<R_i<(\overline{R}+0.33\sigma)$
4	单季、单月成灾较轻的旱、局地旱	“春旱”“秋旱”“旱”某月“旱”“晚造雨泽稀少”“旱蝗”等	$(\overline{R}-1.17\sigma)<R_i<(\overline{R}-0.33\sigma)$
5	持续数月干旱或跨季度旱，大范围严重干旱	“春夏旱，赤地千里人食草根树皮”“夏秋旱，禾尽槁”“夏亢旱，饥”“四至八月不雨，百谷不登”“河涸”“塘干”“井泉竭”“江南大旱”“湖广大旱”等	$R_i\leqslant(\overline{R}-1.17\sigma)$

注：R_i 是逐年 5 ～ 9（或 6 ～ 9）月降水量，R 和 σ 分别是多年平均降水量和标准差

2.1.2 近50a尺度下的研究数据来源

近50a时间序列的尺度下，所使用的气象数据主要是中国地面气候资料日值数据集（V3.0）以及中国地面气候资料月值数据集（V3.0），主要涉及数据集资料集中的降水与气温数据。其中，降水数据精度为0.1mm，气温数据精度为0.1℃。这些数据经过了国家气象信息中心严格的质量控制和检查，并经过了极值检验和时间一致性人工抽查，保证了数据的正确性与有效性，具体的数据格式如表2.2、表2.3所示。

表2.2 中国地面气候资料日值数据集（V3.0）—降水

序号	中文名	数据类型	单位
1	区站号	Number（5）	无
2	纬度	Number（5）	°、′
3	经度	Number（6）	°、′
4	观测场海拔	Number（7）	0.1 m
5	年	Number（5）	a
6	月	Number（3）	月
7	日	Number（3）	d
8	20～8时降水量	Number（7）	0.1 mm
9	8～20时降水量	Number（7）	0.1 mm
10	20～20时累计降水量	Number（7）	0.1mm
11	20～8时降水量质量控制码	Number（2）	无
12	8～20时累计降水量质量控制码	Number（2）	无
13	20～20时降水量质量控制码	Number（2）	无

表2.3 中国地面气候资料日值数据集（V3.0）—气温

序号	中文名	数据类型	单位
1	区站号	Number（5）	无
2	纬度	Number（5）	°、′

续表

序号	中文名	数据类型	单位
3	经度	Number（6）	°、′
4	观测场海拔	Number（7）	0.1 m
5	年	Number（5）	a
6	月	Number（3）	月
7	日	Number（3）	d
8	平均气温	Number（7）	0.1 ℃
9	日最高气温	Number（7）	0.1 ℃
10	日最低气温	Number（7）	0.1 ℃
11	平均气温质量控制码	Number（2）	无
12	日最高气温质量控制码	Number（2）	无
13	日最低气温质量控制码	Number（2）	无

2.2　研究数据的完整性

我国幅员辽阔，地形复杂，区域差异性大，在不同的历史时期，关于气象数据的记录在时间和空间上也存在明显的差异性。尤其在近 500a 的时间尺度上，王朝的兴替以及历史的变迁，导致用来获取历史时期气候信息的各种代用资料记录良莠不齐。通过对研究数据的完整性分析，从而掌握所收集到的气象数据在时间和空间上的分布差异，进而以数据完整性好的区域内的多种气候代用资料来表示温度、降水等气候要素的变化，从而反映我国历史时期旱涝灾害的时空演化特征。

2.2.1　近 500a 尺度下研究数据的完整性

在 500a 时间序列的研究尺度下，通过对《中国近五百年旱涝分布图集》及其续补和《中国西北地区近 500 年旱涝分布图集》中的数据资料进行整理，共获取到历史旱涝站点 127 个，为了确定每个历史旱涝站点所记录的旱涝信息的空间影响范围，通过构建每个历史旱涝站点的泰森多边形，并与我国的行政县域单元相结合，从而最终确定每个历史站点所代表的空间区域范围（图 2.1）。

图 2.1　中国历史旱涝站点及其代表区域（近 500a）

根据所收集到的 127 个历史旱涝站点在 1470 ～ 2000 年间所记录的历史旱涝信息，统计每个历史旱涝站点所记录信息的数据完整度情况（表 2.4），由图 2.2 可知，中国近 500a 历史旱涝数据存在较为严重数据缺值问题。从 127 个历史旱涝站点的空间分布可以看出，历史时期的旱涝等级资料在中国东部地区较为完善，而在西部地区站点稀少，分布也极不均匀。综合而言，历史旱涝记录的信息在我国东部地区数据完整度相对较高，而在西部地区数据完整度低，尤其是在新疆、西藏等地，关于旱涝灾害的历史资料记录尤为稀缺。

表 2.4　中国历史旱涝站点数据缺失情况表

站点名	缺值数	完整度	站点名	缺值数	完整度	站点名	缺值数	完整度
嫩江	455	0.14	苏州	28	0.95	伊宁	472	0.11
齐齐哈尔	434	0.18	上海	0	1.00	乌鲁木齐	462	0.13
佳木斯	450	0.15	阜阳	0	1.00	哈密	474	0.11
哈尔滨	294	0.45	蚌埠	0	1.00	喀什	472	0.11
牡丹江	453	0.15	合肥	0	1.00	西宁	206	0.61

续表

站点名	缺值数	完整度	站点名	缺值数	完整度	站点名	缺值数	完整度
长春	301	0.43	安庆	0	1.00	格尔木	0	1.00
开原	229	0.57	黄山	4	0.99	张掖	142	0.73
沈阳	234	0.56	杭州	42	0.92	兰州	25	0.95
朝阳	208	0.61	宁波	42	0.92	平凉	3	0.99
丹东	410	0.23	金华	41	0.92	天水	12	0.98
大连	387	0.27	温州	155	0.71	银川	0	1.00
海拉尔	455	0.14	九江	28	0.95	榆林	0	1.00
锡林浩特	434	0.18	南昌	175	0.67	延安	0	1.00
赤峰	446	0.16	上饶	83	0.84	西安	0	1.00
多伦	440	0.17	吉安	106	0.80	汉中	0	1.00
百灵庙	428	0.19	赣州	56	0.89	安康	0	1.00
呼和浩特	275	0.48	建阳	209	0.61	广元	271	0.49
陕坝	425	0.20	福州	116	0.78	万县	365	0.31
鄂托克	400	0.25	永安	137	0.74	成都	301	0.43
大同	14	0.97	漳州	165	0.69	康定	452	0.15
太原	0	1.00	台北	370	0.30	重庆	301	0.43
临汾	0	1.00	台南	355	0.33	西昌	425	0.20
长治	1	1.00	郧县	80	0.85	铜仁	224	0.58
北京	0	1.00	宜昌	131	0.75	毕节	266	0.50
天津	0	1.00	江陵	42	0.92	贵阳	141	0.73
唐山	0	1.00	武汉	0	1.00	兴仁	226	0.57
保定	0	1.00	岳阳	60	0.89	昭通	417	0.21
沧州	10	0.98	沅陵	154	0.71	大理	280	0.47
石家庄	0	1.00	长沙	73	0.86	腾冲	394	0.26
邯郸	0	1.00	邵阳	145	0.73	昆明	246	0.54
安阳	33	0.94	郴州	92	0.83	思茅	385	0.27
洛阳	62	0.88	韶关	176	0.67	黑河	485	0.09
郑州	0	1.00	汕头	212	0.60	昌都	481	0.09

续表

站点名	缺值数	完整度	站点名	缺值数	完整度	站点名	缺值数	完整度
南阳	179	0.66	广州	147	0.72	拉萨	484	0.09
信阳	111	0.79	湛江	281	0.47	帕里	486	0.08
德州	1	1.00	海口	295	0.44	宝鸡	0	1.00
莱阳	21	0.96	桂林	40	0.92	武都	47	0.91
济南	1	1.00	柳州	136	0.74	盐池	0	1.00
临沂	0	1.00	百色	308	0.42	固原	0	1.00
菏泽	1	1.00	梧州	73	0.86	玉树	25	0.95
徐州	29	0.95	南宁	94	0.82	兴海	266	0.50
扬州	16	0.97	阿勒泰	485	0.09	刚察	0	1.00
南京	194	0.63						

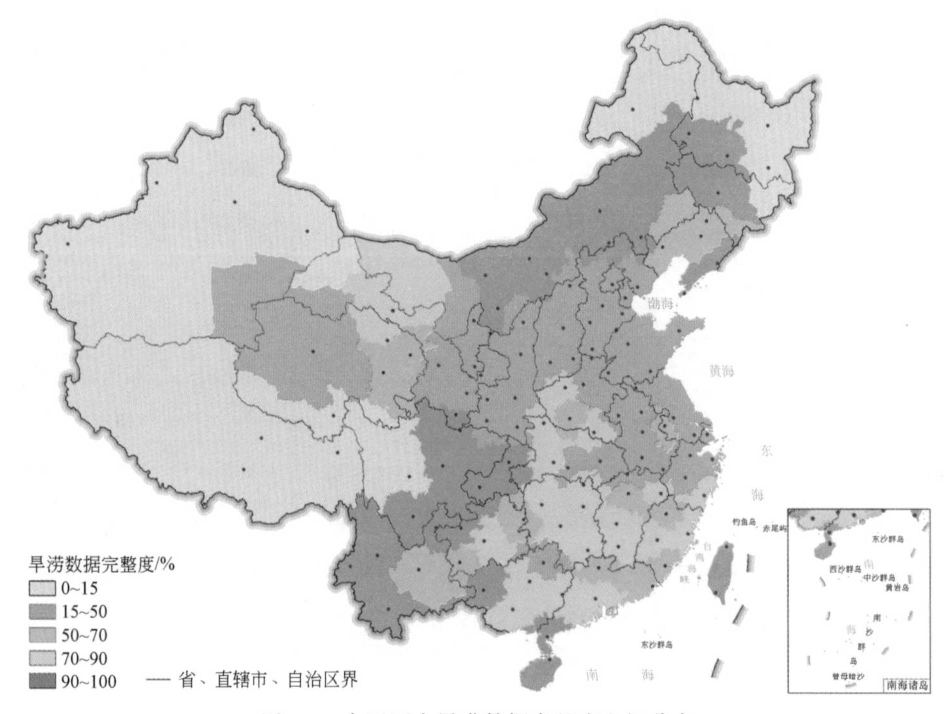

图 2.2　中国历史旱涝数据完整度空间分布

2.2.2　近 50a 尺度下研究数据的完整性

在近 50a 时间序列的研究尺度上，如图 2.3 所示，1951 ～ 1961 年我国站点稀少，数据缺失较多，为了保证研究数据的完整性与可靠性，在近 50a 时间序列尺度上重点考虑了 1961 ～ 2013 年的数据，在现存的 839 个的旱涝站点中，选择了站点数据缺失数目少于 120 个月的 810 个气象站点，舍弃了剩余的 29 个建站时间晚、数据缺失多的站点。由图 2.4 气象站点点位分布可知，气象站点在中国东部地区分布较为密集，在西部地区分布较为稀疏，西藏西部地区最少。

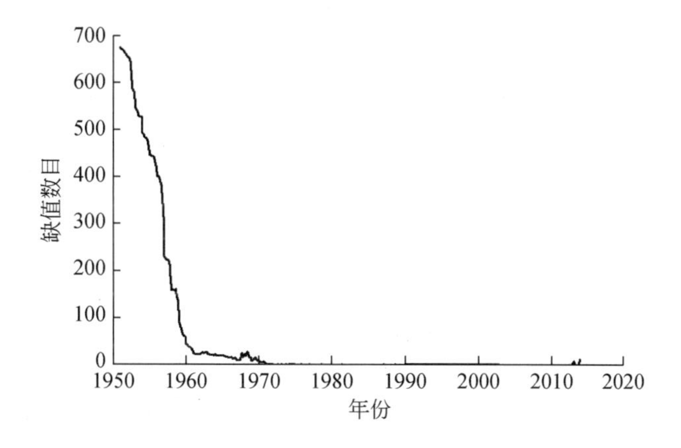

图 2.3　中国气象站点降水数据缺值状况

图 2.4　中国气象站点分布图（近 50a）

2.3　研究数据的处理

对于大时间序列尺度的旱涝灾害特征研究，气象数据在时间或空间上的不完整性，往往造成研究的结果具有严重的偏差（Wang，2006）。因此，在基于所获取研究数据进行我国历史旱涝灾害特征分析之前，需要对研究区域内的数据缺值情况进行预处理，从而克服气象数据的不完整性对研究结果的影响。

2.3.1　近 500a 尺度下研究数据的处理

在对历史旱涝灾害的特征分析研究中，根据历史旱涝数据在空间上与时间上的二维特性，对于在同一时刻不同地点的数据中出现数据丢失，则可以利用空间上的相关性，采用一定的插值方法补充完整。而对于一些相对孤立的站点，即在不同时刻同一地点数据中出现的丢失情况，空间插值方法无法获得其估计值，需要使用基于时间序列概率分布的方法进行补充。

1. 空间维缺值处理

由于在近 500a 时间序列尺度下所使用的干旱灾害等级资料存在站点分布不均匀和时间序列不完整的问题，从而使得部分复杂的空间统计分析难以完成，并且站点资料也不利于可视化分析，因此基于空间插值的思想，通过相邻点的旱涝指数估算缺失点值，图 2.5 所示为空间插值的具体流程。空间插值的方法有很多，包括泰森多边形法、反距离权重法（IDW）、多项式趋势面法、局部薄板样条函数法和克里格方法等，各类插值方法都在相应的领域得到广泛地应用。很多研究者对这些不同的插值方法进行了评估和总结（Jarvis and Stuart，2001；Phillips et al.，1992；Tabios and Salas，1985），其中，Carrera—Hernández 和 Caskin（2007）认为对于气候相关数据的插值，克里格方法

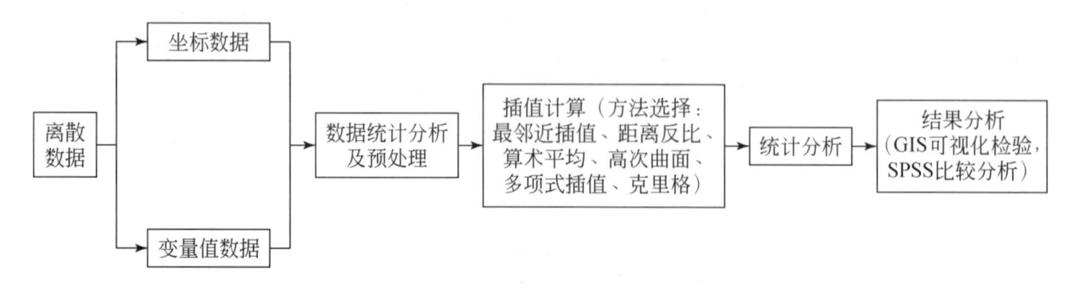

图 2.5　空间插值技术流程

应用范围最为广泛，克里格插值方法通过建立半变异函数以求解克里格方程组，最终依据缺失数据周围存在的数据求解出缺失数据。对于气象数据而言，克里格方法插值后数据的精度相对其他插值方法更有效果。因此，在近 500a 时间序列尺度下的研究所作的数据处理是利用克里格方法进行缺失数据的空间插值，从而对历史旱涝等级数据中同一时刻不同地点数据出现丢失的情况进行处理，以保障研究数据的完整性。

以2000年各站点旱涝等级数据为例，计算各站点旱涝等级的空间变异情况（图2.6），其中，红色的点表示半方差点云，紫色的曲线表示利用球状模型拟合的空间变异函数，通过对克里格方法的分析求解，历史旱涝等级站点数据变程为 717 km，意味着当两气象站点之间的距离小于 717 km 时，它们的旱涝等级存在统计意义上的关联，依据所求解的变异函数可求解影响权重，从而实现对 1470 ～ 2000 年的旱涝等级站点缺失值进行空间插补。图 2.7 所示为经克里格插值方法空间插值之后各站点代表区的数据完整度情况，相对于插值之前整体的数据情况，克里格插值之后的数据总体上得到明显改善，但是东北、西南、新疆、西藏由于整个区域上都存在数据质量差的问题，所以经插值后的数据仍然难以覆盖，需要应用基于站点旱涝时间序列概率分布的缺值处理方法做进一步补充完善。

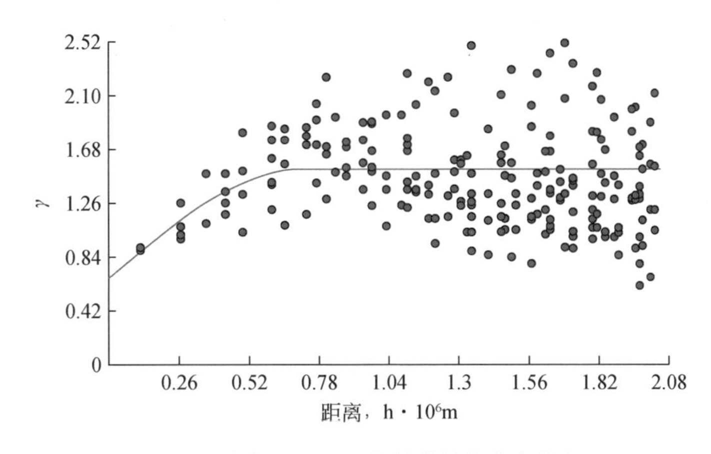

图 2.6　2000 年旱涝站点半方差点云

2. 时间维缺值处理

期望最大化方法（expectation maximum，EM）是研究数据时间维缺值处理最常用的方法之一，该方法主要是针对多变量多个记录序列中部分记录中存在某些变量的观察值缺失的问题，通过假定多变量数据记录集符合一定的连续型随机变量分布的函数（用密度函数描述），该假定也解释数据产生的机理，是 EM 算法的出发点。设随机变量 ξ 的分布是连续型，密度函数 $f(x;\theta_1,\theta_2,\cdots,\theta_k)$ 的形状已知，但含 k 个未知参数 θ_1,

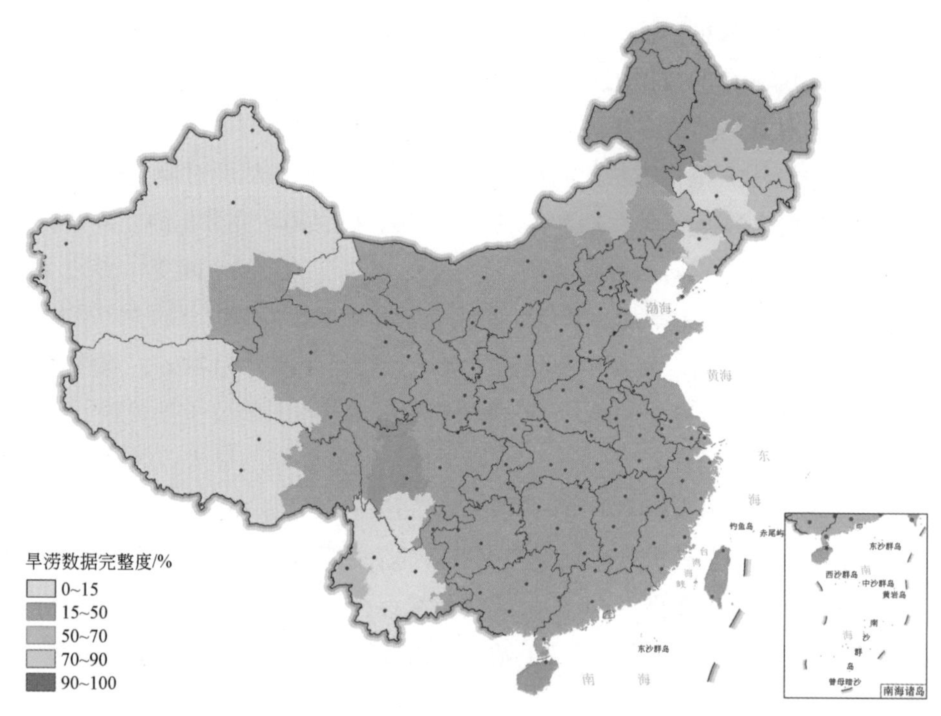

图 2.7　空间插值后中国历史旱涝数据完整度空间分布

$\theta_2, \cdots, \theta_k$。将 $\xi_1, \xi_2, \cdots$，ξ_n 分别代入其中的 x，将所得 n 个相乘而得函数：

$$L(\xi_1, \xi_2, \cdots, \xi_n; \theta_1, \theta_2, \cdots, \theta_k)=\prod_{i=1} f(\xi_i; \theta_1, \theta_2, \cdots, \theta_k)$$

EM 算法一般流程如图 2.8 所示。

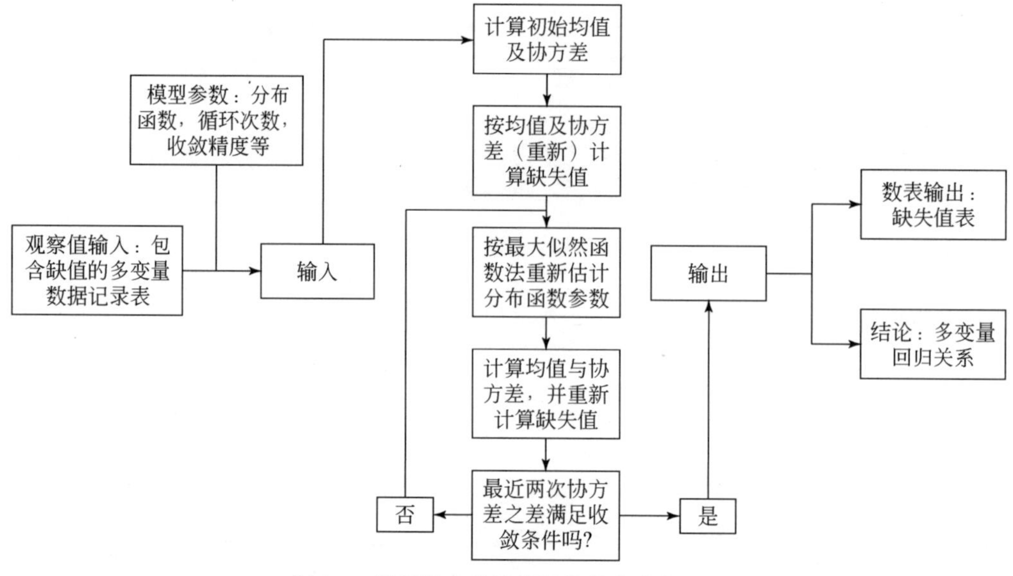

图 2.8　期望最大化缺值插补技术流程

本书利用 SPSS 的缺值分析模块，对于空间插值后依然存在的缺值情况进行时间维缺值处理，最终获得 1470 ～ 2000 年全国 127 个站点 531a 完整记录的历史旱涝等级数据集。

2.3.2　近 50a 尺度下研究数据的处理

在近 50a 时间序列尺度下所收集到的气象数据中，中国地面气候资料日值数据集和月值数据集存在着一定差异，日值数据集记录的站点信息和数据资料相对而言更加丰富和具体。为了获得完整的数据信息，在进行数据处理的过程中以日值数据集为基础，汇总了相应的中国月值数据，而对于数据中存在缺失或不准确的月份，则全部予以剔除，同时，通过基于中国地面气候资料日值数据集汇总得到的月份数据与月值数据集数据进行对比，误差在 1mm 以内则可以认为两个数据具有很好的一致性，从而保证处理后数据的准确性。

在日值数据集和月值数据集中，降水和气温存在一定的特征值和质量控制码。不同的特征值和质量控制码的含义对于降水和气温的计算有着一定的影响。本研究中特征值和质量控制码的说明与处理方式如表 2.5 和表 2.6 所示。

表 2.5　中国地面气候资料日值数据集（V3.0）特征值

特征值	含义	处理方式
32766	数据缺测或无观测任务	置为空值
32700	表示降水“微量”	降水为 0
32XXX	XXX 为纯雾露霜	降水为 0
31XXX	XXX 为雨和雪的总量	XXX 设为降水量
30XXX	XXX 为雪量（仅包括雨夹雪，雪暴）	XXX 设为降水量
—10000	实际温度超仪器下限刻度，在下限数据基础上减 10000	置为空值

表 2.6　中国地面气候资料日值数据集（V3.0）质量控制码

质量控制码	含义	处理方式
0	数据正确	直接使用
1	数据可疑	置为空值

续表

质量控制码	含义	处理方式
2	数据错误	置为空值
8	数据缺测或无观测任务	置为空值
9	数据未进行质量控制	置为空值

经过以上的处理，对于气象数据仍然存在少量的缺值数据，需要对气象数据进行进一步的填补处理。通过克里格插值法，对 1961 ～ 2013 年的月降水数据和月平均气温数据分别进行插值填补，最终实现了所有数据的完整化，为后续的分析提供数据基础。图 2.9、图 2.10 为克里格插值后的中国 1961 ～ 2013 年间多年平均降水量和多年平均气温的空间分布状况。

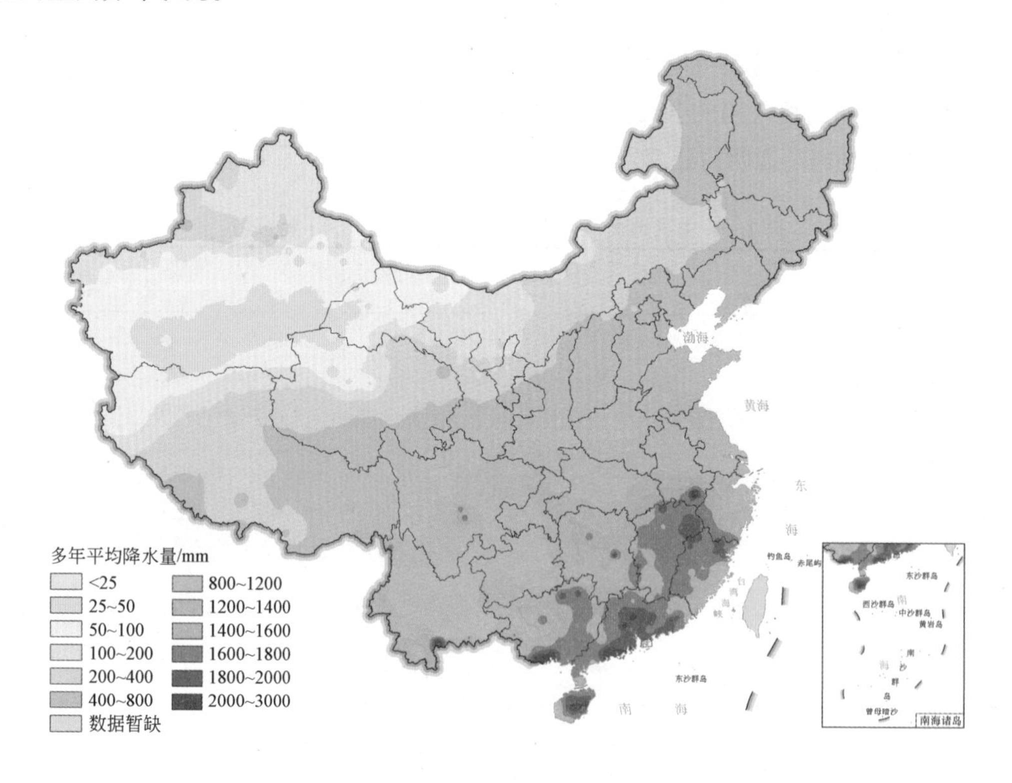

图 2.9　中国多年平均降水量分布图（1961 ～ 2013 年）

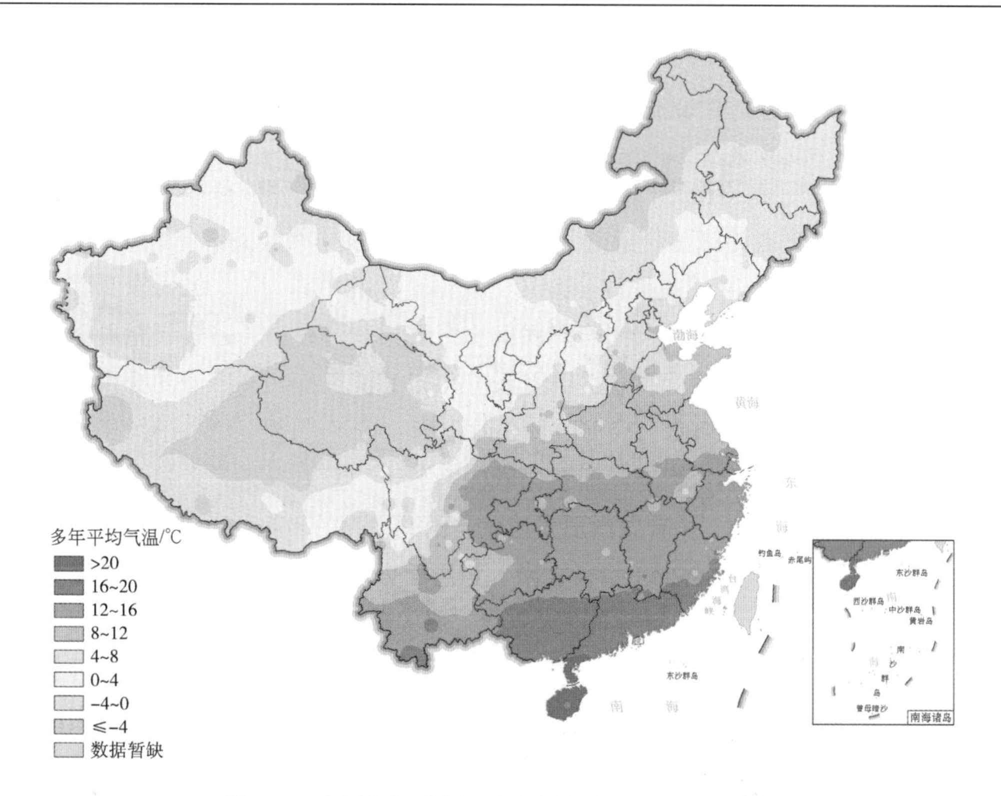

图 2.10　中国多年平均气温分布图（1961 ～ 2013 年）

第 3 章　研究区概况

我国的历史文化久远，历史上王朝兴替导致我国早期的旱涝灾害记录的数据存在一定程度的不完整，尽管经插值处理后的研究数据在覆盖范围以及完整性方面得到一定程度的改善，但所获得的数据是为了保证后续分析工作的数据完整性，而并非真实发生的旱涝状况。因此，在不同时间序列的研究尺度下，根据原始数据资料的完整度，确定合理的研究范围，对开展旱涝灾害时空特征研究意义重大。

3.1　近 500a 尺度下研究区范围

在近 500a 时间序列尺度上，由于时间跨度大，不同历史时期的更迭兴替，历代王朝的疆域以及文化在地理空间上存在极大的差异性，因此在近 500a 的长时间序列下，在界定研究区域的范围时，主要考虑以下几个方面。

1. 人口经济因素

干旱灾害主要影响农业粮食生产和水资源利用，在人口密集、农业发展水平高的地区造成的危害相对更加严重。因此，为了保证研究的意义，客观反映干旱灾害对人类经济社会的影响，在确定研究区域范围时，应该侧重选取中国历史上人口分布较为集中和经济较为发达的地区。胡焕庸（1935）编制了我国第一幅人口密度图，并首次提出了“瑷珲—腾冲”线，也称为“胡焕庸线”。“胡焕庸线”指出中国人口的 96 % 集中于东南半部，这一规律的正确性逐渐被地理科学界所认知，因此，研究范围的将参照“胡焕庸线”的划分。

2. 数据资料因素

在研究区域内，干旱等级资料站点要尽可能密集且平均分布，这有利于之后数据的进一步处理，以及干旱灾害时空特征分析工作的开展。所以在界定研究区域范围时，也要兼顾站点的分布位置情况。

3. 自然地理因素

由于近 530a 的时间序列跨越了中国历史上多个时期，而行政边界在不同的历史时期变化是较大的。然而干旱的影响范围不受行政边界的约束，所以不能用行政边界来确定研究区范围。相反，自然地理环境在 500a 间的变化很小，考虑到干旱灾害发生发展的过程和特点，以流域范围来划定研究区域边界较为合适。

综上所述，在近 500a 时间序列尺度上，根据收集到的旱涝资料的翔实程度，最终确定研究范围为：以长江流域、黄河流域、淮河流域、海河流域、辽河流域、珠江流域和东南诸河流域 7 个一级流域为主，在此基础上去掉长江上游金沙江石鼓以上 1 个二级流域，加入青海湖水系 1 个二级流域（图 3.1）。地理范围位于东经 95.9° ～ 128.3° ，北纬 18.1° ～ 45.2° 。主要覆盖了华北平原、黄土高原、长江中下游平原、四川盆地和东南丘陵地区，同时包括东北平原、云贵高原和青藏高原的部分地区。

图 3.1　研究区范围（500a 时间序列）

近 500a 时间序列尺度上的研究区域内气候主要受季风的影响。由于地理和大气环流模式的多样性，研究区域的降水分布在空间和时间上的变化都非常大。巨大的经度、纬度和高程的差异导致了降水和气温的急剧变化。研究区内降水差别很大，总趋势从东南沿海向西北内陆递减。秦岭南部有丰沛的降水，年平均降水量可达到1000 mm以上，大部分降雨发生在春夏季风时期，而研究区的北部和西部降水则十分缺乏，西北部地区的年平均降水量甚至仅有200 mm。区内年平均气温分布与年平均降水量分布有相似的趋势，从东南部往西北部逐渐递减。

3.2 近50a尺度下研究区范围

在近50a时间序列的研究尺度上，由于我国从新中国成立时就确立了完整的旱涝灾害监测体系，并在此基础上逐步完善。除我国的台湾省外，全国范围内关于旱涝灾害的数据资料完整、充分，所以在近50a时间序列的尺度上，以除台湾省外的全国行政范围作为研究区展开研究（图3.2）。

图3.2　研究区范围（50a时间序列）

第 4 章　我国旱涝灾害一体化时空演化

旱涝灾害的时空分布特征研究对有效开展防旱防涝减灾决策部署具有重要的现实意义，本章主要是从差异性（灾害高发、高变异性区域）与相似性（旱涝灾害特征区划分，类间差最大类内差最小）两方面来研究历史旱涝灾害发生的时空特征。其中，历史旱涝灾害发生的时空特征的差异性研究主要通过地理信息系统可视化分析的方法，直观定性地归纳旱涝灾害发生的空间特征，而历史旱涝灾害发生的时空特征的相似性相关研究，则主要是基于时间序列空间聚类方法，分析旱涝灾害的特征区划。

4.1　旱涝灾害的空间特征分析方法

对旱涝灾害的空间特征进行分析，主要是为了揭示研究对象在空间上的分布格局和模式特征，从而挖掘出研究对象的交互特征与空间规律，常用的分析方法主要有空间可视化的方法以及时间序列聚类的方法。

4.1.1　空间可视化分析

可视化的目的是将抽象的数据、信息和知识转化为视觉信息，提供一种可以形象表达海量数据及其多维特征的方法，可以充分发挥人类的形象思维。可视化挖掘将可视化技术与其他的统计分析理论结合起来，从而实现了人类形象思维与抽象思维的结合。可视化挖掘过程中包含了数据的可视化，并通过统计分析—可视化—统计分析反复的循环实现知识的发现（周成虎和裴韬，2011）。空间数据可视化技术拓宽了传统的图表功能，使用户对数据的剖析更为清楚。例如，把数据库中的多维数据以及通过这些数据构建的专题统计量变成多种图形，对揭示数据的状况、内在本质及规律性有很强的作用（王海起和王劲峰，2005）。

4.1.2　时间序列聚类

时间序列聚类是时空数据挖掘的研究内容之一。数据挖掘是一种知识发现的过程；而时空数据挖掘则是以传统数据挖掘的理论方法为主要手段，挖掘潜藏在海量时空数据中的知识或模式。聚类分析是由统计学发展而来的一种挖掘方法，它按照“簇内相似性大且簇间相异性大”的原则对数据分组。本章采用基于原始旱涝等级数据的Ward’s系统聚类方法来进行旱涝时间序列聚类工作，其方法的过程为：首先确定距离的基本定义，以及类间距离的计算方式；然后按照距离的远近，通过把距离接近的数据一步一步归为一类，直到数据完全归为一类为止；最后再利用一些定量指标或者定性判断来确定类别数。

Ward’s聚类法的核心思想是通过计算两个集群之间所有变量的距离平方和，并将平方和最小的两个集群将合并为一个集群进入上一层分类过程。如果 C_k 和 C_l 两个集群合并为一个集群 C_m，通过欧式距离定义的新集群 C_m 与另一个集群 C_j 之间的距离公式为

$$d_{j,m}=\frac{(n_j+n_k)d_{jk}+(n_j+n_l)d_{jl}-n_jd_{kl}}{n_j+n_m}$$

式中，n_j, n_k, n_l, n_m 集群 j, k, l, m 中变量的数量；d_{jk}, d_{jl}, d_{kl} 分别代表集群 j 与 k，j 与 l 以及 k 与 l 之间的欧氏距离（Ramos，2001）。

4.2 旱涝灾害的空间特征

基于对旱涝灾害序列数据克里格插值后的结果，分别提取1470～2000年531个年份的干旱灾害空间分布、洪涝灾害空间分布栅格数据集，共计1062幅栅格数据。基于这些栅格数据构建专题统计量，主要包括求和、求方差等。在此基础上，利用分级渲染的方法进行专题可视化分析，从而直观、定性的认识中国旱涝灾害的空间特征。具体内容包括：1950～2000年中国旱涝高发区空间分布；1470～2000年重大旱涝灾害空间分布以及1500～2000年各时期旱涝灾害重心空间分布及变迁。

4.2.1 旱涝灾害空间分布特征

旱涝灾害的发生频次，是一定历史时期旱涝灾害空间分布特征的定量描述，旱涝灾害发生频次高的地区，称为旱涝灾害高发区。为了客观评估我国旱涝灾害高发区的整体特征，以1950～2000年这51a无缺值发生的数据（覆盖127个旱涝序列站点）为基础，对各个站点所代表范围内发生的旱涝频数进行统计，从而获得1950～2000年中国干旱高发区空间分布以及中国洪涝高发区空间分布，如图4.1所示。

根据图 4.1 分析的结果，在 1950 ～ 2000 年间，全国干旱高发区主要以北方为主，具体高发区域包括：华北北部及辽宁地区、黄河中下游地区、东南沿海地区、西南云

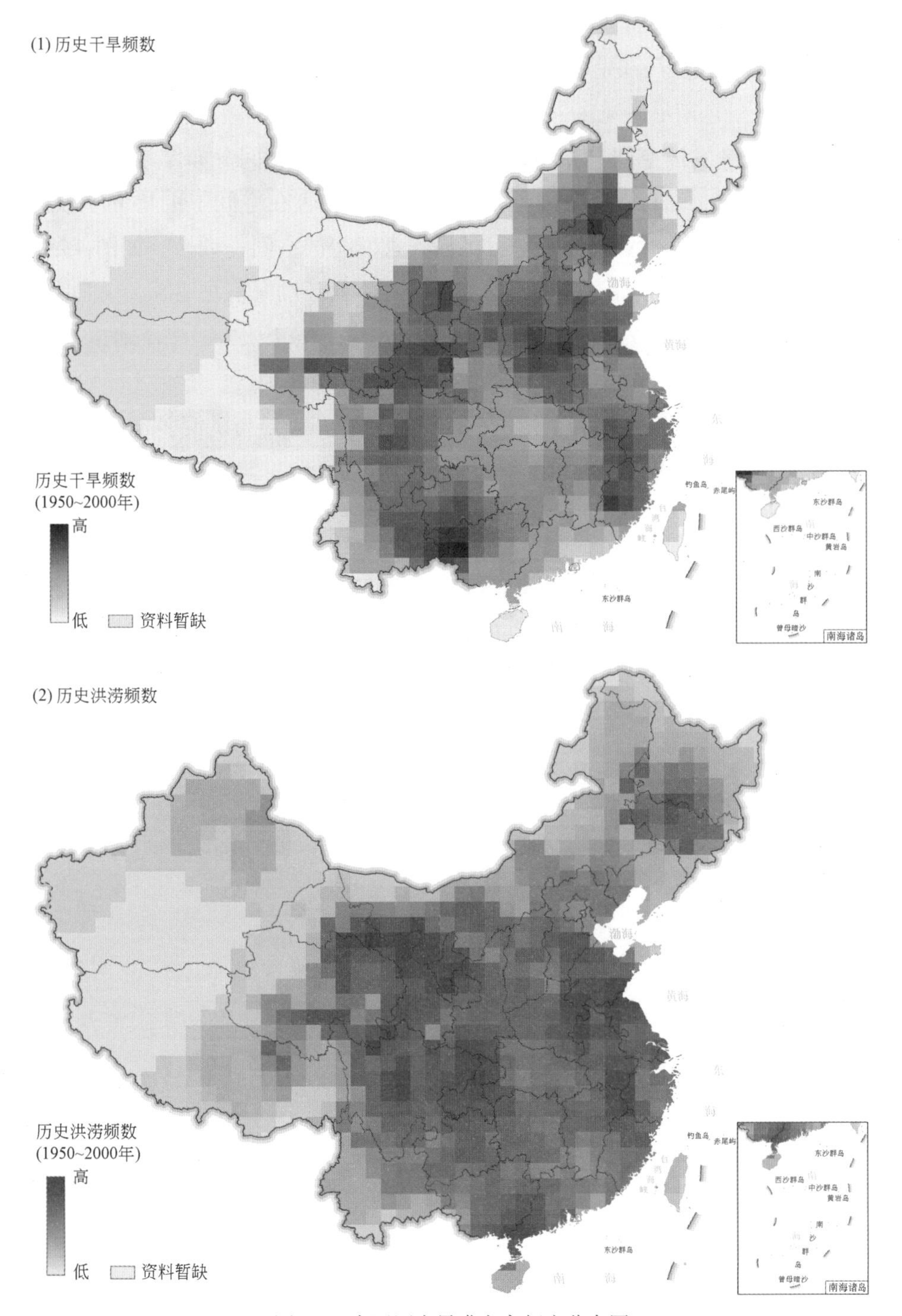

图 4.1　中国历史旱涝灾害频度分布图

贵高原地区和西北地区东部范围，主要是因为我国北方地区的气候为温带季风气候，季风气候具有明显的大陆性，降水的季节分配不均匀，主要集中在7、8月份，因此造成非降雨季节容易发生干旱。全国洪涝高发区主要分布在：东北地区松花江、嫩江、辽河流域、江淮地区、长江中游地区、云南贵州交界（西江上游）地区、广东广西交界（湛江）地区、东南沿海地区、宁夏及甘肃中部地区和北疆地区。

在中国干旱高发区空间分布以及中国洪涝高发区的空间分布结果的基础上，为了进一步表征1950～2000年我国干旱灾害和洪涝灾害在空间上的协同多发性，通过计算旱涝指数方差来衡量区域干旱、洪涝灾害发生的空间一致性。如图4.2所示，1950～2000年全国高旱涝指数方差地区主要分布在：环渤海东北地区、华北地区、西北地区、西南地区云贵交界（西江上游）、长江中下游安庆地区、西北地区东部（黄河上游宁夏地区，川陕交界嘉陵江上游地区）。其中东北地区、华北北部地区、西南云贵高原地区、西北地区东部和东南沿海地区同时存在干旱与洪涝多发区，这些区域在后期的防灾减灾工作中应该得到更多的关注。

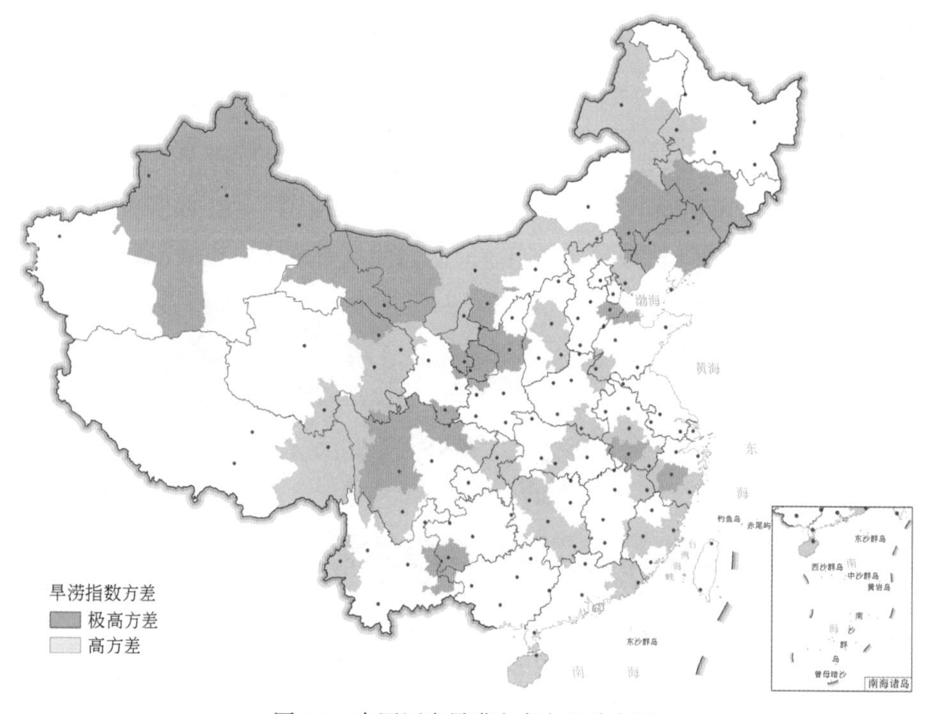

图4.2　中国历史旱涝灾害方差分布图

4.2.2　重大旱涝灾害空间分布特征

重大旱涝灾害的发生，直接影响到当时时期的国计民生，历史时期重大旱涝灾害的空间分布研究是深入理解我国历史时期旱涝灾害发生情况的重要组成部分，对我国历史旱涝灾害时空演化规律的分析具有重要意义。

1. 重大干旱灾害空间特征研究

以我国近 500a（1470 ～ 2000 年）以来发生的重大旱涝灾害为研究对象，根据历史文献记录中的重大干旱发生时间等有效信息，选择 1470 ～ 2000 年旱涝栅格数据集中发生重大干旱灾害 16 个年份（重旱站点比例 30% 以上），结合历史记录中关于灾情描述，分析近 500a 重大干旱的强度以及分布情况。表 4.1、图 4.3 列出了发生重大旱灾的 16 个年份、重旱站点所占比例以及史料中对于旱情的描述，以及重大干旱的灾情空间分布。

表 4.1　1470 ～ 2000 年中国重大干旱灾害描述

重旱年份	重旱比例	描述
1484	0.415	（明宪宗成化二十年）直隶，陕西、湖广府州七，夏秋旱；京城秋七月飞蝗蔽天
1528	0.453	（明世宗嘉靖七年）各处灾伤，以陕西、四川为甚，湖广山西次之
1586	0.301	（明神宗万历十四年）奏闻顷以旱报者，北自直隶，以迄于山东、河南、山西、陕西，而山、陕为甚
1587	0.301	（明神宗万历十五年）江北蝗，山西、陕西、河南、山东旱
1589	0.368	（明神宗万历十七年）苏、松连岁大旱，泽为平陆，浙江、湖广、江西大旱、太湖水涸
1639	0.338	（明思宗崇祯十二年）京城、山东、山西河南旱蝗
1640	0.579	（明思宗崇祯十三年）五月，两京、山东、河南、山西、陕西、浙江、三吴大旱，蝗。自淮而北至京城南，树皮食尽
1641	0.527	（明思宗崇祯十四年）京城大饥，人相食。淮阳旱，蝗，大饥，河水涸。两京、山东、河南、湖广地旱
1721	0.37	（清圣祖康熙六十年）直隶、山东、河南、山西、陕西麦几无收，民多饥馁
1785	0.333	（清高宗乾隆五十年）本年河南、山东、江苏、安徽、湖北等省春夏之间雨泽缺少，被旱处所较多
1877	0.36	（清德宗光绪三年）北五省大旱，赤地千里，民人散走，四方道殣相望
1900	0.359	（清德宗光绪二十六年）旱区内蒙古、北京、天津、河北、河南、山东、山西、陕西、宁夏、甘肃、青海，往南延伸到湖北、湖南、贵州、云南和两广地区
1928	0.315	陕西“亢旱特甚，秋禾失种，春麦未收。遭旱荒者四十余县，总计全省被灾区域共六十五县，灾民六百二十五万五千二百余人”
1929	0.352	
1965	0.323	——
1972	0.344	华北地区的北京、天津、河北、山东全部、山东大部和豫北及豫南，西北地区的宁夏、甘肃中部和东部、青海中部和陕西大部，东北地区的吉林西南部、辽宁大部，以及内蒙古大部等地区春季干旱少雨，入夏后持续干旱少雨，春夏连旱，年降水量较常年偏少 2 ～ 4 成

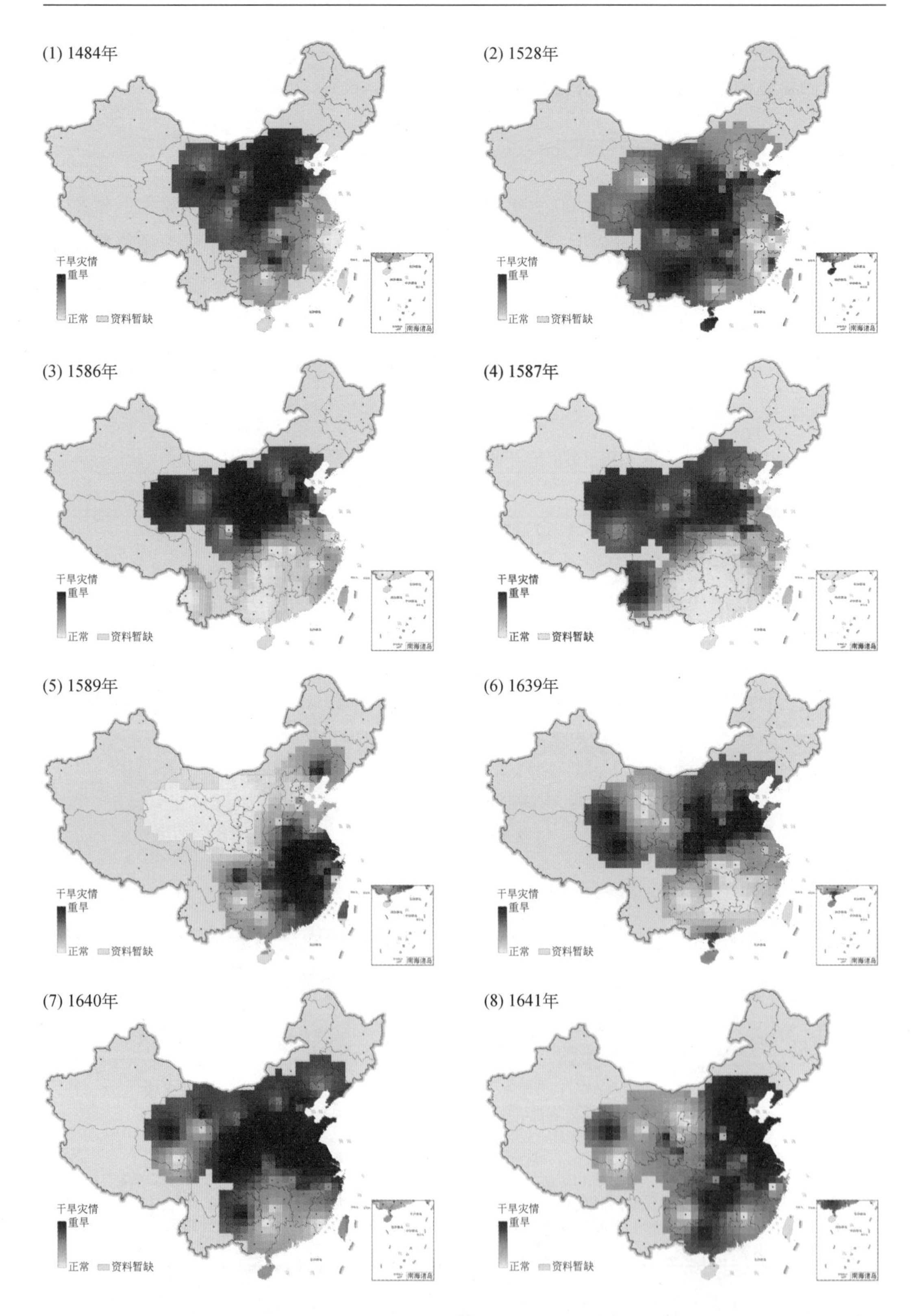
(1) 1484年
(2) 1528年
(3) 1586年
(4) 1587年
(5) 1589年
(6) 1639年
(7) 1640年
(8) 1641年
干旱灾情
重旱
正常
资料暂缺
南海诸岛

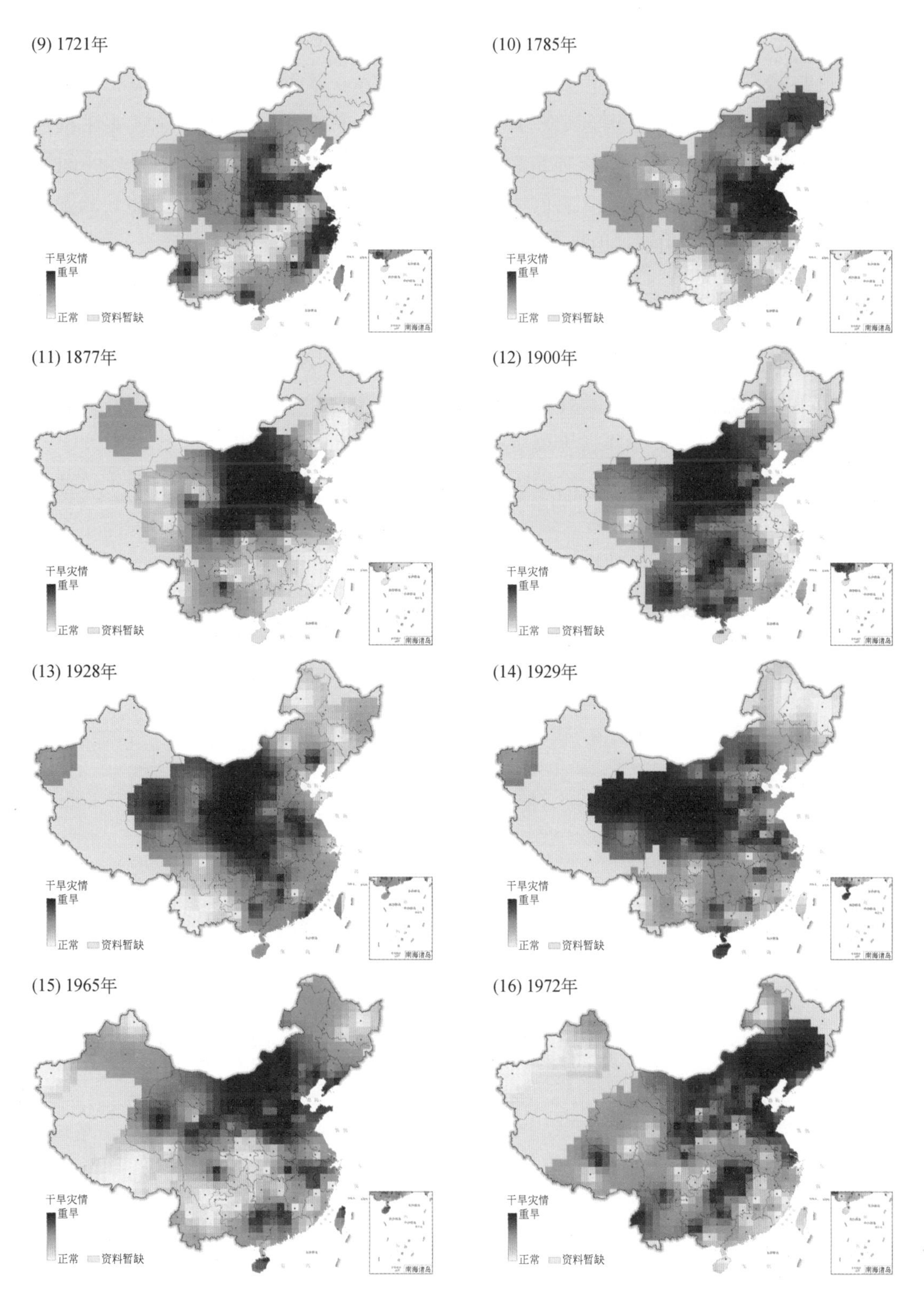

图 4.3　1470 ～ 2000 年中国重大干旱灾害空间分布

根据上述分析，以每100a为统计间隔，对发生重旱次数进行统计，其中：1470～1569年发生重大干旱灾害2次，1570～1669年发生重大干旱灾害6次，1670～1769年发生重大干旱灾害1次，1770～1869年发生重大干旱灾害1次，1870～1969年发生重大干旱灾害5次，其中1570～1669年、1870～1969年年间均发生过连续2年发生重大干旱灾害的情况。总体而言，重大干旱灾害的多发生在北方，尤其以山东、河北、河南、山西、陕西五省为甚。

2. 重大洪涝灾害空间特征研究

以我国近500a（1470～2000年）以来发生的重大旱涝灾害为研究对象，根据历史文献记录中的重大洪涝发生时间等有效信息，选择1470～2000年旱涝栅格数据集中发生重大洪涝灾害16个年份（重涝站点比例24%以上），结合历史记录中关于洪涝灾情描述，分析近500a重大洪涝灾害的强度以及分布情况。表4.2、图4.4列出了发生重大洪涝灾害的16个年份、重涝站点所占比例以及史料中对于旱情的描述（张德二,2004）以及各年份对应的洪涝空间分布情况。

表4.2　1470 ~ 2000年中国重大洪涝灾害描述

重涝年份	重涝比例	描述
1569	0.304	（明穆宗隆庆三年）保定、淮安、济南、浙江、江南俱大水
1586	0.265	（明神宗万历十四年）南自直隶，以迄于浙江、江西、湖广、广东、福建、云南、而辽东为甚
1593	0.254	（明神宗万历二十一年）淮水大涨，河南梁、宋、许、郑、邓、襄之间大水，粟菽尽死
1607	0.286	（明神宗万历三十五年）京师、直隶大水
1613	0.351	（明神宗万历四十一年）七月京师大雨，南畿、江西、河南俱大水；八月，山东、广西、湖广俱大水
1648	0.274	（清世祖顺治五年）
1653	0.291	（清世祖顺治十年）
1662	0.253	（清圣祖康熙元年）陕西六月大雨六十日，合省皆然，泾、渭、洛皆涨，诸谷皆溢
1849	0.344	（清宣宗道光二十九年）六月，江苏、松各属被水；入夏以来江浙，安徽、湖北等省雨多水涨，各属漫淹较广
1853	0.263	（清文宗咸丰三年）六月，福州、兴化、泉州、延平、建宁、汀州、福宁大水
1889	0.255	（清德宗光绪十五年）杭嘉湖三府水灾尤重；四川涪、雅两江涨溢，灾区甚广
1915	0.297	1915年夏季的连阴天加上7月上旬的一场大暴雨，在珠江流经的地区，包括广东省以外的云南、广西、江西等省份导致重大涝情
1931	0.36	1931年，中国发生特大水灾，有16个省受灾，其中最严重的是安徽、江西、江苏、湖北、湖南五省，山东、河北和浙江次之。8省受灾面积达14170万亩，占8省耕地1/4强

续表

重涝年份	重涝比例	描述
1949	0.317	1949 年西江、长江、黄河、海滦河、辽河等流域均发生了大洪水或特大洪水，全国洪涝灾害受灾的县（市）达 556 个，为重灾年份
1954	0.331	1954 年洪水为长江中下游近 100 年间最大的一次，据不完全统计，长江中下游湖南、湖北、江西、安徽、江苏五省，有 123 个县市受灾，淹没耕地 4755 万亩，受灾人口 1888 万人，死亡 3.3 万人，京广铁路不能正常通车达 100 天，直接经济损失 100 亿元
1964	0.244	1964 年 8 月下旬至 10 月，山东、河南部分地区、安徽大部、陕西中南部、四川东部和北部、湖北北部和西部等地秋雨连绵，部分地区还降了大到暴雨

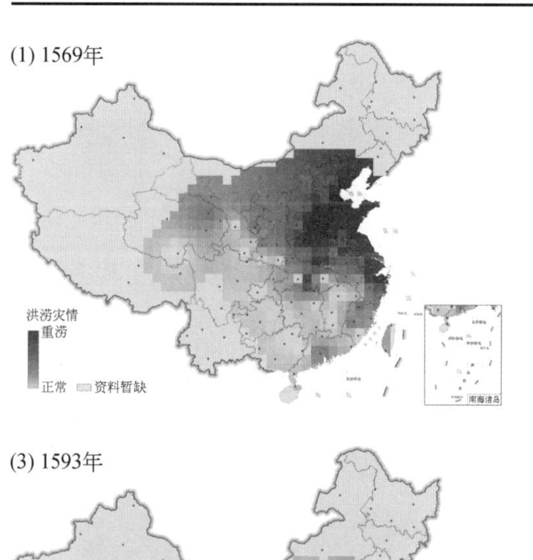

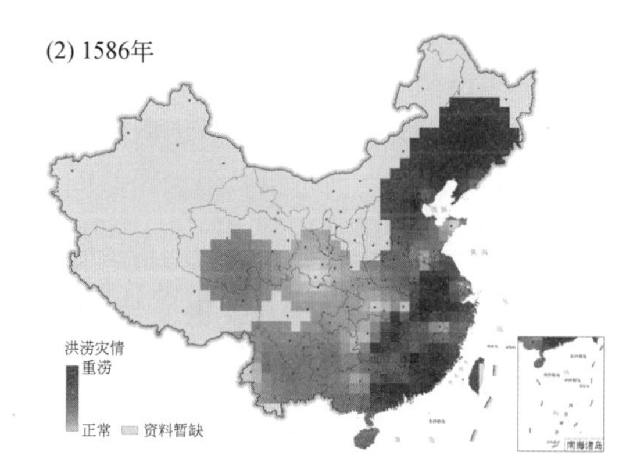

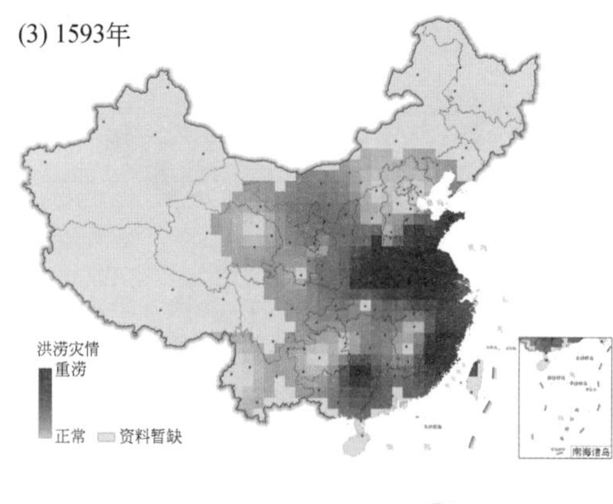

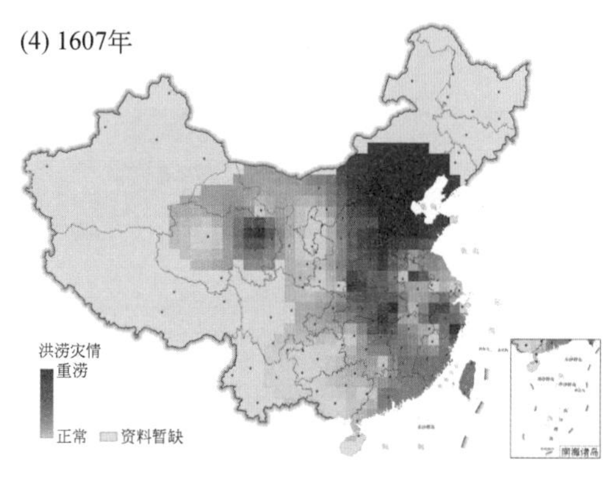

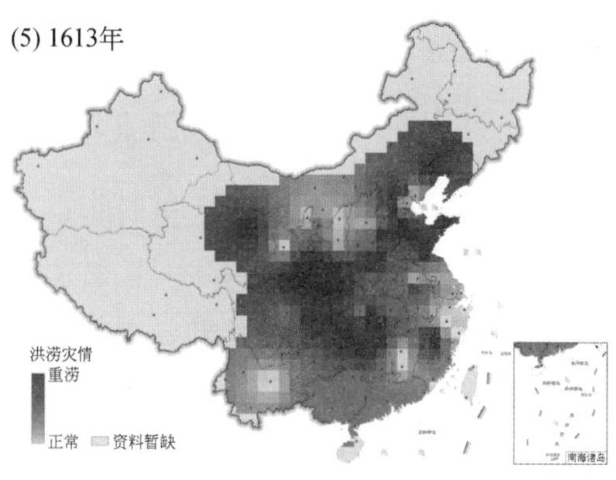

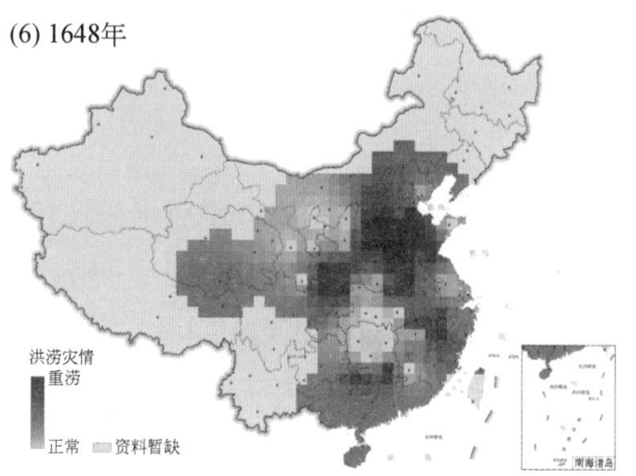

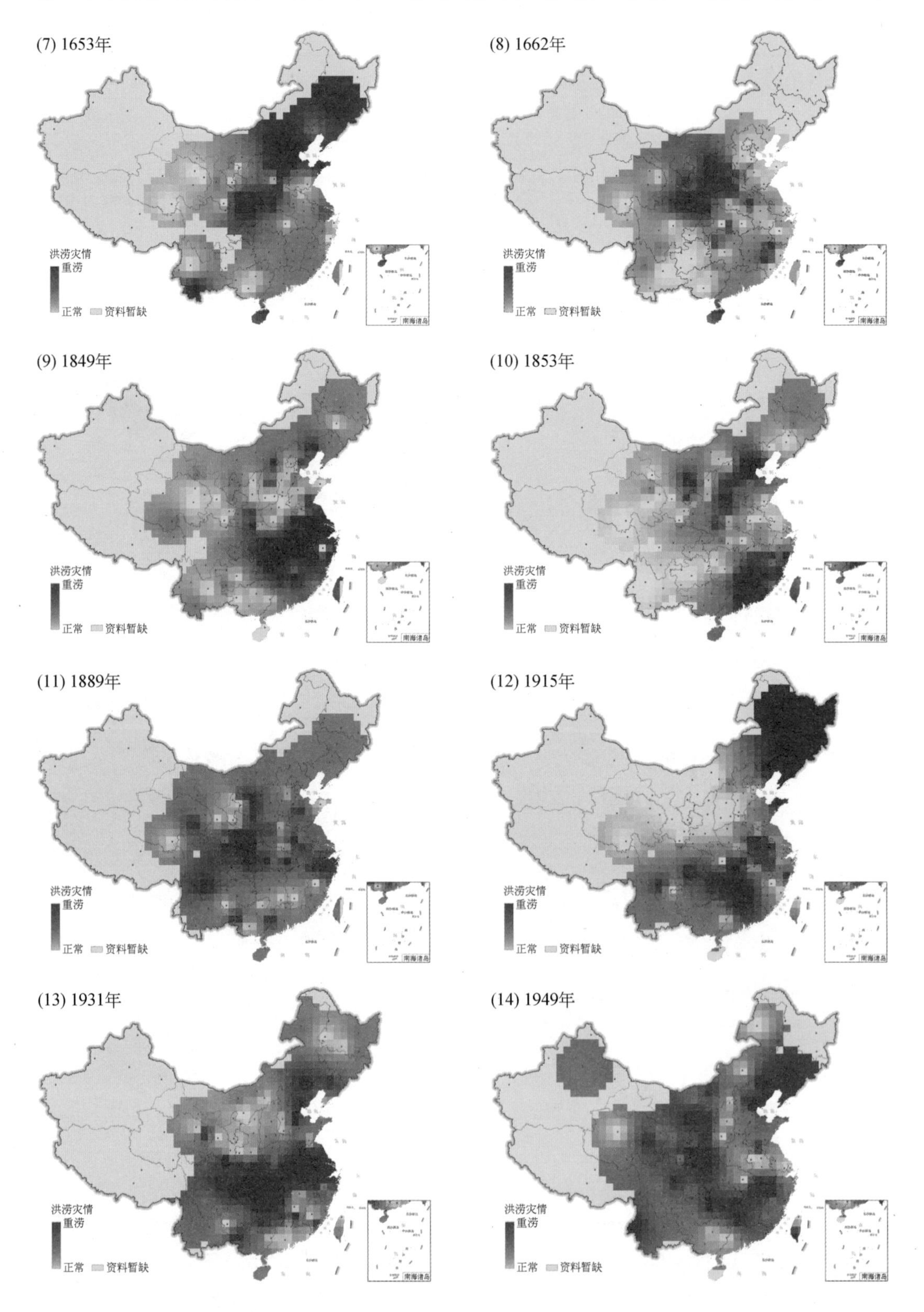
(7) 1653年
洪涝灾情
重涝
正常
资料暂缺
南海诸岛
(8) 1662年
洪涝灾情
重涝
正常
资料暂缺
南海诸岛
(9) 1849年
洪涝灾情
重涝
正常
资料暂缺
南海诸岛
(10) 1853年
洪涝灾情
重涝
正常
资料暂缺
南海诸岛
(11) 1889年
洪涝灾情
重涝
正常
资料暂缺
南海诸岛
(12) 1915年
洪涝灾情
重涝
正常
资料暂缺
南海诸岛
(13) 1931年
洪涝灾情
重涝
正常
资料暂缺
南海诸岛
(14) 1949年
洪涝灾情
重涝
正常
资料暂缺
南海诸岛

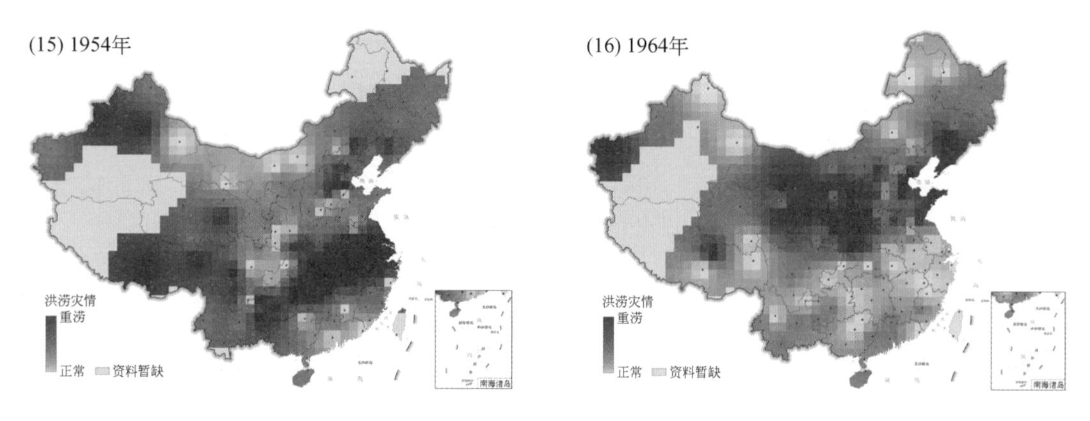

图 4.4　1470 ～ 2000 年中国重大洪涝灾害空间分布

根据上述分析，以每 100a 为统计间隔，对发生重涝次数进行统计，1470 ～ 1569 年发生重大洪涝灾害 1 次，1570 ～ 1669 年发生重大洪涝灾害 7 次，1690 ～ 1769 年发生重大洪涝灾害 0 次，1770 ～ 1869 年发生重大洪涝灾害 2 次，1870 ～ 1969 年发生重大洪涝灾害 6 次。总体而言，重大洪涝灾害多发生在东南沿海、淮河流域、黄河中下游、长江中下游、海河流域。

4.2.3　旱涝灾害空间聚类分布特征

历史旱涝灾害空间聚类，是根据类间相似性最大化、类外相似性最小化的聚类原则，将各站点划分为若干旱涝特征相似的区域，该区域划分结果是历史旱涝灾害时间特征分析、时空耦合特征等研究工作的基础。进行历史旱涝特征区域划分需要综合考虑以下 3 个原则：①同一类别内各站点之间旱涝等级序列的相似性高；②同一区域站点之间的空间距离更接近；③通过尽量少的类别划分来反映旱涝空间特征。对于序列相似性，可以使用系统聚类方法进行区分；对于后两个原则，本文借助可视化的方法在系统聚类结果的基础上，人工参与加以区分。以下对于数据完备化处理后的序列进行 Ward's 系统聚类，一个关键步骤是判断聚类终止类别数，划分类别数的确定一般遵循两种方案：①存在阶跃方差的分类方案作为最佳聚类数；②结合人的主观判断，聚类结果与主观认识最为接近的方案作为最佳聚类数。本章在研究的过程中对最终类别数的判断方法是通过 Ward's 系统聚类结果与旱涝可视化分析结果的对比，选择二者一致性最高的聚类终止类别数，进行旱涝特征分区。

以历史旱涝站点代表区域（图 2.1）为载体，分别对 127 条旱涝序列分别采用 6 类、7 类、8 类的类别划分，聚类结果如图 4.5 所示。其中，6 类聚类结果存在西南地区与青海、西藏连片，华北北部与黄河中下游地区连片的情况；7 类聚类结果存在西南地区与青海、西藏连片的情况；如图 4.5-（3），8 类聚类分析结果划分出了东北地区、华北北部地区、西北地区东部地区、黄河中下游地区、长江中下游地区、东南沿海地区、西南地区。综合而言，8 类聚类分析的结果与可视化分析结果对比，一致性相对较高，因此选定 8 类聚类作为旱涝灾害特征分区的最终聚类数。

然而，由于在青海以西的地区存在大量缺失数据大于 85% 的地区，并且站点非常稀少，这部分地区的数据绝大多数来源于 EM 算法的插补，而并不是反映历史旱涝灾害发生的实际情况。因此，为了保证分析结果的客观性，在 8 类系统聚类分析结果的基础上剔除西部西藏、新疆、青海一些站点稀疏的地区，从而获得旱涝特征区域划分结果。因此，在剔除西藏、新疆、青海等数据不完备地区作为研究研究区的基础上，将我国青海兴海、西宁以东的地区划分为 7 个旱涝特征区域，结果如图 4.6 所示，各区域包含站点如表 4.3 所示。

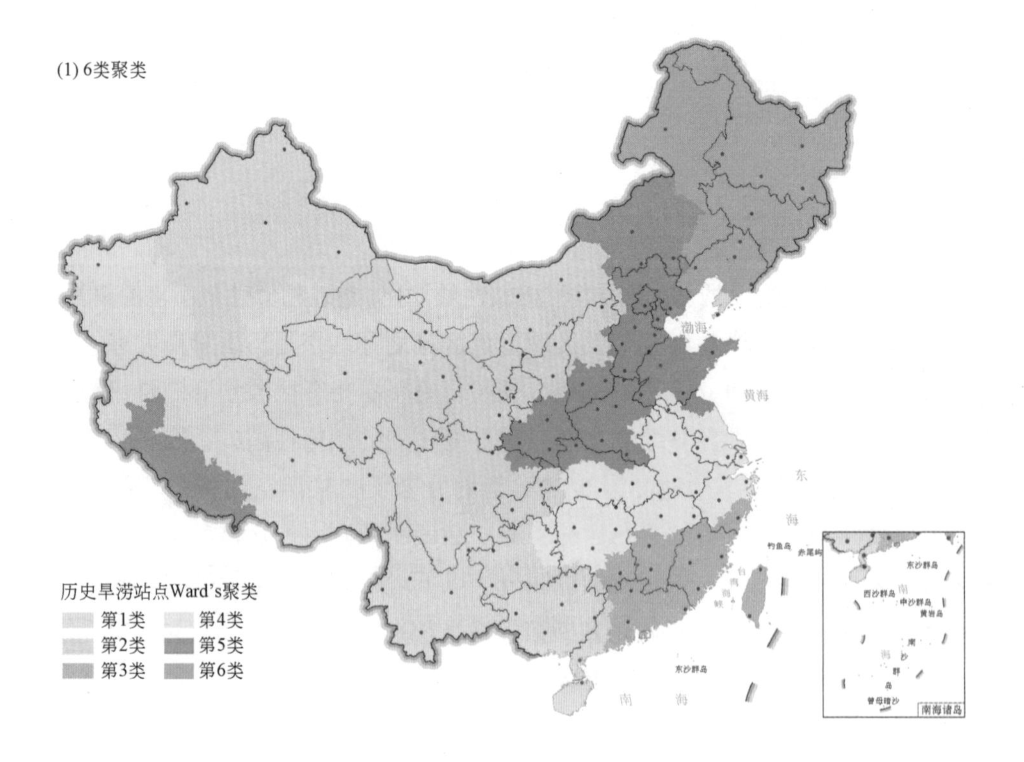

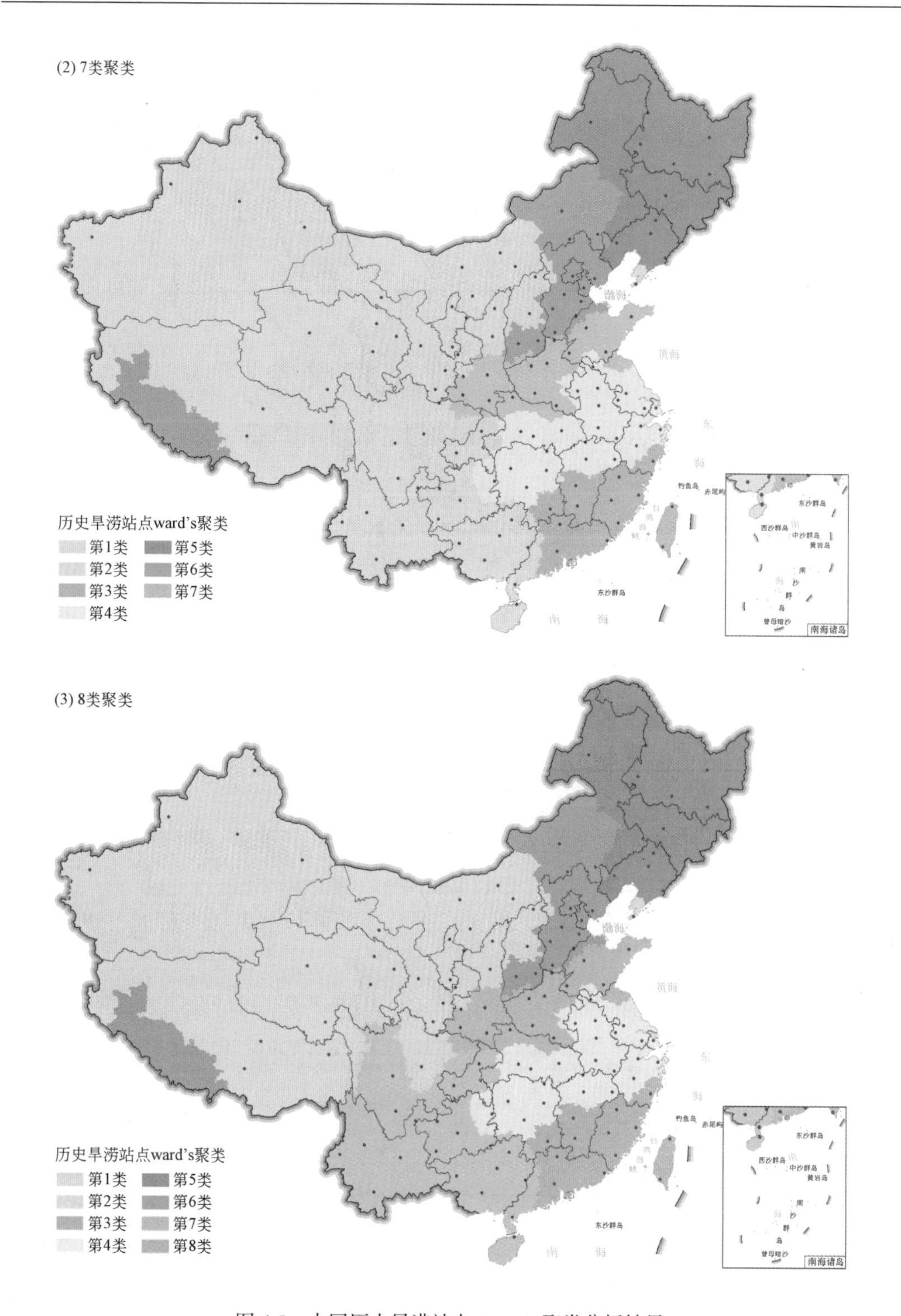

图 4.5　中国历史旱涝站点 Ward's 聚类分析结果

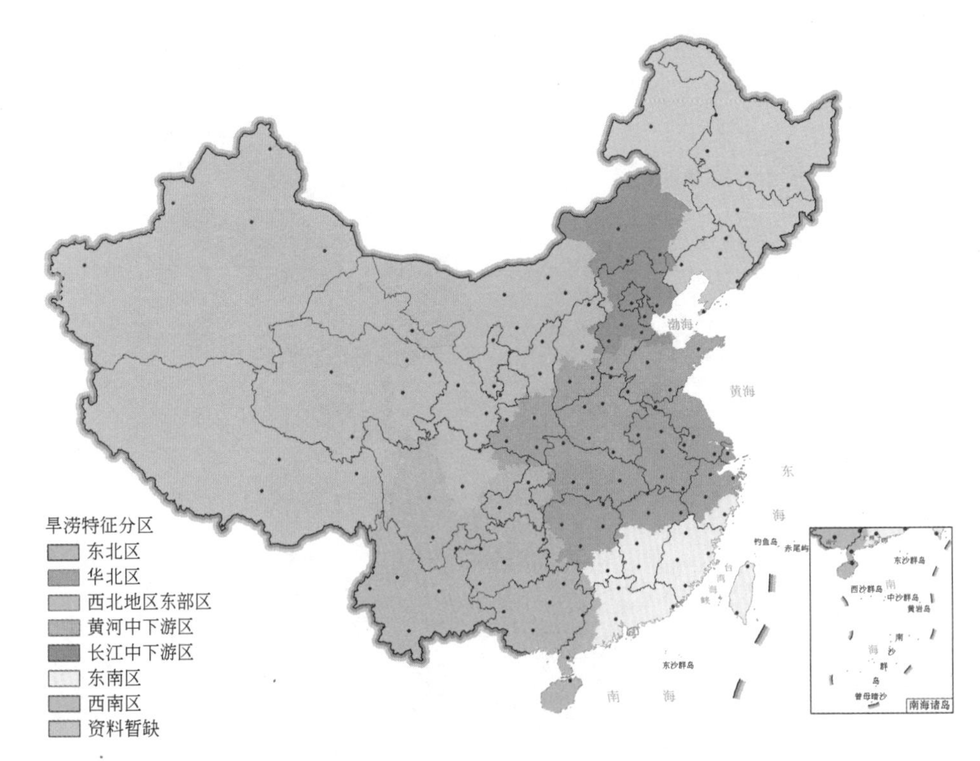

图 4.6　历史旱涝特征区划分结果图

表 4.3　中国历史旱涝特征区域包含站点表

区域名	包含站点
东北区	大连、丹东、朝阳、沈阳、开原、长春、牡丹江、哈尔滨、齐齐哈尔、佳木斯、海拉尔、嫩江
华北北部区	石家庄、沧州、保定、天津、唐山、北京、多伦、赤峰、锡林浩特
西北地区东部区	成都、广元、武都、天水、平凉、兴海、固原、兰州、西宁、延安、盐池、太原、榆林、银川、鄂托克、大同、陕坝、呼和浩特、百灵庙
黄河中下游区	信阳、安康、郧县、汉中、南阳、宝鸡、西安、洛阳、郑州、菏泽、临沂 临汾、长治、安阳、邯郸、济南、莱阳、德州
长江中下游区	邵阳、铜仁、长沙、沅陵、上饶、南昌、岳阳、金华、九江、黄山、江陵、宜昌、武汉、宁波、安庆、杭州、苏州、上海、合肥、南京、扬州、阜阳、蚌埠、徐州
东南区	广州、台南、汕头、韶关、漳州、郴州、台北、赣州、永安、福州、吉安、建阳、温州
西南区	湛江、南宁、思茅、梧州、百色、柳州、昆明、腾冲、桂林、兴仁、大理、贵阳、毕节、昭通、西昌、重庆、康定、万县

4.3　旱涝灾害的时间特征分析方法

历史旱涝灾害的时间特征研究，主要就是分析我国历史旱涝灾害发生在时间维上的分布特征，主要包括旱涝灾害发生的周期性以及趋势性特征等，其中涉及的时间特征分析方法主要包括主成分分析法、傅里叶谱分析法、小波分析法、小波谱分析影响锥以及显著性检验等经典分析方法。

4.3.1　主成分分析

主成分分析往往是大型研究的一个中间环节，用于解决数据信息“浓缩”等问题。主成分分析的步骤包括：①对原来的 n 个指标进行标准化，以消除变量在数量级或量纲上的影响；②根据标准化后的数据矩阵求出协方差或相关矩阵；③求出协方差矩阵的特征根和特征向量；④确定主成分，结合专业知识对各主成分所蕴含的信息给予适当的解释。对于旱涝站点 j 年份 i 的旱涝指数 p_{ij}，通过以下公式进行指标标准化：

$$Z_{ij}=\frac{p_{ij}-\overline{p_j}}{S_j}$$

式中，$\overline{p_j}$ 和 S_j 分别表示旱涝站点 j 的旱涝指标均值与标准差。m 个站点 n 个年份旱涝指数标准化以后的结果可以通过以下矩阵表示：

$$Z=\{Z_{ij}, i=1, \cdots, n;\ j=1,\cdots, m\}$$

主成分分析实际上是求解协方差矩阵的特征根与特征向量，站点之间的协方差矩阵 $\boldsymbol{R}$ 可以通过以下公式获得：

$$\boldsymbol{R}=Z^{\mathrm{T}}Z$$

通过主成分分析方法求得变量的各个主成分，主成分对于综合特征的解释能力通过其计算得到的变量总方差来评价，方差越大，主成分对于综合特征的解释能力越强。

4.3.2　傅里叶谱分析

针对时间序列的周期性特征分析，傅里叶谱分析方法是一种经典的诊断方法，可以显示出序列变化的主周期，傅里叶谱分析公式如下所示：

（1）频率 k 的傅里叶变换系数：

$$a_0=\frac{1}{N}\sum_{i=0}^{N-1}x_i$$

$$a_k=\frac{2}{N}\sum_{i=0}^{N-1}x_i\cos\frac{2\pi k}{N}t \qquad k=1,2,3,\cdots,K$$

$$b_k=\frac{2}{N}\sum_{i=0}^{N-1}x_i\sin\frac{2\pi k}{N}t$$

（2）频率 k 的功率谱值估计：

$$\hat{I}_k=\frac{N}{2}(a_k^2+b_k^2)$$

$$T_k=\frac{N}{k}$$

式中，N 时间序列样本数，$\hat{I}_k$ 为功率谱估计值，k 的最大值为 $\frac{N}{2}$。

4.3.3 小波谱分析

傅里叶分析建立在时间变化是定常的假设基础上，用于显示时间序列的主周期，相比之下，小波在时频两域都具有表征信号局部特征的能力。本节利用小波功率谱来分析旱涝时间序列的阶段周期性。时间序列的小波功率谱分析需要经过两个步骤：小波变换获得序列的小波变换系数；通过小波变换系数计算得到小波功率谱。

1. 小波变换系数

小波变换可用于分析非平稳时间序列的多个频率特征。假设一个时间序列 x_n，其采样间隔为 δt，小波函数 Ψ 的表达式为：

$$\Psi_{ab}(x)=\frac{1}{\sqrt{a}}\Psi\left[\frac{x-b}{a}\right]$$

式中，$\Psi(x)$ 是小波函数，a 为尺度因子，它表示小波在频率域中的位置；b 为平移因子，表示小波在时间域中的位置（Lin，2007）。

在气候时间序列研究中常用的小波函数是 Morlet 小波：

$$\psi_0(\eta)=\pi^{-1/4}e^{i\omega_0\eta}e^{-\eta^2/2}$$

利用带尺度、平移变换的 Morlet 小波函数 $\psi_0(\eta)$ 对离散时间序列进行小波变换公式如下所示：

$$W_n(s)=\sum_{k=0}^{N-1}x_k\psi^*\left[\frac{(k-n)\delta t}{s}\right]$$

式中，* 为原函数的复共轭，随着时间 n 以及小波尺度因子 s 的改变对时间序列 x_n 进行分解，可以获得表示小波振幅与尺度特征随时间变化的图像。$W_n(s)$ 表示对应时间 n 与尺度 s 的小波系数。

在实际应用过程中，在傅里叶空间进行小波变换计算速度更快。时间序列 x_n 的离散傅里叶变换（DFT）可以表示为

$$\hat{x}_k = \frac{1}{N}\sum_{n=0}^{N-1} x_n e^{-2\pi ikn/N}$$

式中，$k=0, 1,\cdots, N-1$ 表示频率因子。

傅里叶空间的小波变换可以表示为

$$W_n(s) = \sum_{k=0}^{N-1} \hat{x}_k \psi^*(\hat{s\omega}_k) e^{i\omega_k n\delta t}$$

式中，$\psi(\hat{s\omega})$ 为小波函数 $\psi(t/s)$ 的傅里叶变换形式，角频率定义为

$$\omega_k = \begin{cases} \dfrac{2\pi k}{N\delta t} : k \leqslant \dfrac{N}{2} \\ -\dfrac{2\pi k}{N\delta t} : k > \dfrac{N}{2} \end{cases}$$

为了保证不同时间序列，各个尺度 s 下的小波变换结果可比，需要对小波函数进行标准化处理：

$$\hat{\psi}(s\omega_k) = \left(\frac{2\pi s}{\delta t}\right)^{\frac{1}{2}} \psi_0(\hat{s\omega}_k) \quad \text{（傅里叶空间）}$$

$$\psi\left[\frac{(n'-n)\delta t}{s}\right] = \left[\frac{\delta t}{s}\right]^{\frac{1}{2}} \psi_0\left[\frac{(n'-n)\delta t}{s}\right]$$

综合应用上述公式即可获得时间序列 x_n 的小波变换系数 $W_n(s)$。

2. 小波功率谱、小波实部谱

Morlet 小波为复数小波，小波变换的模（功率谱）和实部（实部谱）是两个重要的变量。模的大小表示特征时间尺度信号的强弱，实部则表示不同特征时间尺度信号在不同时间上分布和相位两方面的信息。

小波功率谱定义为 $|W_n(s)|^2$，即为小波系数 $W_n(s)$ 模的平方，其值越大表示时间序列在该时间、周期下的特征越明显；小波实部谱定义为 $i_{\mathrm{mag}}\{W_n(s)\}$，其中 i_{mag} 表示实部信息，正值表示该时间处于正相位，负值表示处于负相位（王文圣等，2005）。

4.3.4　小波谱分析影响锥

鉴于旱涝时间序列都是有限时间长度的，对有限长度时间序列的开始和结束部分数据进行小波分析，会出现错误的结果。在具体运算过程中，将会对时间序列补充足够数量的 0 值，从而保证算法的可行。上述补 0 的处理方法将会导致随着时间尺度的

增加，在有效数据的边界区会有更多的0值参与到运算中，造成小波谱分析的边界效应，即有效数据以外的时间，其小波分析结果不是真实的。因此，对于有限时间长度序列通过影响锥来界定小波分析结果可适用的边界。

4.3.5 显著性检验

为了定义傅里叶以及小波分析的显著水平，首先需要选择一个接近实际情况的背景噪声，对于很多地理现象，主要选择白噪声（傅里叶谱是平直的）和红噪声（傅里叶谱随着频率的增加而增加）。

1. 傅里叶红（白）噪声谱

噪声模型通常使用以下带一个滞后的单变量自回归模型：

$$x_n=ax_{n-1}+z_n$$

式中，a 是假设的自相关系数，$x_0=0$，z_n 表示高斯白噪声，根据上述条件，求解 x_n 的通项公式，即可获得假设条件下的红噪声表达式。

本书使用的标准化以后的噪声模型的傅里叶功率谱定义为（Torrence and Compo，1998）：

$$p_k=\frac{1-a^2}{1+a^2-2a\cos(2\pi k/N)}$$

式中，$k=0,1,\cdots,N/2$ 是频率数值，当 $a=0$ 时该公式定义了一个白噪声。

2. 小波红（白）噪声谱

小波变换可以看作是一系列带通滤波器。这种情况下，假如一个时间序列可以通过上述自回归模型定义背景噪声，那么各个频率的小波也可以通过傅里叶红（白）公式定义该频率下的背景噪声。

4.4 旱涝灾害的时间特征

基于全国127个气象站点，依据各气象站点上旱涝指数的众数作为该站点当年全国旱涝状况的指数的原则，从而形成1470～2000年全国旱涝指数序列。在此基础上进行全国旱涝时间特征的分析，主要包括全国旱涝序列旱涝发生的周期性特征以及近百年趋势性特征。

4.4.1　全国旱涝时间特征

基于全国旱涝指数序列，分百年统计重旱、轻旱、年均干旱发生次数以及重涝、轻涝、年均洪涝发生次数，结果如表 4.4 所示。为了直观表达不同时段年均干旱、洪涝的变化情况，制作旱涝频次柱状图（图 4.7）。在 1501 ～ 1700 年 200a 间，干旱频次居多，总体处于偏旱的状态；1701 ～ 1900 年这 200a 间，洪涝频次居多，总体处于偏涝状态；而在 1901 ～ 2000 年这 100a 间，干旱频次居多，总体处于偏旱状态。

表 4.4　1501 ～ 2000 年旱涝灾害频次分布

时段	重旱	轻旱	累计干旱	年均干旱	重涝	轻涝	累计洪涝	年均洪涝
1501 ～ 1600 年	212	542	754	7.5	195	492	687	6.9
1601 ～ 1700 年	238	584	822	8.2	240	475	715	7.2
1701 ～ 1800 年	134	539	673	6.7	218	587	805	8.1
1801 ～ 1900 年	168	539	707	7.1	287	671	958	9.6
1901 ～ 2000 年	322	664	986	9.9	300	478	778	7.8

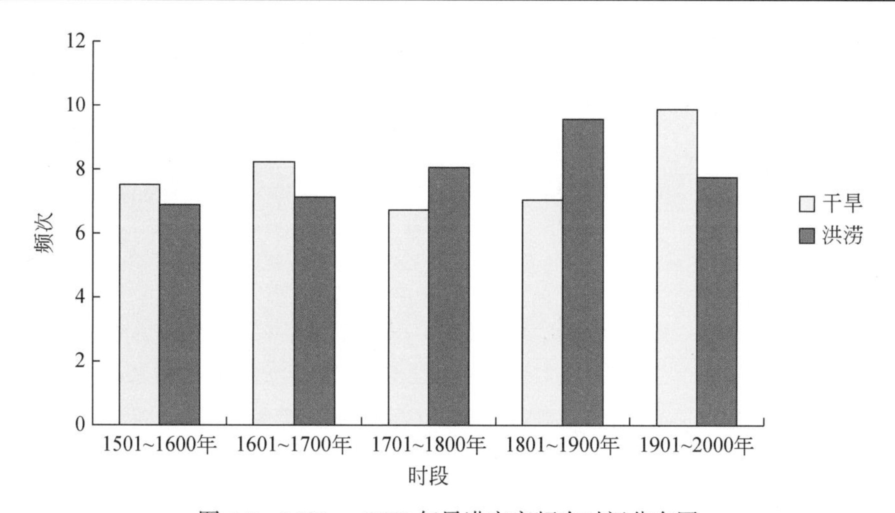

图 4.7　1501 ～ 2000 年旱涝灾害频次时间分布图

4.4.2　全国旱涝周期性特征

通过小波功率谱图的分析，得到 1470 ～ 2000 年全国旱涝特征序列及十年滑动平均情况，如图 4.8 所示，其中蓝色曲线表示标准化旱涝指数序列，红色曲线表示十年滑动平均。通过十年平均滑动序列可以看出，1470 ～ 2000 年间，旱涝变化具有周期性特征，从 1880 年至今全国总体上有干旱的趋势；全国特征序列功率谱分析可得，全国旱涝变化普遍存在 50a，准 20a 周期，11a 和 4a 周期。

此外，在 1550 ～ 1700 年间，显著存在 50a 旱涝变化周期；在 1575 ～ 1650 年，1700 ～ 1775 年，1800 ～ 1900 年间，显著存在 25a 旱涝变化周期；11a 和 4 ～ 5a 旱涝周期在多个时间段都存在。由小波实部谱可以明显得知在不同时间尺度下，各年代旱涝交替特征，在 50a 周期尺度下 1540 ～ 1565 年偏涝，1566 ～ 1590 年偏旱，1591 ～ 1615 年偏涝，1616 ～ 1635 年偏旱，1636 ～ 1660 年偏涝，1661 ～ 1685 年偏旱，1686 ～ 1710 年偏涝。

4.4.3 旱涝特征分区周期性特征

同一旱涝区域内的序列具有相似性特征，对于 7 个旱涝特征区域内的序列分别进行主成分分析，从而“浓缩”获得各旱涝特征区域的综合时间序列。首先，对于东北、华北、西部、黄河中下游、长江中下游、东南、西南 7 个区的旱涝站点进行主成分析，提取能够表征区域旱涝综合序列。对于主成分载荷较高的东北、华北、西北、黄河中下游、长江中下游，东南 6 个区，选取第一主成分作为旱涝综合特征。对于缺值严重，造成第一主成分载荷过低的西南区，选择数据完整度最高的昆明地区作为旱涝综合序列；其次，针对 7 个旱涝特征序列分别应用 10 年滑动平均，傅里叶分析、小波功率谱分析、小波实部谱分析来研究各区旱涝的周期性。

1. 东北区

通过主成分分析，东北区旱涝特征序列（第一主成分）载荷 51.4%，区域内各站点在第一主成分的权重分布如表 4.5 所示。东北区旱涝特征序列权重最大的区域位于沈阳、朝阳地区。空间插值之后，该区域旱涝记录序列大多起始于 1773 年，因此，我们对于东北区旱涝时间特征从 1773 年开始研究。图 4.9 所示为东北区旱涝特征序列及十年滑动平均曲线，1850 年之前旱涝周期变化不明显，从 1850 年开始，存在明显的旱涝变化周期，这是由于 1850 年之前，东北区旱涝站点缺值较多，有一部分数据是通过空间插值所得，存在旱涝峰值减弱的情况；从东北区旱涝特征序列傅里叶分析功率谱图可以得出，区域内旱涝存在准 20a，4 ～ 5a 显著周期。

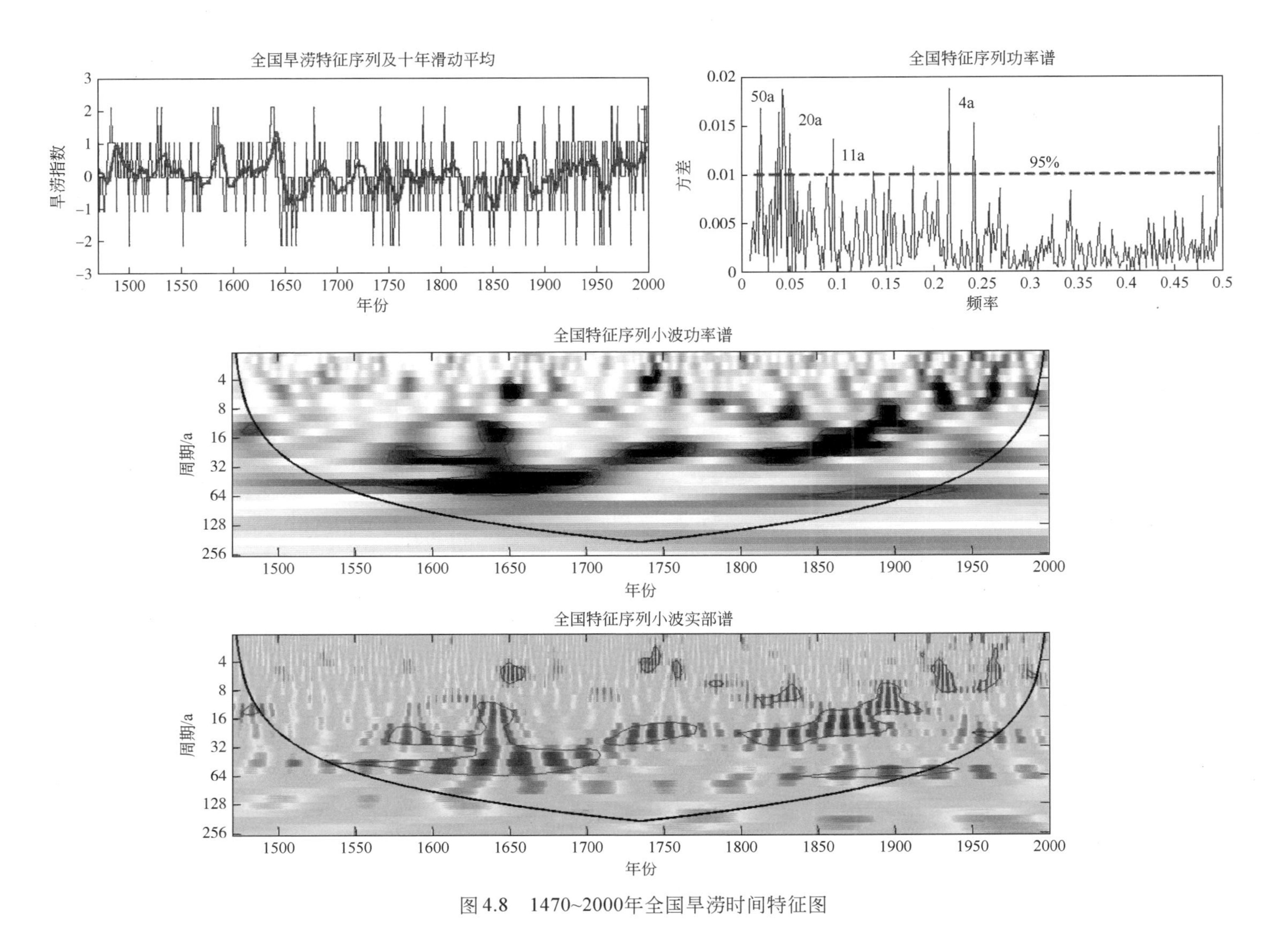

图 4.8　1470~2000年全国旱涝时间特征图

表 4.5　东北区特征序列权重表

区域编号	站点名	起始年份	权重	区域编号	站点名	起始年份	权重
1	哈尔滨	1799	0.618	1	沈阳	1773	0.854
1	牡丹江	1799	0.584	1	朝阳	1470	0.83
1	长春	1762	0.629	1	丹东	1773	0.696
1	开原	1773	0.731	1	大连	1470	0.745

分析东北区旱涝特征序列小波功率谱图，存在若干 2 ～ 4a 旱涝周期；1775 ～ 1800 年，1875 ～ 1900 年，存在准 10a 周期；1850 ～ 1950 年存在准 20a 周期。从小波实部谱可以看出，从 1850 到 1960 存在着显著的旱涝交替周期。

2. 华北北部区

第一主成分载荷 41.3%，如表 4.6 所示，华北北部旱涝特征序列权重最大的区域落在唐山、天津地区，通过空间插值之后，该区域旱涝记录序列起始于 1470 年。如图 4.10 所示，华北北部区旱涝时间特征图，从旱涝特征序列及十年滑动平均图中可以看出从 1470 到 2000 普遍存在着旱涝交替的现象；分析华北北部区旱涝特征序列傅里叶分析功率谱图，其中存在 40a、20a，11a，5a，2 ～ 4a 显著周期。

分析华北北部区旱涝特征序列小波功率谱图，1600 年～ 1750 年、1850 年～ 1950 年，存在准 10a 周期；1550 年～ 1650 年、1720 年～ 1950 年存在准 20a 周期；1650 ～ 1700 年存在准 40a 周期。小波实部谱显示了各显著周期内旱涝交替情况，红色表示旱阶段，蓝色表示涝阶段。

表 4.6　华北北部区特征序列权重表

区域编号	站点名	起始年份	权重	区域编号	站点名	起始年份	权重
2	锡林浩特	1907	0.029	2	唐山	1470	0.878
2	赤峰	1470	0.03	2	保定	1470	0.761
2	多伦	1470	0.189	2	沧州	1470	0.783
2	北京	1470	0.607	2	石家庄	1470	0.774
2	天津	1470	0.865				

3. 西北地区东部区

西北地区东部区内第一主成分载荷 38.81%，如表 4.7 所示，西北地区东部区旱涝

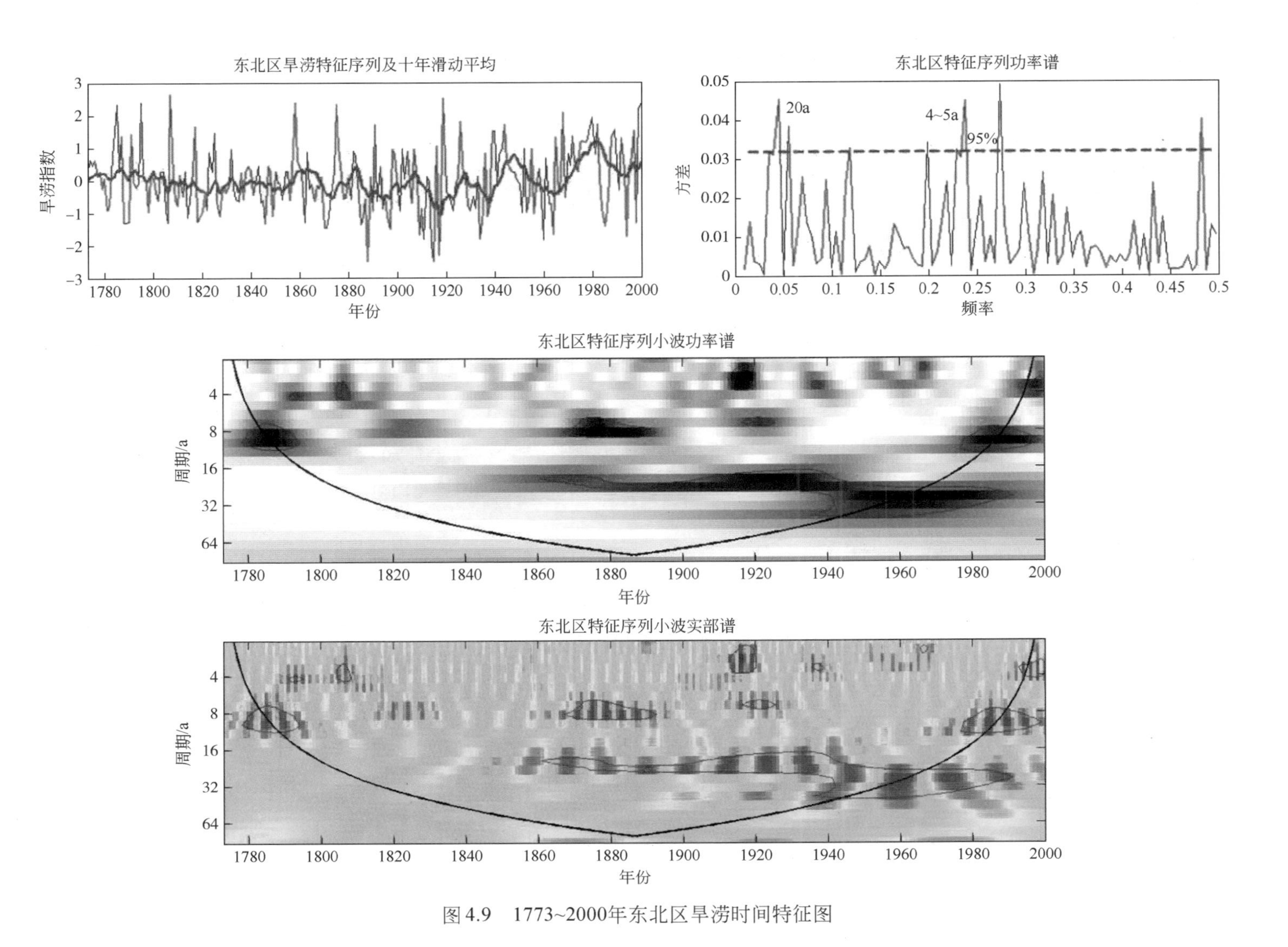

图 4.9　1773~2000年东北区旱涝时间特征图

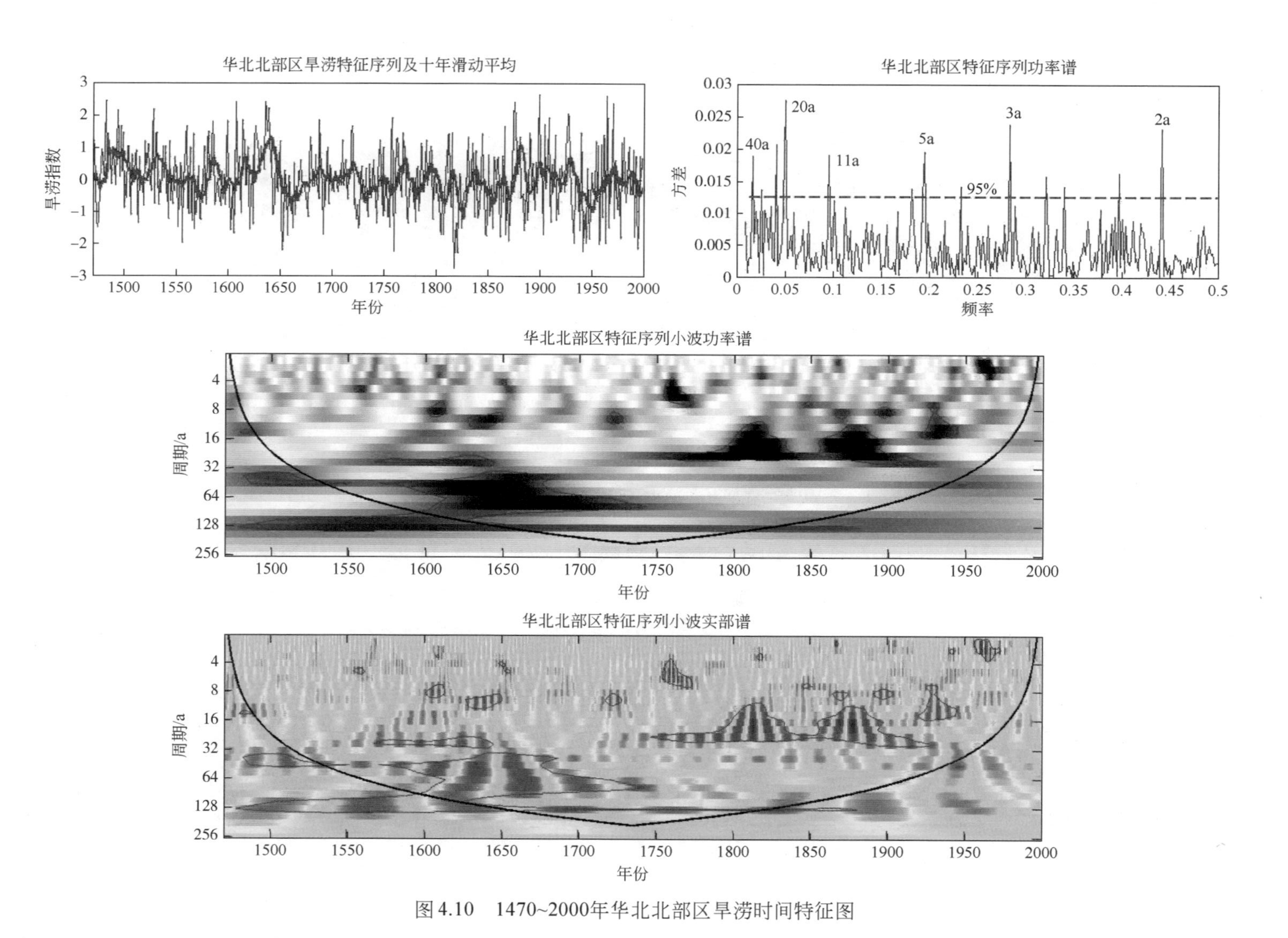

图 4.10　1470~2000年华北北部区旱涝时间特征图

特征序列权重最大的区域位于鄂托克，百灵庙、平凉、延安、榆林地区，通过空间插值之后，该区域旱涝记录序列起始于 1470 年。如图 4.11 所示，十年滑动平均序列显示 1470 ～ 2000 年存在着显著的旱涝交替周期；西北地区东部区特征序列傅里叶谱分析图可以得出，该区域显著存在着准 40a、准 20a，10a，2 ～ 4a 的旱涝变化周期。

西北地区东部区旱涝特征序列小波功率谱图显示，1550 ～ 1650 年，1700 ～ 1950 年存在准 20a 周期；小波实部谱显示了各显著周期内旱涝交替情况，红色表示旱阶段，蓝色表示涝阶段。

表 4.7　西北地区东部区特征序列权重表

区域编号	站点名	起始年份	权重	区域编号	站点名	起始年份	权重
3	百灵庙	1470	0.736	3	银川	1470	0.671
3	呼和浩特	1470	0.657	3	榆林	1470	0.721
3	陕坝	1470	0.795	3	延安	1470	0.708
3	鄂托克	1470	0.882	3	广元	1470	0.383
3	大同	1470	0.539	3	成都	1798	0.38
3	太原	1470	0.518	3	武都	1470	0.503
3	西宁	1470	0.48	3	盐池	1470	0.566
3	兰州	1470	0.554	3	固原	1470	0.68
3	平凉	1470	0.71	3	兴海	1470	0.466
3	天水	1470	0.614				

4. 黄河中下游区

黄河中下游分区内第一主成分载荷 41.65%，如表 4.8 所示，黄河中下游区旱涝特征序列权重最大的区域位于郑州、洛阳地区，通过空间插值之后，该区域旱涝记录序列起始于 1470 年。图 4.12 黄河中下游区旱涝特征序列傅里叶分析功率谱图显示，区域内旱涝存在 40a，准 20a，准 10a，6a 显著周期。

从黄河中下游区旱涝特征序列小波功率谱图中可以看出：1550 ～ 1650 年，1775 ～ 1900 年，1925 ～ 1975 年存在着准 10a 周期；1525 ～ 1750 年，1800 ～ 1900 年存在准 20a 周期；1575 ～ 1700 年存在 40 ～ 50a 周期；小波实部谱显示了各显著周期内旱涝交替情况。

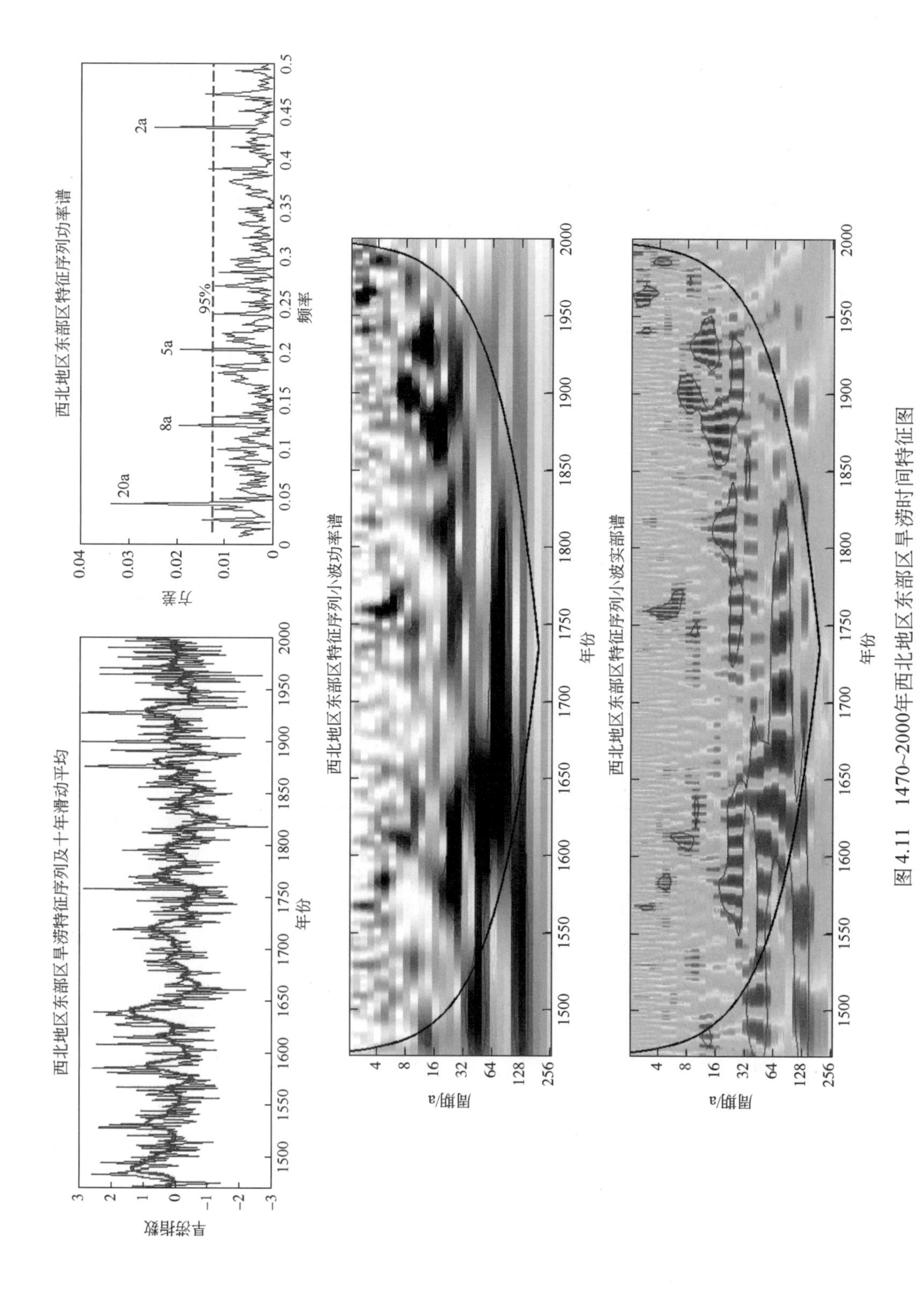

图 4.11　1470~2000年西北地区东部区旱涝时间特征图

表 4.8　黄河中下游区特征序列权重表

区域编号	站点名	起始年份	权重	区域编号	站点名	起始年份	权重
4	临汾	1470	0.601	4	莱阳	1470	0.358
4	长治	1470	0.613	4	济南	1470	0.637
4	邯郸	1470	0.682	4	临沂	1470	0.562
4	安阳	1470	0.76	4	菏泽	1470	0.734
4	洛阳	1470	0.789	4	郧县	1470	0.547
4	郑州	1470	0.757	4	西安	1470	0.633
4	南阳	1470	0.651	4	汉中	1470	0.651
4	信阳	1470	0.605	4	安康	1470	0.637
4	德州	1470	0.633	4	宝鸡	1470	0.644

5. 长江中下游区

长江中下游分区内第一主成分载荷 33.57%，如表 4.9 所示，长江中下游区旱涝特征序列权重最大的区域位于安庆、九江、岳阳地区，通过空间插值之后，该区域旱涝时间特征研究从 1470 ～ 2000 年。图 4.13 所示，从长江中下游区旱涝特征序列傅里叶分析功率谱图分析可得，区域内存在 20 ～ 30a，10a，11a，6a 显著周期。

长江中下游区旱涝特征序列小波功率谱图显示：1500 ～ 1525 年，1575 ～ 1600 年，1650 ～ 1675 年，1925 ～ 1975 年，存在 4 ～ 8a 旱涝周期；1500 ～ 1550 年、1825 ～ 1900 年，存在准 20a 旱涝周期；1550 ～ 1650 年，1800 ～ 1950 年，存在 50 ～ 60a 旱涝周期。

表 4.9　长江中下游区特征序列权重表

区域编号	站点名	起始年份	权重	区域编号	站点名	起始年份	权重
5	徐州	1470	0.286	5	金华	1470	0.452
5	扬州	1470	0.595	5	九江	1470	0.715
5	南京	1470	0.62	5	南昌	1470	0.616
5	苏州	1470	0.691	5	上饶	1470	0.56
5	上海	1470	0.691	5	宜昌	1470	0.447
5	阜阳	1470	0.35	5	江陵	1470	0.605
5	蚌埠	1470	0.466	5	武汉	1470	0.645
5	合肥	1470	0.617	5	岳阳	1470	0.719
5	安庆	1470	0.716	5	沅陵	1470	0.577
5	黄山	1470	0.71	5	长沙	1470	0.549
5	杭州	1470	0.663	5	邵阳	1470	0.513
5	宁波	1470	0.379	5	铜仁	1503	0.399

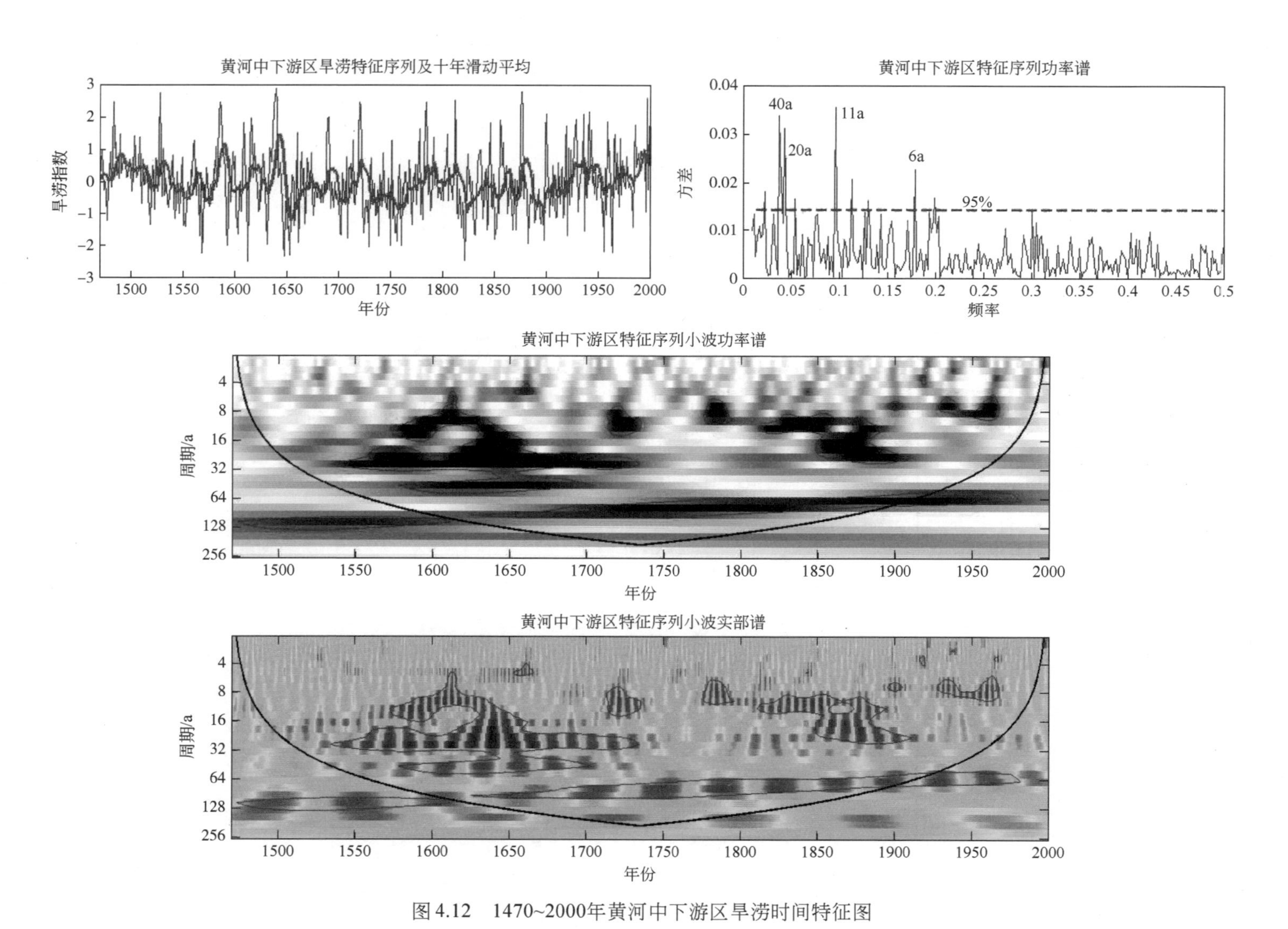

图 4.12 1470~2000年黄河中下游区旱涝时间特征图

6. 东南区

东南区内第一主成分载荷 37.7%，如表 4.10 所示，东南区旱涝特征序列权重最大的区域位于韶关、福州地区，通过空间插值之后，该区域旱涝记录序列以起始于 1470 年为主。图 4.14 所示为东南区旱涝特征序列傅里叶分析功率谱图，存在 40a，30a，20a，10a，6a，2a 显著周期。

从东南区旱涝特征序列小波功率谱图可以得出，1525 ～ 1575 年，1650 ～ 1725 年，存在准 10a 周期；1550 ～ 1650 年，1800 ～ 1950 年；1500 ～ 1550 年，1575 ～ 1625 年，存在准 20a 周期；1800 ～ 1900 年，存在准 40a 周期；小波实部谱显示了各显著周期内旱涝交替情况。

表 4.10　东南区特征序列权重表

区域编号	站点名	起始年份	权重	区域编号	站点名	起始年份	权重
6	温州	1470	0.39	6	台北	1777	0.629
6	吉安	1470	0.589	6	台南	1979	0.578
6	赣州	1470	0.593	6	郴州	1470	0.609
6	建阳	1470	0.603	6	韶关	1470	0.712
6	福州	1470	0.709	6	汕头	1502	0.623
6	永安	1470	0.671	6	广州	1478	0.556
6	漳州	1674	0.65				

7. 西南区

西南区经过空间插值以后缺值情况依然很严重，并且区域内各站点数据起始年份差异过大，第一主成分载荷低（24.2%），因此西南区选择数据完整度最高，并且位于该区域靠中心位置的昆明地区作为西南区旱涝综合特征序列。该区域旱涝时间特征研究从 1853 ～ 2000 年。图 4.15 所示西南区旱涝特征序列（昆明）傅里叶分析功率谱图，存在 11 年，2 ～ 4a 显著周期。西南区旱涝特征序列（昆明）小波功率谱图分析可得：1870 ～ 1905 年，1930 ～ 1950 年，存在 4 年的重现周期；1870 ～ 1900 年，存在准 10a 重现周期；小波实部谱显示了各显著周期内旱涝交替情况。

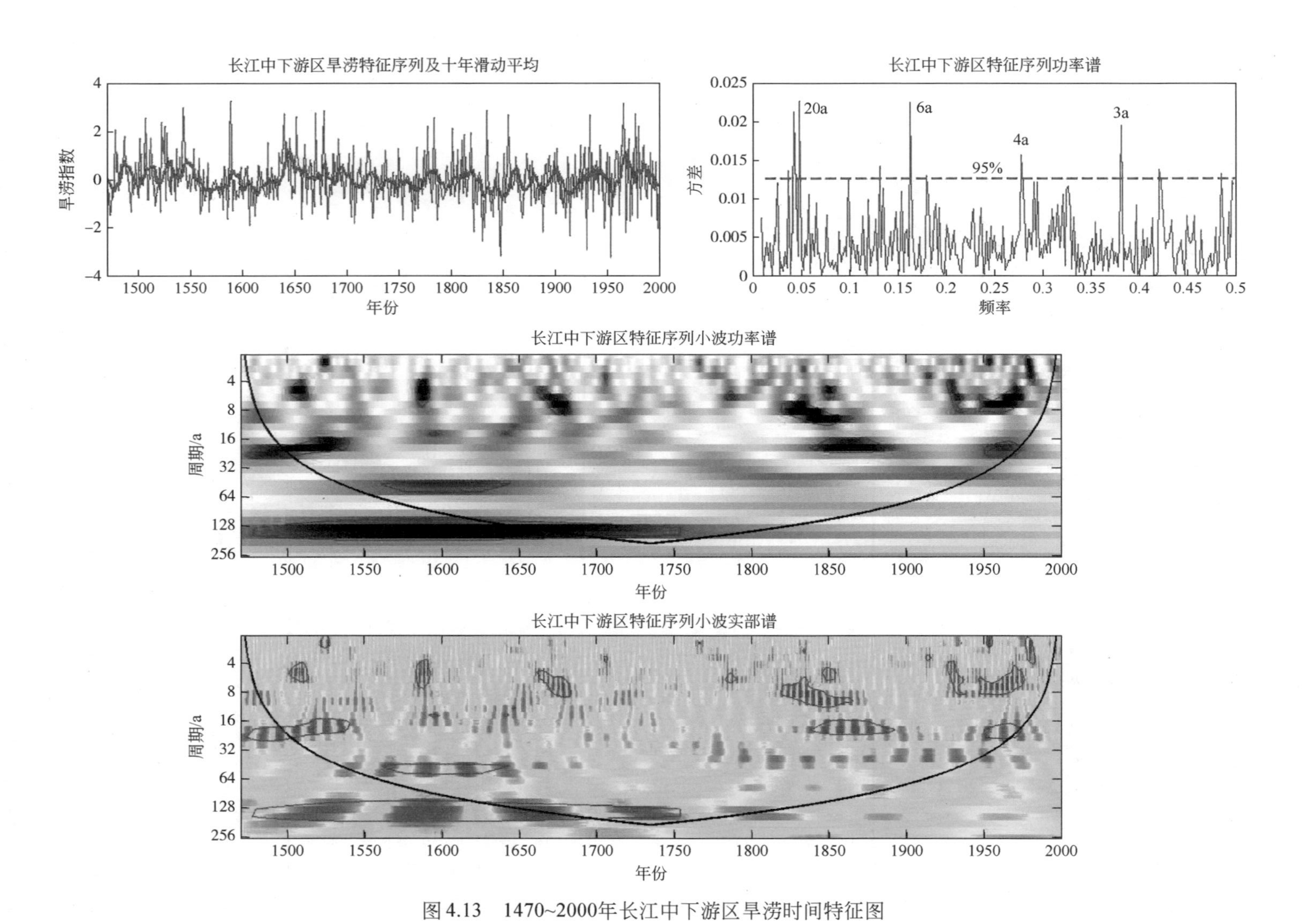

图 4.13　1470~2000年长江中下游区旱涝时间特征图

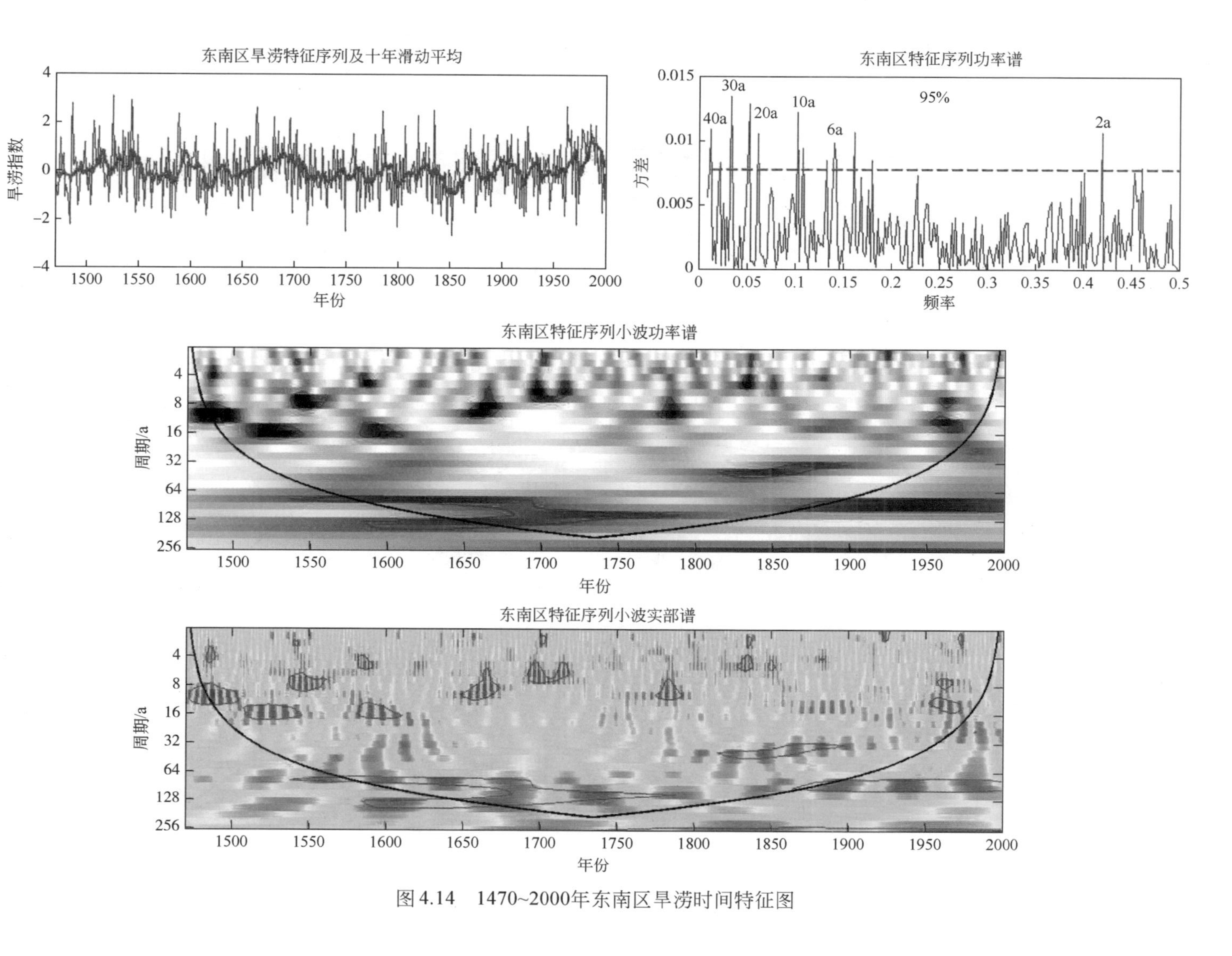

图 4.14　1470~2000年东南区旱涝时间特征图

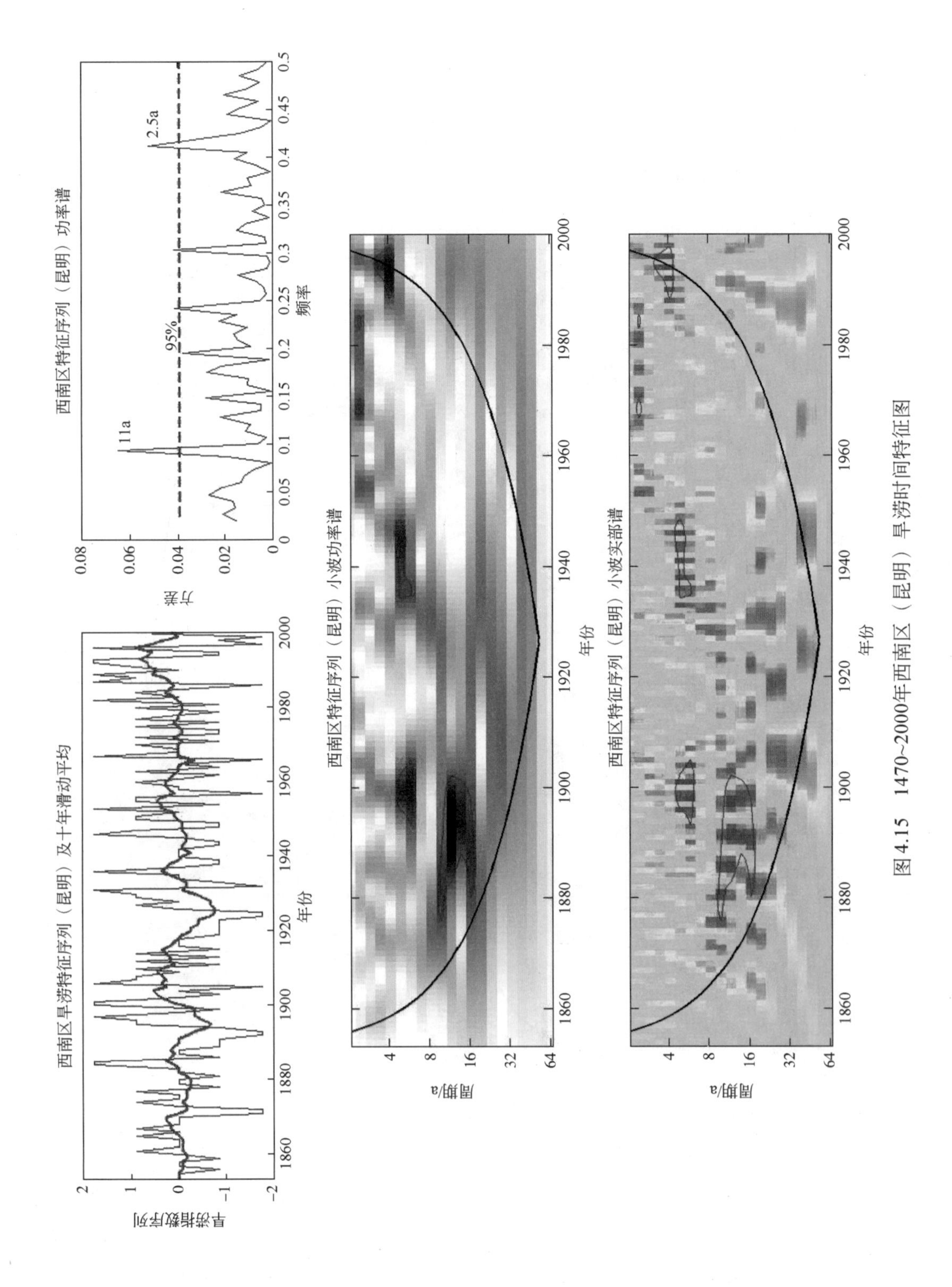

图 4.15　1470~2000年西南区（昆明）旱涝时间特征图

4.5　旱涝灾害的耦合性特征分析方法

旱涝灾害的耦合性特征是指不同旱涝分区之间的旱涝遥相关特征，小波相关系数是不同旱涝特征分区之间耦合性的定量表征，本节主要通过计算小波相关系数来评价东北、华北北部、西北地区东部、黄河中下游、长江中下游、东南、西南 7 个分区之间可能存在的旱涝耦合性特征。

4.5.1　交叉小波变换与交叉小波凝聚谱

两个时间序列 x_n 和 y_n 的交叉小波变换定义为：时间序列 x_n 的小波系数矩阵 $\boldsymbol{W}^X$ 与时间序列 y_n 的小波系数矩阵的复共轭矩阵 $\boldsymbol{W}^{Y*}$，两个矩阵点乘得到时间序列 x_n 和 y_n 的交叉小波系数矩阵 $\boldsymbol{W}^{XY}$，具体形式为 $\boldsymbol{W}^{XY}=\boldsymbol{W}^X\times\boldsymbol{W}^{Y*}$。两个时间序列在不同周期振荡的交叉小波变换系数值在时间域的分布可以为正（负），表明两个信号在相对应尺度上存在着正（负）相关关系，其绝对值越大，正（负）相关程度越密切。交叉小波凝聚谱定义为 $|\boldsymbol{W}^{XY}|$（Torrence and Compo,1998；Grinsted et al.，2004），交叉小波凝聚谱揭示 2 个信号序列在各谐波分量对总体方差的贡献，因而可以考察两信号相关显著的频率结构（林祥，2007；孙卫国和程炳岩，2008）。

4.5.2　小波相关系数

利用交叉小波分析两个时间序列之间耦合性适用于耦合性比较显著的情况，对于计算得到交叉小波凝聚谱一致性不高的情况，可以利用小波相关系数来表征两个序列之间变化的一致程度。

两个时间序列 x_n 和 y_n 的小波相关系数的平方定义为（Grinsted et al.，2004）

$$R_n^2(s)=\frac{\left|M\left(s^{-1}W_n^{XY}(s)\right)\right|^2}{M\left(s^{-1}\left|W_n^X(s)\right|^2\right)\times M\left(s^{-1}\left|W_n^Y(s)\right|^2\right)}$$

式中，M 代表平滑算子。

4.5.3　交叉小波相位角

相位角用来估计两个时间序列之间的相位差（可以理解为事件发生的滞后性）

$$\arctan\left(\frac{i_{\mathrm{mag}}\{W_n^{XY}(s)\}}{r_{\mathrm{eal}}\{W_n^{XY}(s)\}}\right)$$

式中，i_{mag} 和 r_{eal} 分别表示实部和虚部。根据相角与周期之间的关系，可计算出位相之后或提前的时间长度。

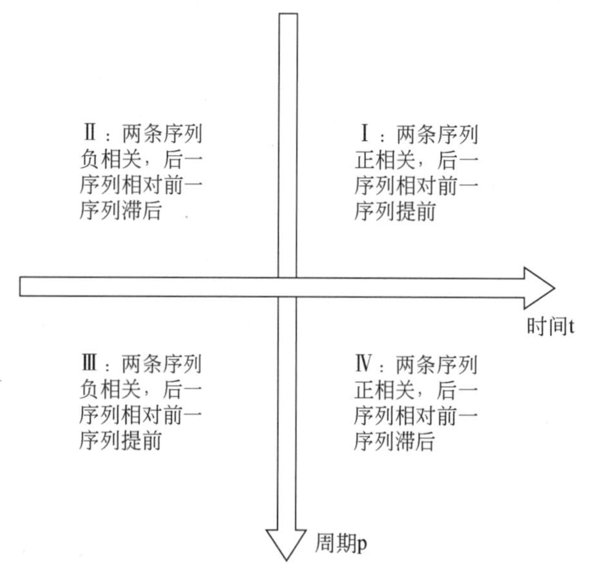

图 4.16　交叉小波相位角估算序列耦合特征示意图

其中当小波相位角箭头指向时间增大方向，表示两条时间序列在相应的时间、尺度下存在正相位耦合关系，以旱涝时间序列为例，表示二者存在同旱同涝的特征；当小波相位角箭头指向时间减小方向，表示两条时间序列在相应的时间、尺度下，存在负相位相关关系，以旱涝时间序列为例，表示二者存在旱涝相异的特征；当两条时间序列交叉小波相关系数值较高时，还可以通过小波相位角箭头与时间轴的夹角来估算后一序列相对前一序列旱涝的提前(滞后)程度。如图4.16所示，在实际应用中按照交叉小波相位角所落象限来估算旱涝滞后性。

4.6　旱涝灾害的耦合性特征

根据旱涝分区（7分区）的结果，对7大旱涝分区中的两两分区进行交叉小波分析，利用小波相关系数图以及交叉小波相位角，评价各分区之间旱涝的耦合性，其中交叉小波分析程序来自 Grinsted 等（2004）。

1. 东北区

东北区与其他6个分区小波相关系数图如图4.17所示，从图中可以看出，东北区与黄河中下游区，东北区与长江中下游区在20a尺度上存在显著的耦合性，其中东北区与黄河中下游区在20a尺度上表现为正相位角，并且相位角为0度，即两个区域在20a尺度存在同旱同涝的情况；东北区与长江中下游区亦表现为正相位，两个区域在20a尺度亦存在同旱同涝的情况。

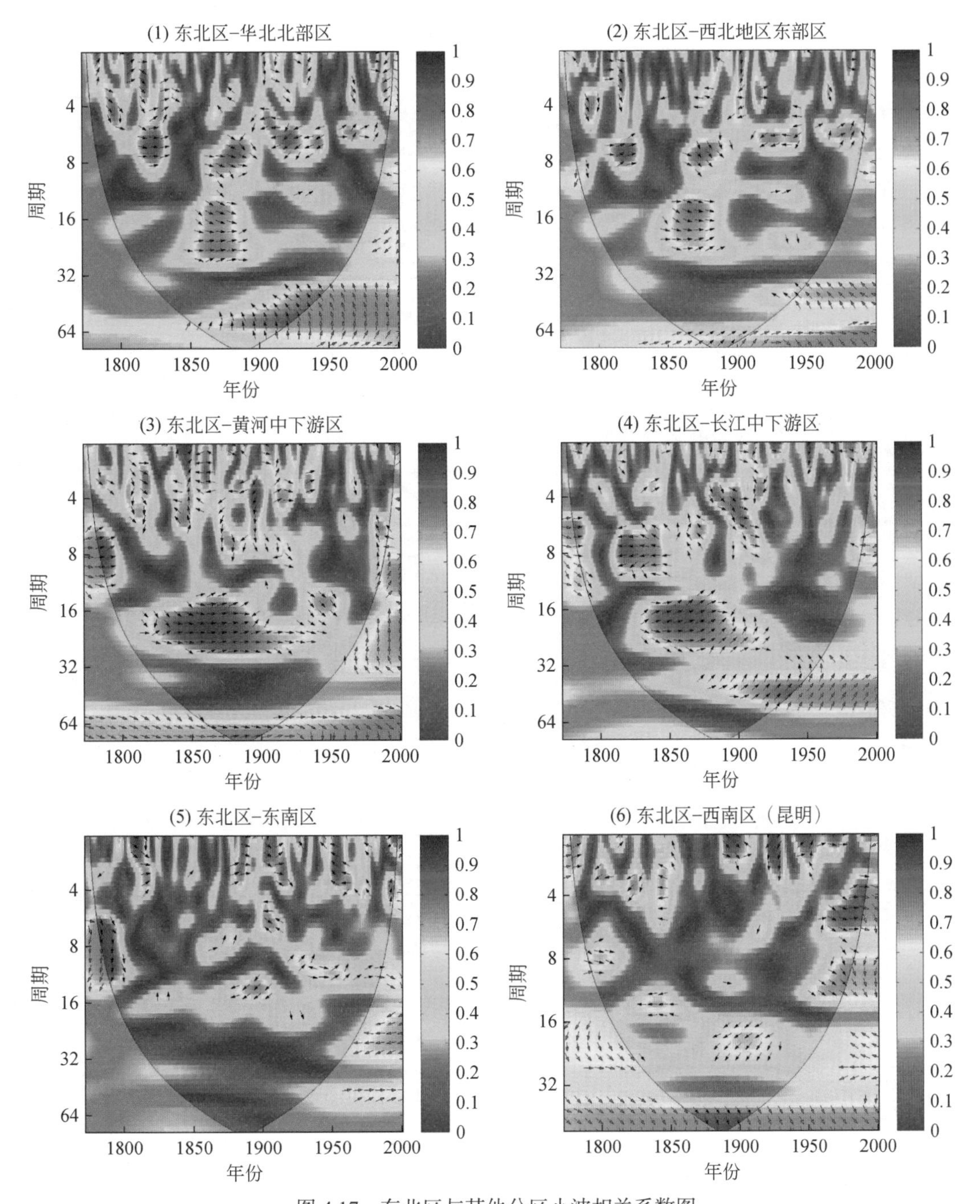

图 4.17　东北区与其他分区小波相关系数图

2. 华北北部区

华北北部区与其他 6 个分区小波相关系数图如图 4.18 所示，从图中可以看出，华北北部区与西北地区东部区、黄河中下游区、长江中下游区以及西南区均存在显著的

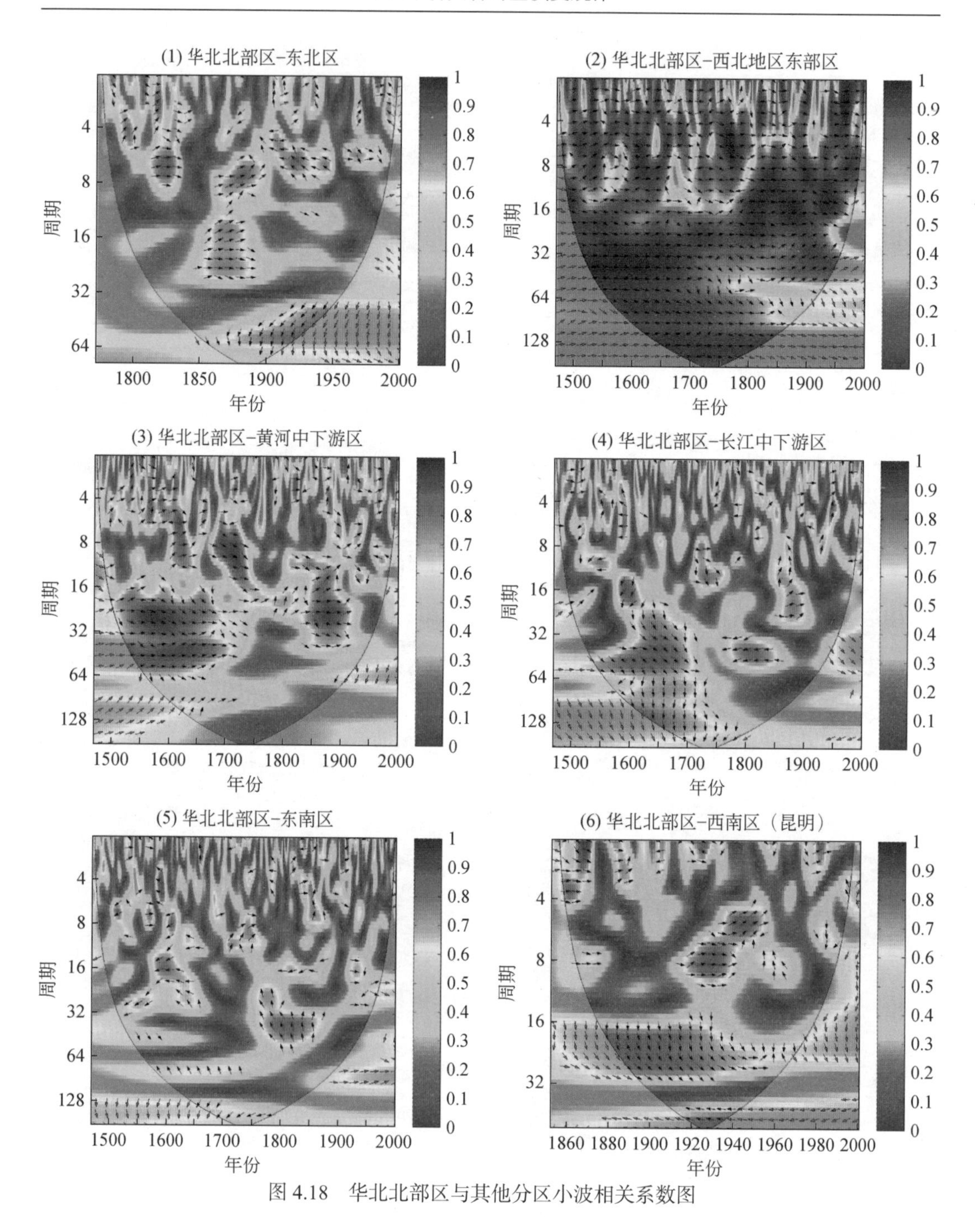

图 4.18 华北北部区与其他分区小波相关系数图

耦合性特征。华北北部区与西北地区东部区的旱涝发生在各个时间尺度上都存在着显著的耦合性，相位角以 0° 为主，两个区域存在极显著的旱涝一致性；华北北部区与黄河中下游区在 20 ～ 30a 尺度上存在着显著的耦合性，相位角以正相位为主，在 24a 尺度上，相位角为 –20° 左右，即华北北部区相比黄河中下游地区旱涝提前 T/18（1 ～ 2a）；华北北部区与西南区在 16 ～ 30a 尺度上存在着显著的耦合性，相位角以正相位为主，在 16a 尺度上，相位角为 –90° ，即华北地区相比西南地区旱涝提前 T/4（约 4a）。

3. 西北地区东部区

西北地区东部区与其他 6 个分区小波相关系数图如图 4.19 所示，从图中可以看出，西北地区东部区与华北北部区、黄河中下游区以及西南区均存在显著的耦合性特征。西北地区东部区与黄河中下游区，在 20 ～ 40a 时间尺度上显著的存在正相位相关；西北地区东部区与西南区在 16 ～ 30a 尺度上存在显著的正相关，在 16a 尺度上，相位角为 –90° ，即西北地区东部区相比西南地区旱涝提前 T/6（约 3a）。

4. 黄河中下游区

黄河中下游区与其他 6 个分区小波相关系数图如图 4.20 所示，从图中可以看出，黄河中下游区与东北区、华北北部区以及、西北地区东部区、长江中下游区均存在显著的耦合性特征。黄河中下游区与长江中下游区西北地区东部区与黄河中下游区，在 20 ～ 40a 时间尺度上显著的存在正相位相关。

5. 长江中下游区

长江中下游区与其他 6 个分区小波相关系数图如图 4.21 所示，从图中可以看出，长江中下游区与东北区、华北北部区以及、西北地区东部区、黄河中下游区、东南区均存在显著的耦合性特征。长江中下游区与东南区的，从 1750 ～ 1900 年，在 30 ～ 50a 尺度上存在显著的正相位相关特征，从相位角可以看出长江中下游区相比东南区旱涝会提前一段时间；长江中下游区与西南区（昆明），在 8a 时间尺度上，从 1920 ～ 1960 年存在显著的正相位相关特征。长江中下游区相比西南区（昆明）旱涝提前 T/4（约 2a）。

6. 东南区

东南区与其他 6 个分区小波相关系数图如图 4.22 所示，从图中可以看出，东南区与长江中下游区存在显著的耦合性特征。

7. 西南区（昆明）

西南区（昆明）与其他 6 个分区小波相关系数图如图 4.23 所示，从图中可以看出，

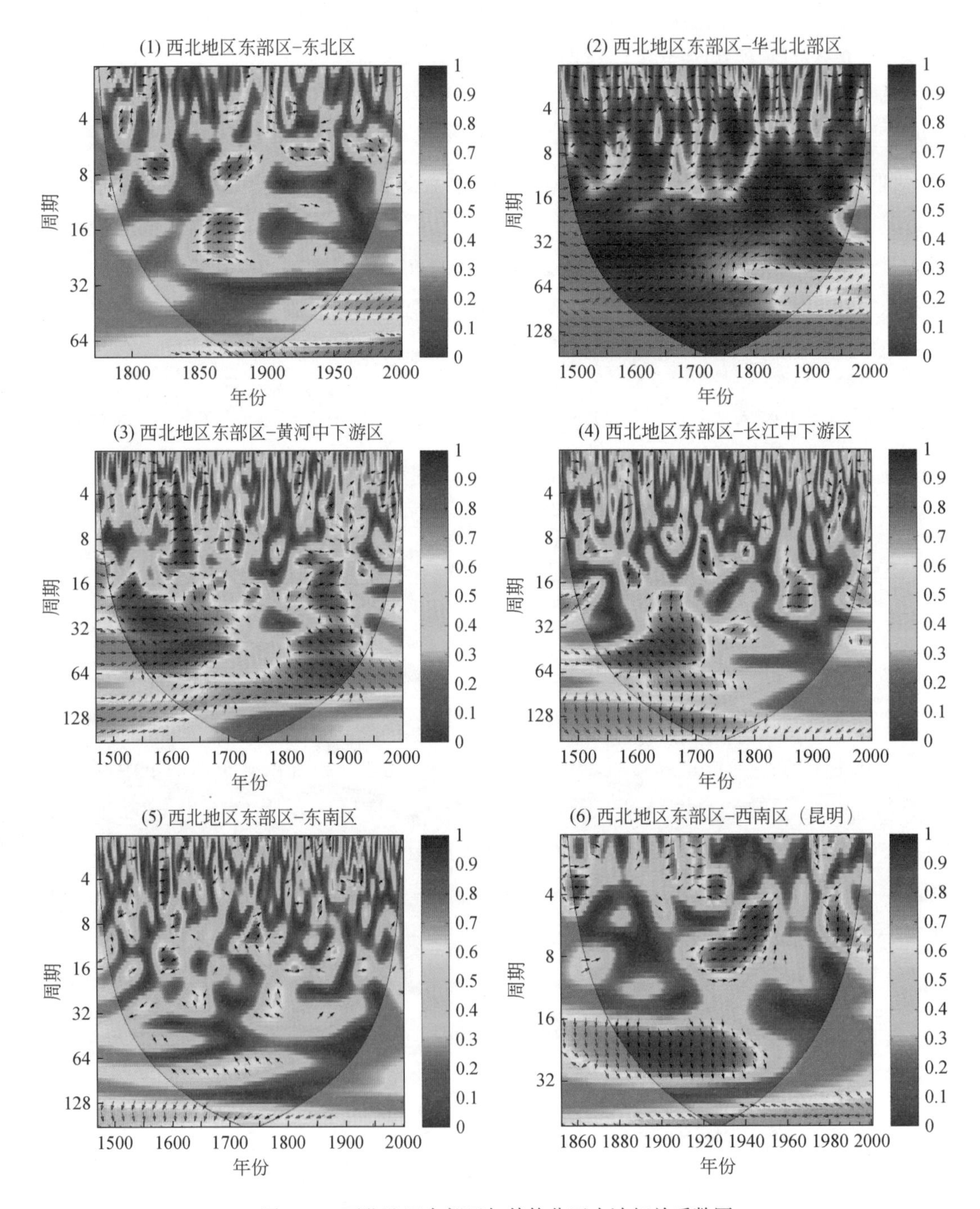

图 4.19　西北地区东部区与其他分区小波相关系数图

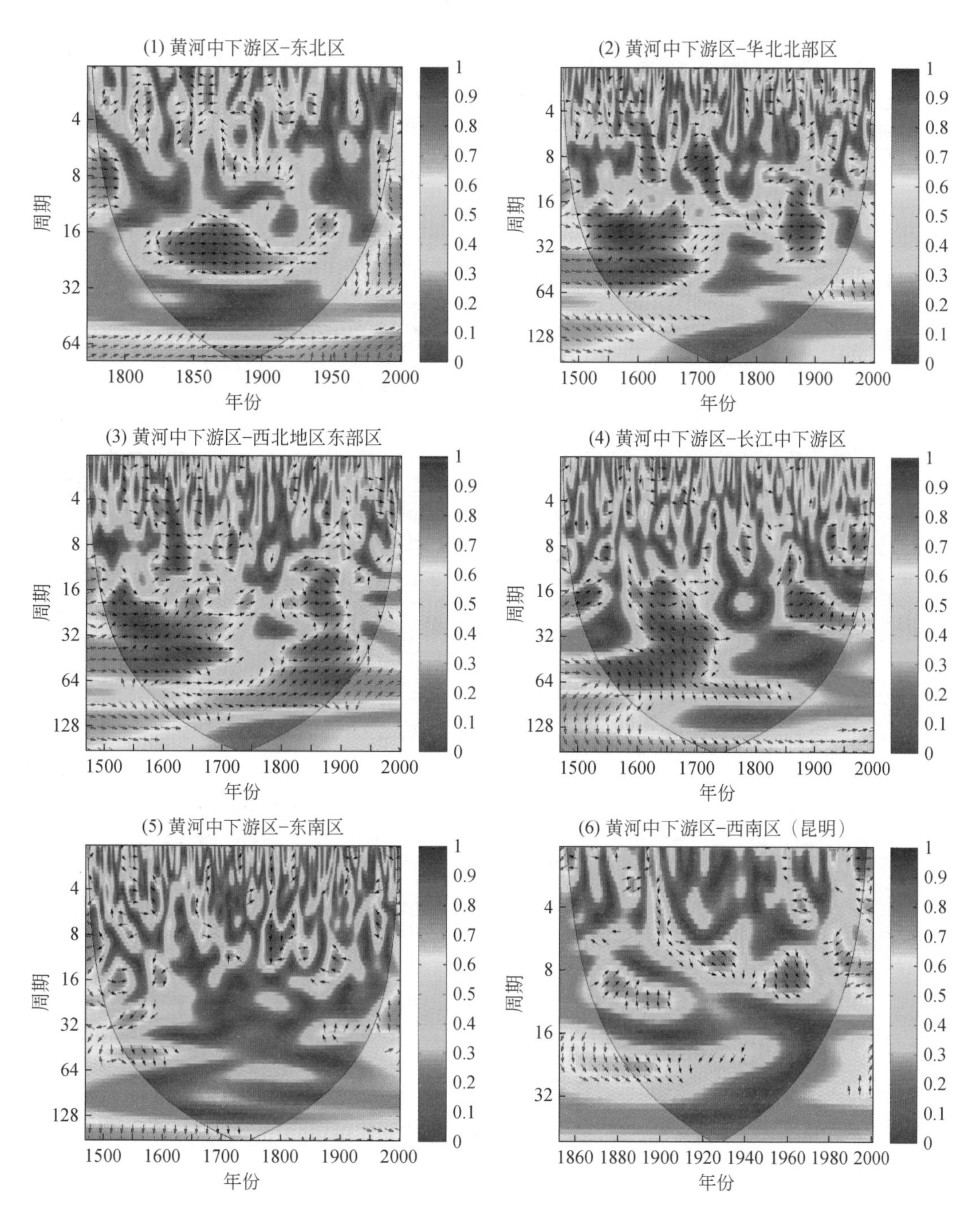

图 4.20　黄河中下游区与其他分区小波相关系数图

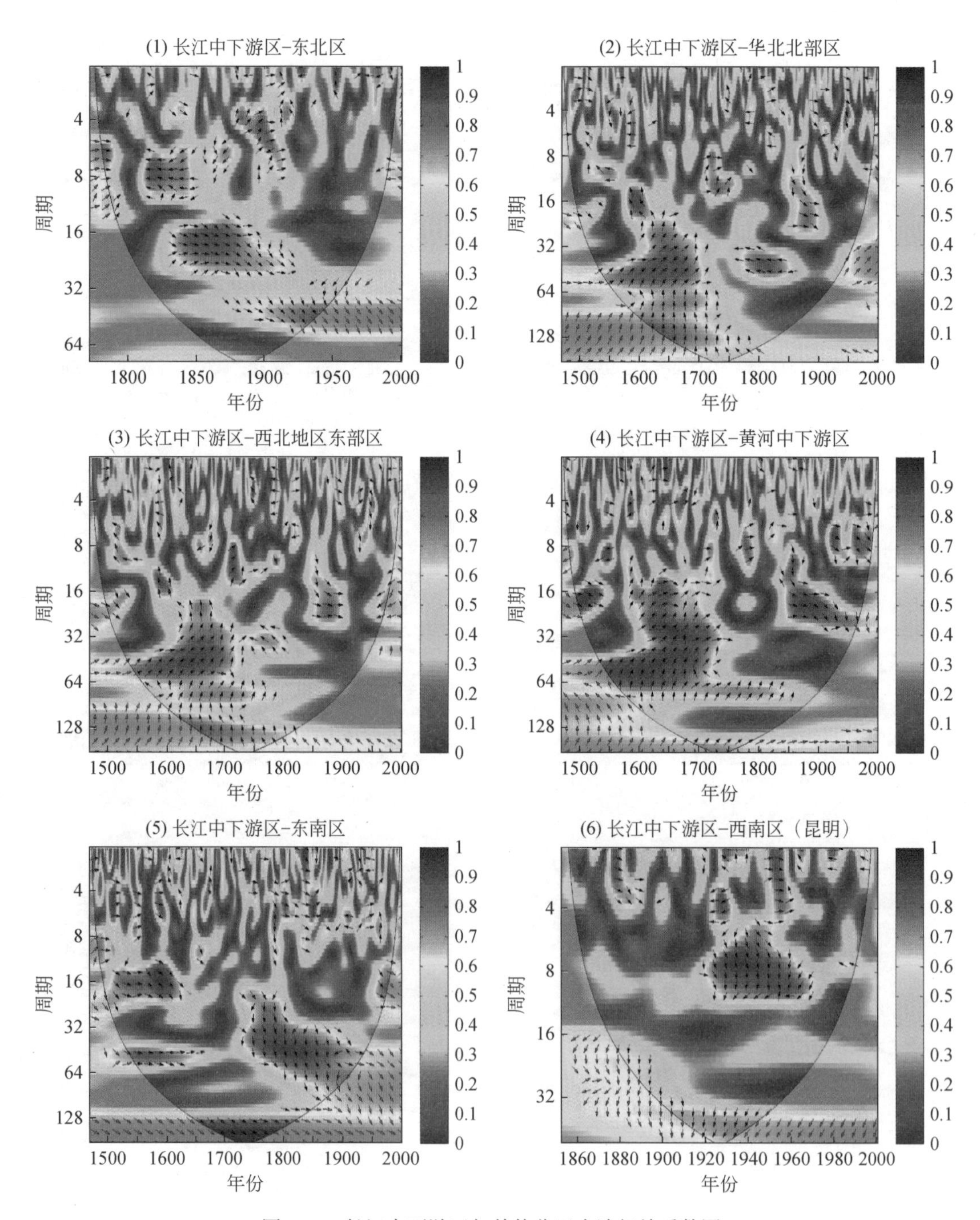

图 4.21 长江中下游区与其他分区小波相关系数图

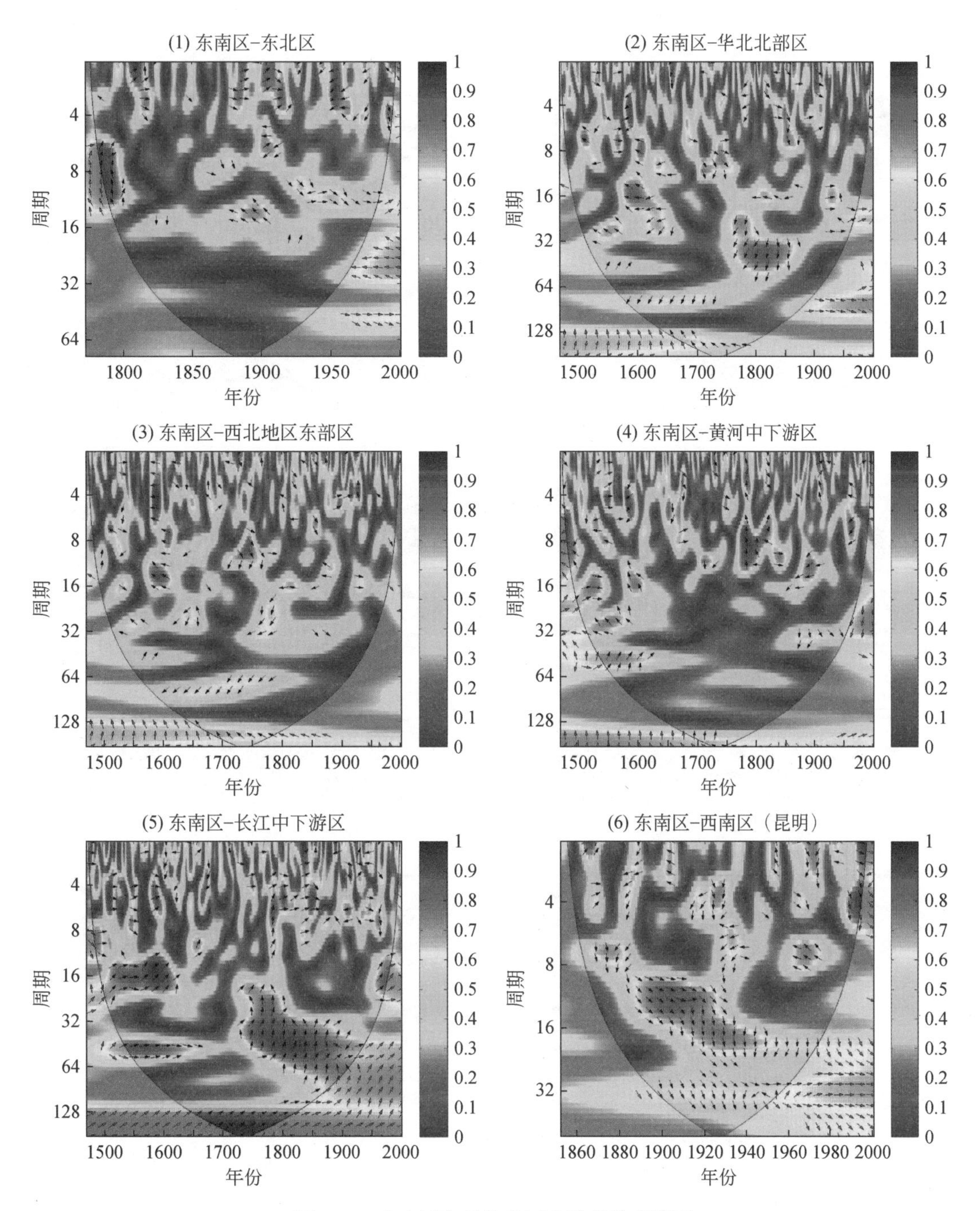

图 4.22 东南区与其他分区小波相关系数图

西南区（昆明）与华北北部区、西北地区东部区及长江中下游区均存在显著的耦合性特征。

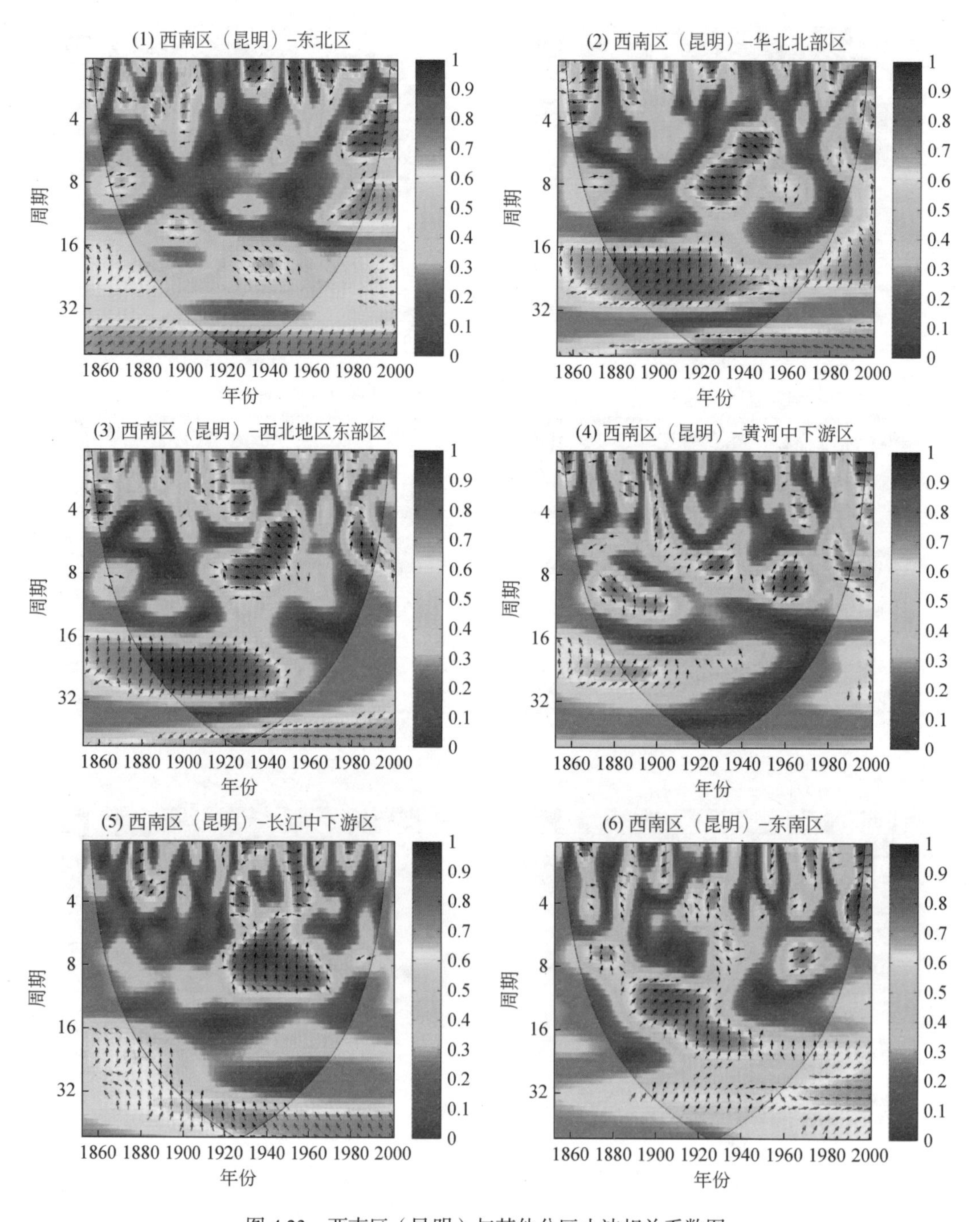

图 4.23　西南区（昆明）与其他分区小波相关系数图

综上所述，根据对东北、华北北部、西北地区东部、黄河中下游区、长江中下游区、东南区、西南区（昆明）在 7 个旱涝特征分区之间的耦合性特征进行，总结 7 个旱涝特征分区两两之间的耦合性特征（如表 4.11）。其中，东北区与华北北部、西北地区东部、西南区（昆明），华北北部与东南区、长江中下游区；西北地区东部与东南区、长江中下游区；黄河中下游区与东南区、西南区（昆明），东南区与西南区（昆明）之间无显著的耦合现象。

表 4.11　分区间耦合性特征

	东北区	华北北部区	西北地区东部区	黄河中下游区	长江中下游区	东南区	西南区（昆明）
东北区							
华北北部区	无显著耦合性						
西北地区东部区	无显著耦合性	存在极显著的旱涝一致性					
黄河中下游区	20a 尺度同旱同涝	24a 尺度下，华北北部区相比黄河中下游地区旱涝提前 T/18（1～2a）	20～40a 尺度显著的存在正相位相关				
长江中下游区	20a 尺度同旱同涝	无显著耦合性	无显著耦合性	20～40a 时间尺度显著的存在正相位相关			
东南区	不显著	无显著耦合性	无显著耦合性	无显著耦合性	1750～1900 年，在 30～50a 尺度上存在显著的正相位相关特征		
西南区（昆明）	无显著耦合性	16a 尺度下，华北地区相比西南地区旱涝提前 T/4（4a）	在 16a 尺度上，西北地区东部地区相比西南地区旱涝提前 T/4（3a）	无显著耦合性	1920～1960 年，在 8a 时间尺度上存在显著的正相位相关特征	无显著耦合性	

第 5 章　近 500a 我国干旱灾害时空特征

干旱灾害是人类面临的主要自然灾害之一，具有出现频率高、持续时间长、影响范围广等诸多方面特点，干旱灾害的发生严重威胁着农业生产、水资源、生态和社会环境。在全球气候变化的背景下，干旱灾害呈现出愈加频繁且日趋剧烈的趋势。在 500a 时间序列的尺度上，通过地统计分析、连续功率谱估计、小波分析等方法揭示干旱灾害的时空特征，挖掘干旱灾害的时空演变规律，并推测未来干旱的发展趋势，从而探索干旱灾害与自然环境之间的联系。

5.1　分析方法

干旱灾害的时空特征主要包括干旱强度、分布、频率、周期和趋势等多方面特征，通过定义干旱特征指标并进行相关的统计分析，可以反映近 500a 的时间序列尺度上我国干旱灾害的发生规律。连续功率谱估计、小波功率谱分析是周期性特征研究中常用的方法，线性趋势估计、Mann-Kendall 检验和重新标度极差分析是常用的趋势特征研究方法。

5.1.1　连续功率谱估计

连续功率谱估计是通过时间函数的自相关函数作功率谱的间接估计。先计算样本数据 $x_t(t=1,2,3,\cdots,n)$ 的估计自相关函数，然后再计算自相关数据的傅里叶变换得到功率谱。

首先，根据以下公式计算时间序列 $x_t(t=1,2,3,\cdots,n)$ 的落后自相关系数 $r(\tau)$ $(\tau=1,2,3,\cdots,m)$：

$$r(\tau)=\frac{1}{n-\tau}\sum_{t=1}^{n-\tau}\left(\frac{x_\tau-\overline{x}}{S}\right)\left(\frac{x_{t+\tau}-\overline{x}}{S}\right)$$

式中，m 为最大步长，或称最大落后时间长度。对已知序列样本容量为 n 的情况下，功率谱估计随抽样点 m 的不同而不同。m 越大则用来估计谱的采样点就越多，但并不表明估计就越准确。因为 m 太大时，相关系数的计算由于样本容量太小，估计自相关函数会有偏差，功率谱估计也就会有较大误差。在气候学领域的时间序列分析中，通常 m 宜选择在 $n/3 \sim n/10$（方伟华等，2000）。

接着计算粗功率谱密度值：

$$\hat{S}_k=\frac{B_k}{m}\left[r(0)+2\sum_{\tau=1}^{m-1}r(\tau)\cos\frac{\pi k\tau}{m}+r(m)\cos\pi k\right]$$

$$B_k=\begin{cases}1,k=1,2,3,\cdots,m-1\\0.5,k=0,m\end{cases}$$

其次计算平滑功率谱。为消除粗估计的抽样误差，还要对粗谱估计作平滑处理，作为功率谱最后估计。常用平滑公式为

$$\begin{cases}S_0=0.5\hat{S}_0+0.5\hat{S}_1\\S_k=0.25\hat{S}_{k-1}+0.5\hat{S}_k+0.25\hat{S}_{k+1}\\S_m=0.5\hat{S}_{m-1}+0.5\hat{S}_m\end{cases}$$

功率谱显示的是不同频率上功率的大小，同时也是方差贡献的大小，因而可以从功率谱曲线中的最大值来确定主周期。但这一主周期结果是否具有统计意义还需做显著性检验。

假设统计量 x^2_v 是遵从自由度为 v 的 x^2 分布，则关于 x^2 分布的数学期望和方差满足 $E(x^2)=v$。如果设时间函数 $x(t)$ 的谱估计为 S，假设总体谱是某一随机过程的谱，记为 $E(S)$，则 $S/(E(S)/V)=x^2_v$ 遵从自由度为 v 的 x^2 分布。用最大后延长度为 m 的自相关系数计算的功率谱，自由度则为 $v=(2n—m/2)/m$。在做显著性检验时，如果序列的落后自相关系数 r（1）接近于 0 或为负值时，则表明时间序列是白噪声过程，否则为红噪声过程。

红噪声过程的功率谱密度为

$$S(\omega)=\int_{-\infty}^{+\infty}r(k)^{|\tau|}e^{-i\omega\tau}d\tau$$

式中，$\omega=(\pi k)/m$。将上式由求和级数展开，其置信限计算公式为

$$S(\omega)=\frac{1-r^2(1)}{1-r^2(1)-2r(1)\cos\omega}$$

白噪声过程的功率谱密度为

$$S(\omega)=\int_{-\infty}^{+\infty}r(\tau)e^{-\omega}d\tau=1$$

最后，根据显著性检验曲线可判定时间序列的主周期。

5.1.2 线性趋势估计

假设 x_i（i=1,2,3,…，n）表示样本量为 n 的某一时间序列，t_i 表示 x_i 所对应的时间。对于每个数据对 (x_i,t_i)，建立回归直线使其与数据点之间的垂直距离平方和最小：

$$\hat{x}_i=at_i+b$$

式中，a 为回归系数，b 为回归常数。回归直线的斜率 a 和截距 b 可以用最小二乘法进行估计。

回归系数 a 的符号表示变量 x 的趋势倾向。当 $a>0$ 时，说明随时间 t 的增加 x 呈上升趋势；当 $a<0$ 时，说明随时间 t 的增加 x 呈下降趋势。a 值的大小反映了上升或下降的速率，即表示上升或下降的线性趋势大小。因此，通常将 a 称作线性趋势估计值。

5.1.3 趋势分析（M-K）

趋势的意思是指事物发展的动向，它是表征时间序列随时间变化表现出的增加、减少或不变的倾向。因而可以用趋势分析来揭示时间序列演变中的总体规律性。趋势性分析也是时间特征研究中除了周期性分析外的另一项重要内容。目前气象、水文领域常用的趋势检验方法包括线性趋势估计、多项式趋势拟合、Mann–Kendall 检验以及重新标度极差分析法（rescaled range analysis，R/S 分析）等。其中，线性趋势估计是最简单的方法；多项式趋势拟合则同样是一种回归分析方法。Mann–Kendall 检验是现如今一种被广泛用于分析趋势变化特征的方法，它不仅可以检验时间序列趋势的升降，还可以说明趋势变化的程度，能很好地描述时间序列的趋势特征（朱良燕，2010）。假设有一平稳独立序列 $x_t(t=1,2,3,\cdots,n)$，定义其 S 统计量为

$$s=\sum_{i=1}^{n-1}\sum_{j=i+1}^{n}\operatorname{sgn}(x_j-x_i)$$

式中，sgn 为符号函数：

$$\operatorname{sgn}(\theta)=\begin{cases}1, & \theta>0\\ 0, & \theta=0\\ -1, & \theta<0\end{cases}$$

当 $n\geqslant 10$ 时，统计量 S 近似服从正态分布，其均值 $E(S)=0$。不考虑序列中等值数据点情况，统计量 S 的方差为（章诞武等，2013）：

$$\sigma^2=\frac{n(n-1)(2n+5)}{18}$$

则标准化的检验统计量 Z 的计算公式如下：

$$z=\begin{cases}\dfrac{S-1}{\sigma},s>0\\ 0,s=0\\ \dfrac{S+1}{\sigma},s<0\end{cases}$$

当 $Z>0$ 时，表示有上升趋势；当 $Z<0$ 时，表示有下降趋势。由于统计量 Z 服从正态分布，所以采用双侧检验。在 a 的显著水平下，如果 $|Z|>Z_{(1-a/2)}$，则认为在序列 x_t 中存在显著的上升或下降趋势。$Z_{(1-a/2)}$ 为概率超过 $(1-a/2)$ 时标准正态分布的值。当其取值分别为 1.29、1.96 和 2.56 时，则认为变化趋势分别达到了 90%、95% 和 99% 的置信水平。

5.1.4　重新标度极差分析

重新标度极差分析（R/S 分析）的基本思想是：通过改变研究对象的时间尺度大小，分析其统计特征的变化规律，从而将小时间尺度的规律用于大时间尺度范围，或将大时间尺度得到的规律用于小时间尺度（黄勇等，2002）。其基本原理和方法如下。

时间序列 $x_t(t=1,2,\cdots,N)$ 的长度为 N，将其分成 K 个长度为 n 的子序列 $I_k(k=1,2,3,\cdots,K)$，则有 $K\times n=N$。记 I_k 中的每个元素，即第 k 个子序列中的第 j 个数据为 $x_{k,j}(k=1,2,3,\cdots,K;j=1,2,3,\cdots,n)$，则序列 I_k 的均值为

$$M_k=\frac{1}{n}\sum_{j=1}^{n}x_{k,j}$$

其累计均值离差序列 $X_{k,j}$ 计算如下：

$$X_{k,j}=\sum_{i=1}^{j}(x_{k,j}-M_k)$$

极差 R_k 定义为

$$R_k=\max_{1\leqslant j\leqslant n}(X_{k,j})-\min_{1\leqslant j\leqslant n}(X_{k,j})$$

标准差 S_k 为

$$S_k=\sqrt{\frac{1}{n}\sum_{j=1}^{n}(x_{k,j}-M_k)^2}$$

引入无量纲比值 R/S，计算每个子序列的重新标度极差 R_k/S_k 及 K 个子序列的平均重新标度极差 $(R/S)_n$：

$$(R/S)_n=\frac{1}{K}\sum_{k=1}^{K}(R_k/S_k)$$

通过改变 n 的取值，不同子序列长度 n（即不同时间尺度）对应计算出不同的平均重新标度极差 $(R/S)_n$。Hurst 指数满足关系式：

$$(R/S)_n=\mathrm{c}\times n^H$$

对上式两端取对数可得：

$$\log(R/S)_n=\log \mathrm{c}+H\log n$$

式中，c 为常数，以 $\log n$ 为自变量，$\log(R/S)_n$ 为因变量作双对数坐标散点图。采用最小二乘估计拟合直线，直线的斜率 H 值即为 Hurst 指数。

Hurst 指数值是度量时间序列相关性和趋势性强度的指标，取值范围为 $0<H<1$。根据 H 值的大小，可以判断时间序列是完全随机的或是存在持续性（persistence）或反持续性（anti-persistence）的趋势性成分。对于不同的 H 值，存在以下几种情况（冯新灵等，2008）：

（1）$H=0.5$，表示原序列是标准的随机过程。序列在各尺度上都互相独立，无相互依赖，事件是随机的和不相关的，现在不会影响未来。

（2）$0.5<H\leqslant 1$，表示原序列是有偏的随机过程，具有正持续性；即为一个状态持续性的或长程相关性的序列，意味着未来的趋势与过去一致。H 值越大，则增强趋势越明显；当 $H=1$ 时，表示原序列完全正相关，属于确定性系统。

（3）$0<H<0.5$，表明时间序列也具有长期相关性，但整个系统是一逆状态持续性的时间序列。意味着未来的总体趋势将与过去相反，且 H 值越接近 0，反持续性越强；在这种情况下，过去的增加趋势预示着未来的减少趋势，而过去的减少趋势则使未来可能出现增加的趋势。

5.2 干旱特征指标

干旱的一些特征指标可以通过空间分析与空间统计的方法计算。针对干旱格网数据集的特点，本书主要定义了以下两种干旱特征指标，以便用于对干旱时空特征量的进一步分析研究。

5.2.1 干旱强度指数

干旱的强度可直接由干旱等级表示，在干旱格网数据集中，格网指示位置的干旱强度可用该格网的属性值表示。区域的干旱强度则可通过空间统计计算完成，用区域内所有格网的平均干旱强度来表示。因此，定义某一区域的干旱强度指数如下：

$$S_t=\frac{\sum_{i=1}^{N} Z_{it}}{N}$$

式中，S_t 表示第 t 年该区域的干旱强度指数，Z_{it} 则表示格网 i 第 t 年的属性值（即干旱等级值），N 表示该区域内的格网总数量。

5.2.2　干旱危险性指数

干旱频数（频次）的计算，一般是统计某地历史干旱发生的次数。频数在某种程度上可以反映该地的干旱易发性。而干旱格网数据集中的资料，不仅能统计出干旱发生的频次，还包含干旱的等级信息。利用格网数据集，可以表达风险研究领域中致灾因子危险性的概念。因此，定义某一时段的干旱危险性是由干旱格网数据进行空间叠置分析计算得来：

$$P_i=\sum_{t-m}^{m+k} Z_{it}$$

式中，P_i 表示格网 i 从第 m 年至第 $m+k$ 年间的干旱危险性指数，Z_{it} 表示格网 i 第 t 年的属性值（即干旱等级值）。

5.2.3　干旱重心

“重心”的概念源于物理学，指物体各部分所受重力产生合力的作用点。在地理学研究中，“重心”概念被广泛应用于人口、经济、粮食、土地利用、生态环境、区域发展等领域（Wang and Chen，2013；He et al.，2011；王伟，2009；冯宗宪和黄建山，2006；徐建华和岳文泽，2001）。“重心”的空间变化特征能够反映地理现象的变化程度和变化趋势。

区域重心的定义为，设 z_i 为第 i 个平面空间单元（格网）的属性值，给定其笛卡儿坐标为 (x_i,y_i)，则由 n 个平面空间单元（格网）组成的区域的空间均值被定义为一个笛卡儿坐标点$(\overline{x},\overline{y})$，其中：

$$\overline{x}=\left(\sum_{i=1}^{i=n} z_i x_i\right)\bigg/\left(\sum_{i=1}^{i=n} z_i\right)$$

$$\overline{y}=\left(\sum_{i=1}^{i=n} z_i y_i\right)\bigg/\left(\sum_{i=1}^{i=n} z_i\right)$$

在计算区域重心时，若属性值为平面空间单元（格网）的面积，则重心即是区域的几何中心。当某一空间现象的区域重心与区域几何中心有显著区别时，便表明了这一空间现象存在不均衡分布，或称作“重心偏离”。重心偏离的方向指向的是空间现象的“高密度”区域，而重心偏离的距离则描述的是这种不均衡分布的程度（李秀彬，1999）。此外，不同时期重心的移动轨迹能反映空间现象分布的演变过程。重心移动的方向和距离通过以下公式计算：

$$\theta=\arctan\left(\frac{y_{t+m}-y_t}{x_{t+m}-x_t}\right)$$

$$d_m=\sqrt{(x_{t+m}-x_t)^2+(y_{t+m}-y_t)^2}$$

式中：θ 与 d_m 分别表示空间现象重心移动的方向与距离，y_{t+m} 和 y_t 分别表示空间现象在时间 $t+m$ 和时间 t 的纬度坐标，x_{t+m} 和 x_t 分别表示空间现象在时间 $t+m$ 和时间 t 的经度坐标。

5.3 干旱周期特征

干旱的时间特征研究主要包括干旱时序特征研究和干旱周期性特征研究。干旱时序特征研究和干旱周期性特征研究，均是以干旱强度指数为基础，统计干旱强度指数的逐年变化情况以及周期性重现特征。

5.3.1 干旱强度指数时序特征

根据干旱强度指数的计算公式，分别计算 10km 和 100km 逐年干旱强度指数格网数据集，从而得到 1470 ～ 2000 年的研究区干旱强度指数时间序列，两条时间序列如图 5.1 所示。对比两条时间序列可以看出，利用 10km 干旱强度指数格网数据和 100km 干旱强度指数格网数据计算的干旱强度指数曲线几乎是一致的。且实际上，将两条曲线绘制在同一坐标系中时，差别也十分微小。通过空间可视化和相关统计计算的结果发现，格网的大小并不会对时空特征分析造成太大影响，所以选择以 10km 格网干旱强度指数数据集进行研究。

如图 5.1-（1）所示，在计算得到的 10km 干旱强度指数格网数据的序列曲线中，最小值为 0，出现于 1761 年；而最大值为 1.237，出现在 1528 年。干旱强度指数的值能反映研究区整体的干旱程度，值越大说明当年的干旱越严重。总体来说，研究区 20 世纪的平均干旱强度指数上要大于前 4 个世纪，可以理解为 20 世纪的气候要更为干旱。

从图 5.1-(2)还可以看出，16 世纪与 17 世纪的平均干旱强度指数大于 18 世纪与 19 世纪，且几次严重的干旱也发生在 16 世纪和 17 世纪。例如，在 17 世纪的明崇祯十至十五年（1637 ~ 1642 年），发生过一次持续多年的特大干旱灾害。大旱涉及黄淮海流域和长江流域，多数地区出现了淀竭、河涸的现象。

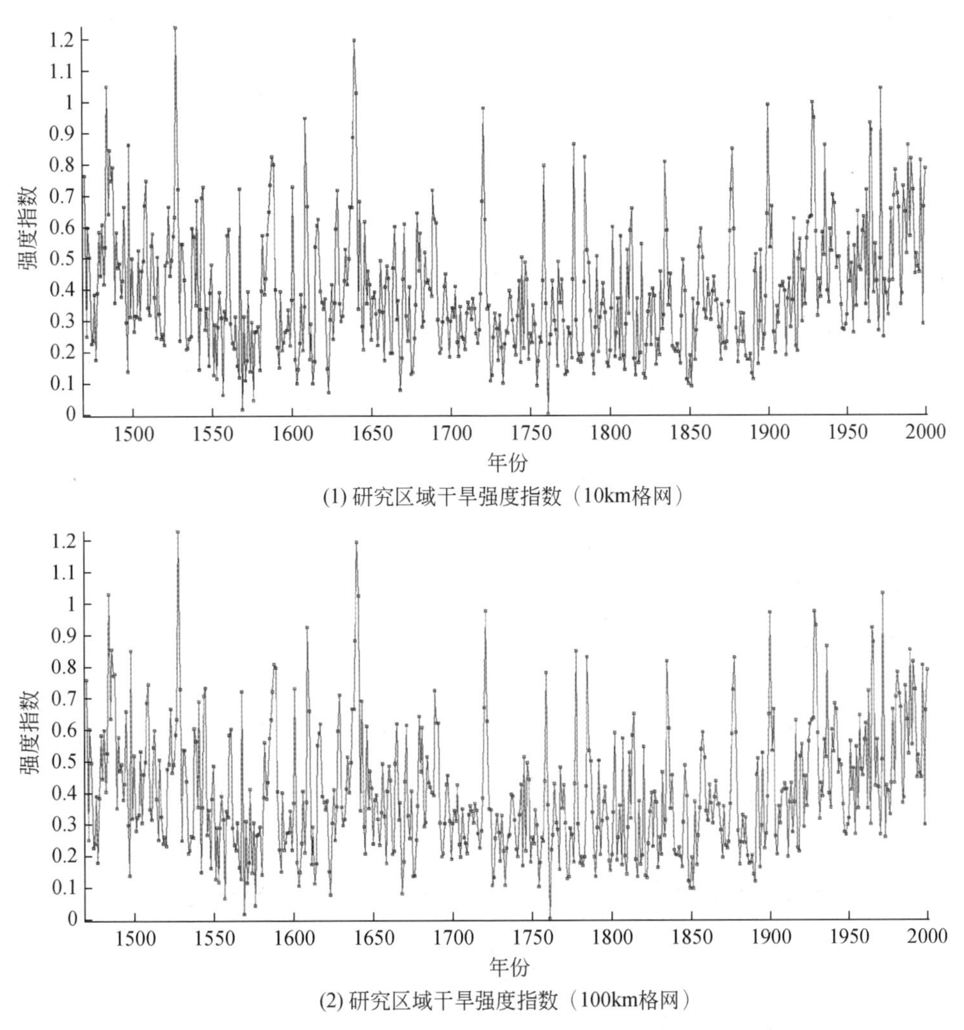

(1) 研究区域干旱强度指数（10km格网）

(2) 研究区域干旱强度指数（100km格网）

图 5.1　研究区 1470 ~ 2000 年干旱强度指数序列

5.3.2　干旱强度指数周期性特征

采用连续功率谱估计和小波功率谱分析的方法，对研究区干旱强度指数时间序列的周期性特征进行研究。图 5.2-(1)为研究区干旱强度指数序列及其十年移动平均曲线，其中蓝色曲线表示干旱强度指数序列，红色曲线为其十年移动平均。图 5.2-(2)为研究区干旱强度指数序列连续功率谱估计，其中蓝色曲线为功率谱密度分布。位于上方的浅红色虚线为置信度 95% 的显著性检验曲线，下方的则是置信度 90% 的显著性检验曲线。分析时取最大落后步长 m=175，计算得出自由度 v=5.569。图 5.2-（3）为研究区干旱强度指数序列的小波功率谱图。

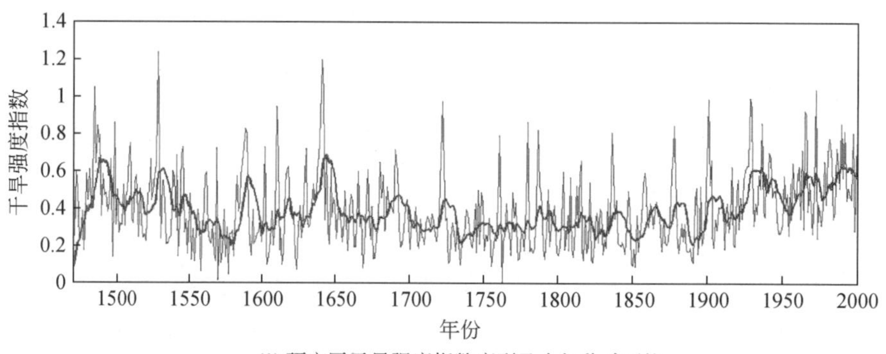

(1) 研究区干旱强度指数序列及十年移动平均

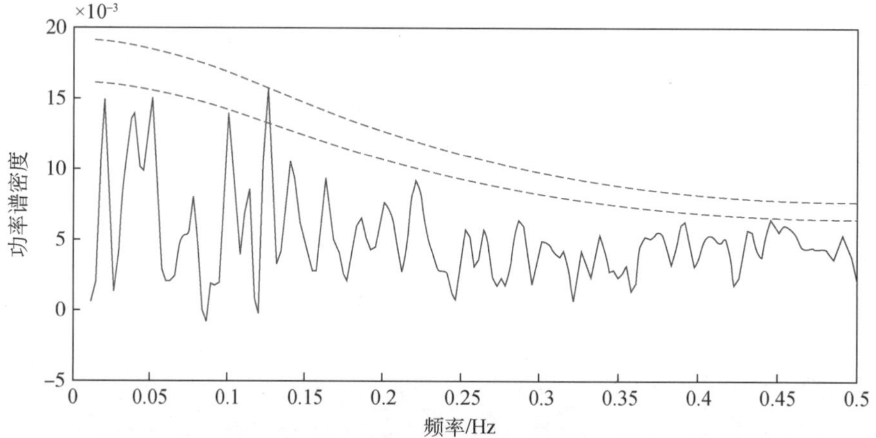

(2) 研究区干旱强度指数序列连续功率谱估计

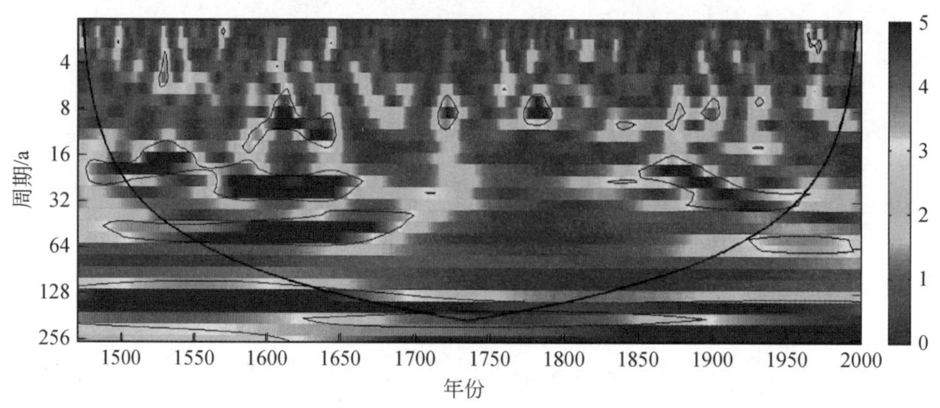

(3) 研究区干旱强度指数序列小波功率谱

图 5.2　研究区干旱强度指数序列及功率谱分析

通过干旱强度指数十年移动平均曲线可以看出，研究区 1470 ～ 2000 年的干旱强度存在着周期性变化，其中 1880 ～ 2000 年干旱有整体上的增强趋势。由连续功率谱估计可得，研究区干旱强度指数变化存在 19a、10a 及 8a 的周期特征，其中，8a 周期通过 95% 置信度检验，19a 和 10a 达到 90% 置信水平。此外，还有一个大于 100a 的周期性振荡接近 90% 置信水平。从研究区干旱强度指数序列小波功率谱图中可以看出，在 1485 ～ 1700 年有一条明显的周期为 40 ～ 50a 的能量大值带，超过了 95% 置信水平；在 1480 ～ 1670 年和 1850 ～ 1959 年间则存在显著的 20 ～ 30a 周期特征；在 1580 ～ 1650 年及一些较短时间段内，存在着 8 ～ 10a 的显著变化周期。

5.4　干旱趋势特征

干旱趋势特征的研究是以干旱强度指数为基础，通过干旱强度指数时间序列的分析来探讨研究区内干旱的趋势性。线性趋势估计、Mann–Kendall 检验和 R/S 分析等方法，是常用的用于干旱趋势特征分析的经典方法，能够较好地描述干旱灾害的趋势特征。

5.4.1　干旱强度指数趋势性

研究区内干旱强度指数趋势性估算的结果如图 5.3 所示，其中的红线表示的是研究区干旱强度指数序列的线性趋势估计线。由图 5.3 可知，研究区 1470 ～ 2000 年的历史干旱总体上有略微的上升趋势。经过计算，该线性趋势估计值为 7.127×10^{-5}，上升趋势较弱。Mann–Kendall 检验的 Z 统计量值为 1.399，说明研究区干旱强度的上升趋势达

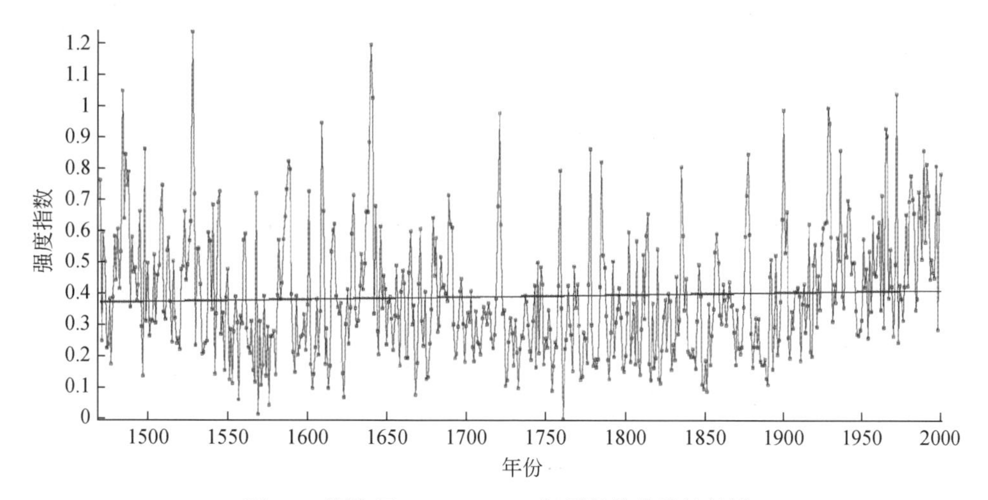

图 5.3　研究区 1470 ～ 2000 年干旱趋势线性估计

到 90% 的显著性水平，上升趋势较为明显。R/S 分析所得的 Hurst 指数值为 0.790，要远大于 0.5，预示着研究区干旱灾害未来的变化趋势总体上会延续目前干旱的趋势，也就是说研究区的干旱在 2000 年之后依然会呈现增强的趋势。

研究区干旱强度指数序列描述的是研究区干旱的总体状况。而实际上，在干旱格网数据集中，每个格网都能形成一条干旱强度指数序列。因此，每个格网的干旱趋势特征其实是不相同的。为了描述干旱趋势特征的空间分布，本书依次计算每个格网的线性趋势估计值，并将结果显示在图 5.4 中。图 5.4 中偏红色的地区是 1470 ～ 2000 年干旱趋势增强的地区，偏蓝色的则是干旱趋势减弱的地区；红色（蓝色）越深就表明增强（减弱）趋势越明显，而偏黄色则表明趋势不是很明显。从图 5.4 中可以看出，1470 ～ 2000 年干旱趋势增强的地区要多于趋势减弱的地区。其中，黄河中上游、淮河中下游、珠江流域、长江下游（干流）地区、太湖水系和闽江流域干旱的增强趋势较为明显。

由于 1470 ～ 2000 年的干旱强度指数时间序列较长，为了更为细致的描述研究区的干旱趋势特征，本书分别在 100a 和 50a 两个时间尺度上对研究区的干旱强度指数进行分析。

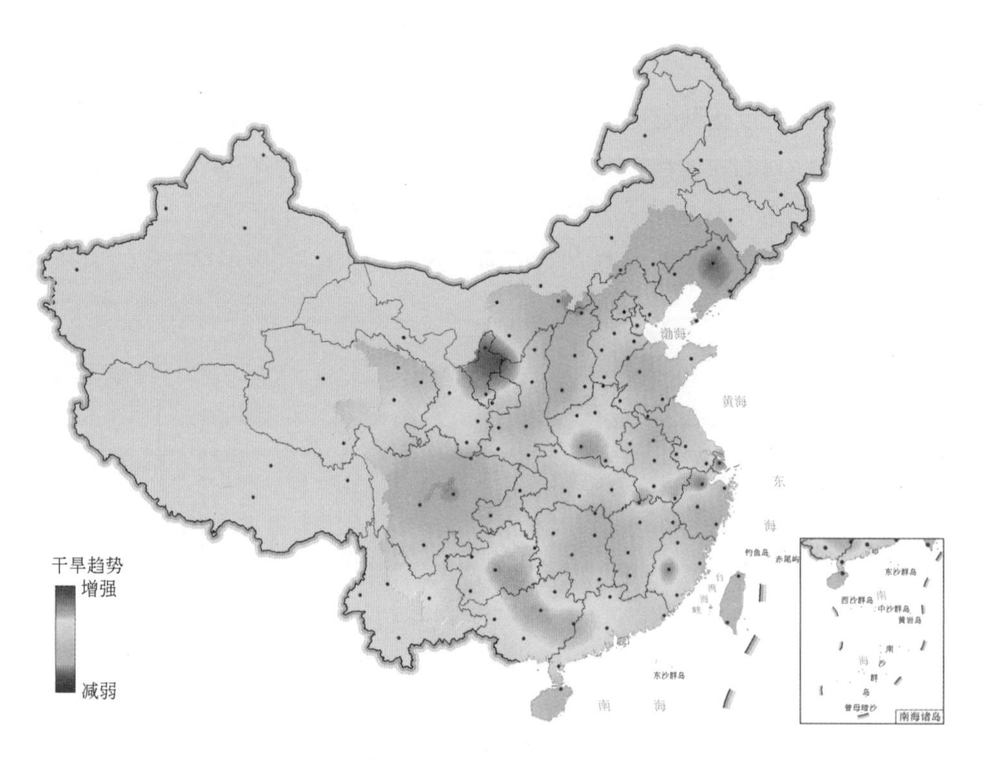

图 5.4　研究区 1470 ～ 2000 年干旱趋势分布

5.4.2　100a尺度干旱趋势特征

分别对1470～1569年，1570～1669年，1670～1769年，1770～1869年和1870～1969年5个时段整个研究区的干旱强度指数序列进行线性趋势估计、Mann–Kendall检验和R/S分析，以此研究100a尺度上研究区干旱的趋势特征，结果及相关统计量如表5.1所示。

表5.1　研究区100a尺度分时段干旱趋势量统计

时段	趋势估计值 a	Z统计量	Hurst指数
1470～1569年	-2.187×10^{-3}	−3.035	0.799
1570～1669年	8.128×10^{-4}	1.373	0.846
1670～1769年	-1.093×10^{-3}	−2.207	0.830
1770～1869年	6.688×10^{-5}	0.771	0.751
1870～1969年	2.324×10^{-3}	3.720	0.821

图5.5显示的是5个100a时间段的研究区干旱强度指数序列及其线性趋势估计。结合图5.5和表5.1可以看出，1470～1569年研究区的干旱有明显的减弱趋势，Mann–Kendall检验结果达到了99%的显著性水平。其后的1570～1669年研究区的干旱有增强的趋势，但是Z统计量只通过90%置信度检验，说明增强趋势不太明显。1670～1769年研究区干旱再一次有较为显著的减弱趋势，达到95%置信度水平。而1770～1869年的线性趋势率和Z统计量虽说都大于0，但是并没有显著的趋势性特征。1870～1969年的Z统计量再次通过了99%置信度检验，说明最后一个100a时段内研究区的干旱十分显著地在增强。

此外，5个时段的Hurst指数均远大于0.5，说明在100a尺度上，研究区干旱强度指数序列都是具有长期记忆的时间序列。研究区的干旱强度变化并不是随机的，而是具有内在的持续性。这种持续性可用来做短期的趋势预测，当Hurst指数值大于0.5时，预示着过去的增强或减弱趋势在未来仍然会持续。从图5.5中也可以看出，将后一时段序列的开始部分与前一时段序列的结束部分进行比较时，其变化与前一时段的趋势基本保持一致，但是这种趋势的持续性会有时间长度的限制。

图5.6展示了100a尺度上，不同时段的研究区干旱趋势的空间分布。5个时段干

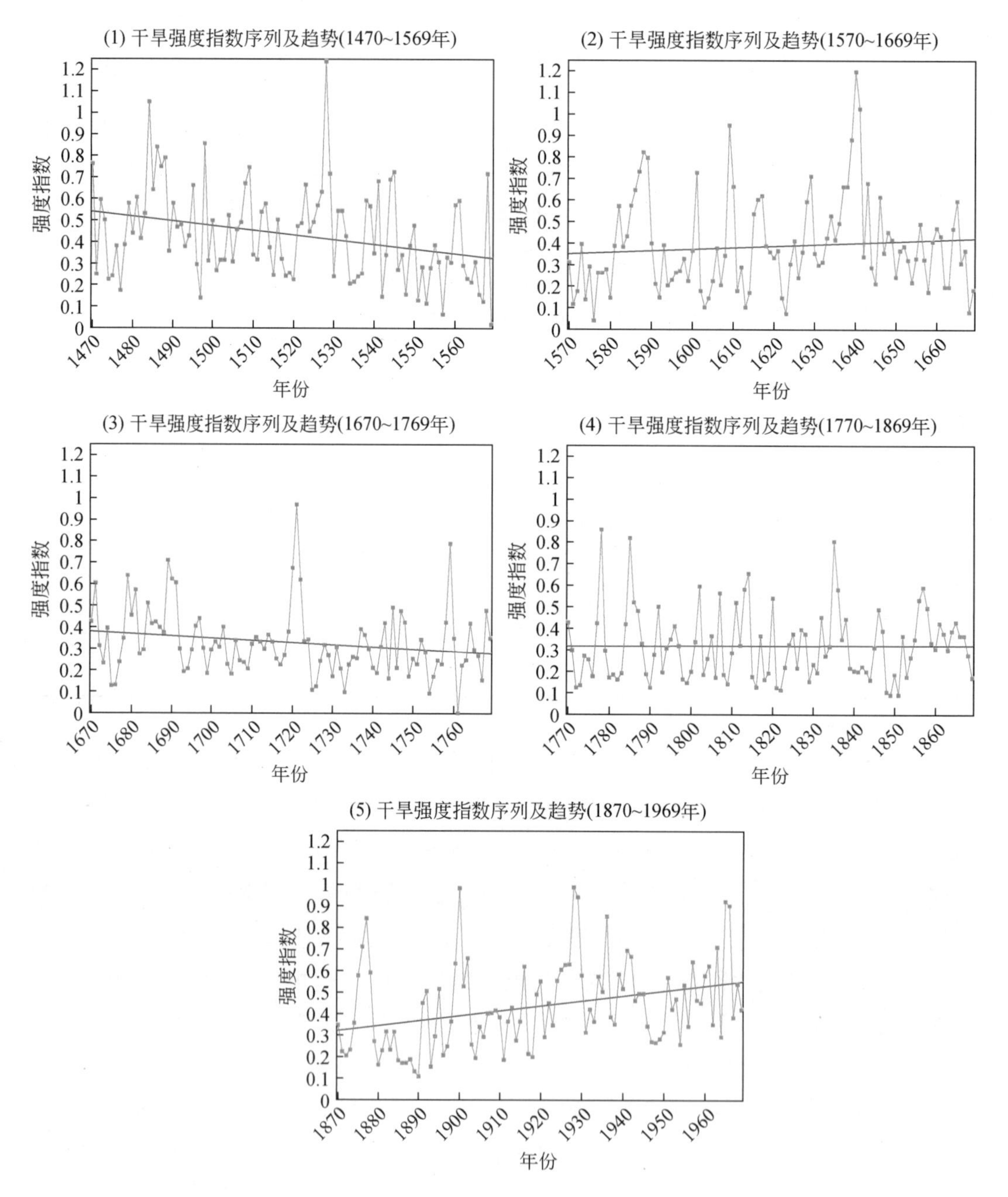

图 5.5　研究区 100a 尺度分时段干旱趋势线性估计

旱趋势分布的具体描述如下：

（1）1470 ～ 1569 年研究区内干旱趋势增强较明显的地区在长三角、钱塘江流域和环渤海（胶东半岛）地区，青海湖水系和金沙江上游则有较明显的减弱趋势，而且这个时段内有干旱减弱趋势的范围较大。

（2）1570 ～ 1669 年研究区内大部分地区没有明显的趋势特征。青海湖水系和金沙江上游地区与前一阶段相反，有较明显地干旱增强趋势；同时还有增强趋势的是四川盆地和鄱阳湖水系地区；长三角、钱塘江流域干旱趋势继续增强。

（3）1670 ～ 1769 年研究区内干旱趋势增强较明显的是河套平原地区；而华北平原东部则有较明显干旱减弱的趋势；此外，鄱阳湖、闽江和北江流域的干旱也有减弱趋势。

（4）1770 ～ 1869 年研究区内大部分地区没有明显的趋势特征。辽河流域西部、海河流域北部的干旱增强趋势较为明显，长江下游和珠江流域南部（郁江）部分地区也有干旱增加趋势。

（5）1870 ～ 1969 年研究区内大范围地区都有干旱增强的趋势，包括辽河流域、海河流域北部、黄河中游地区、淮河中下游、长江流域大部分（嘉陵江下游、乌江流域、洞庭湖、鄱阳湖、太湖、钱塘江）地区和珠江流域西部（红柳江、郁江）地区。而河套平原北部和珠江流域东部（韩江）地区则有干旱减弱的趋势。

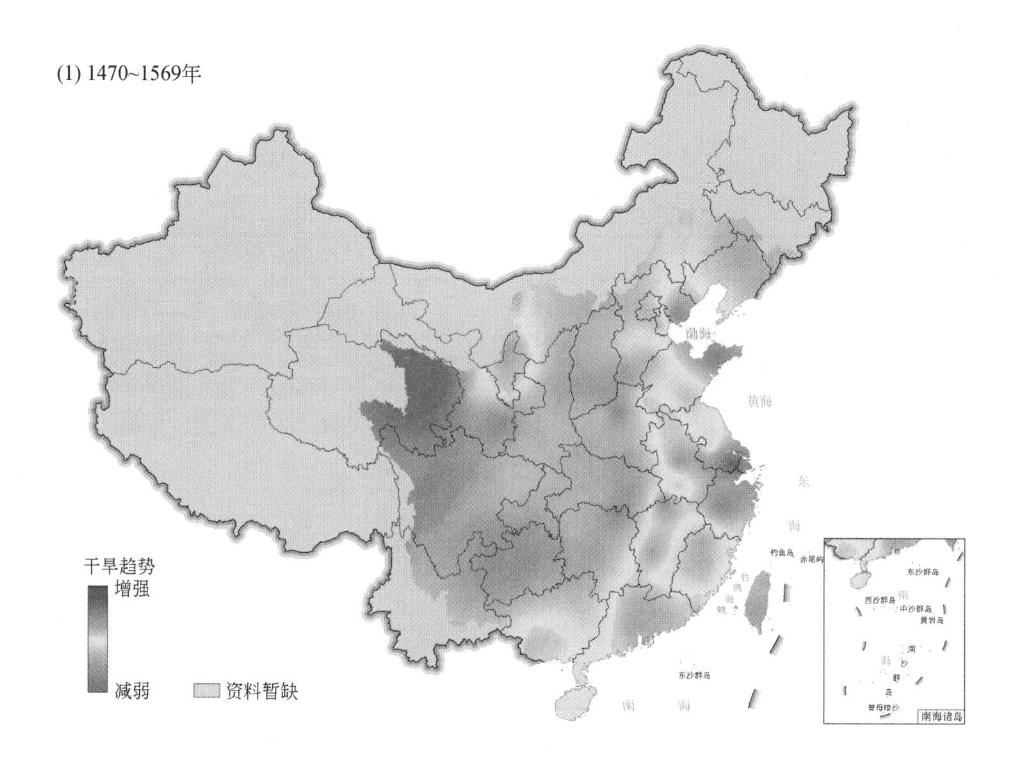

(2) 1570~1669年

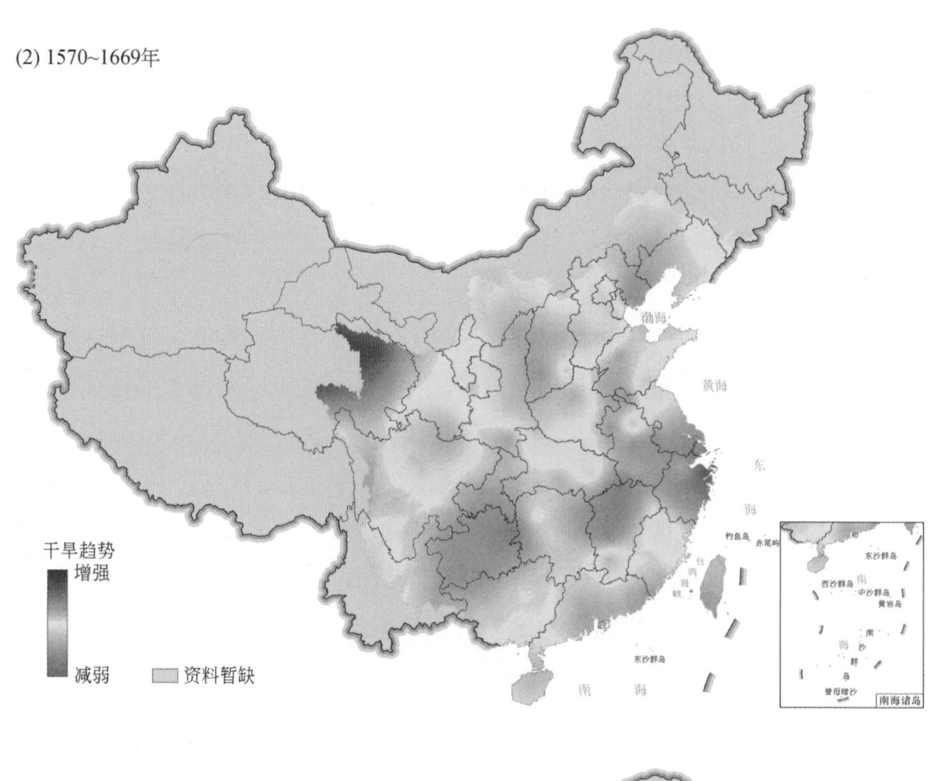

(3) 1670~1769年

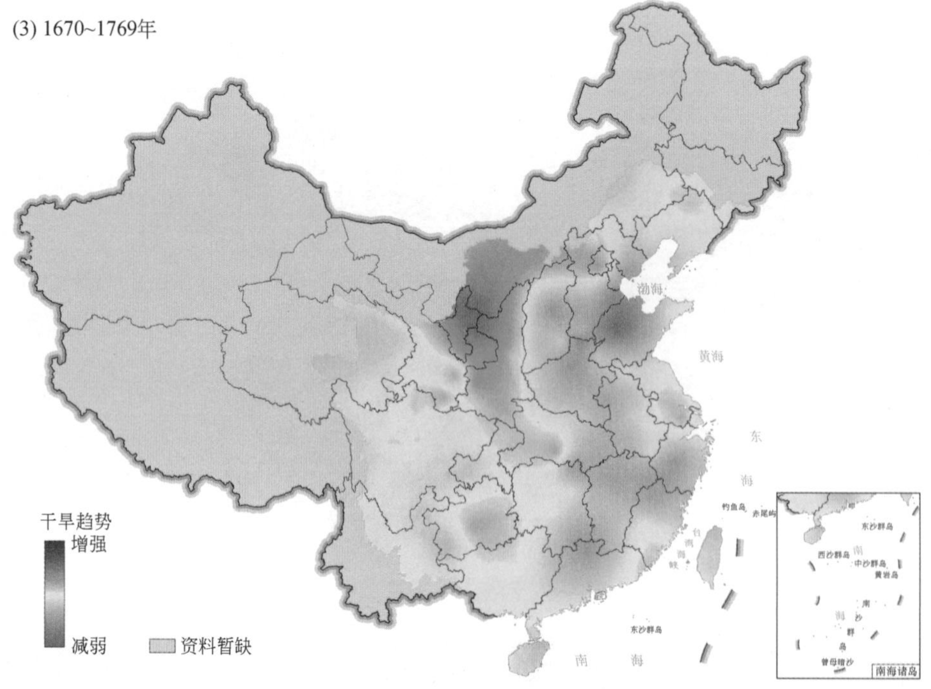

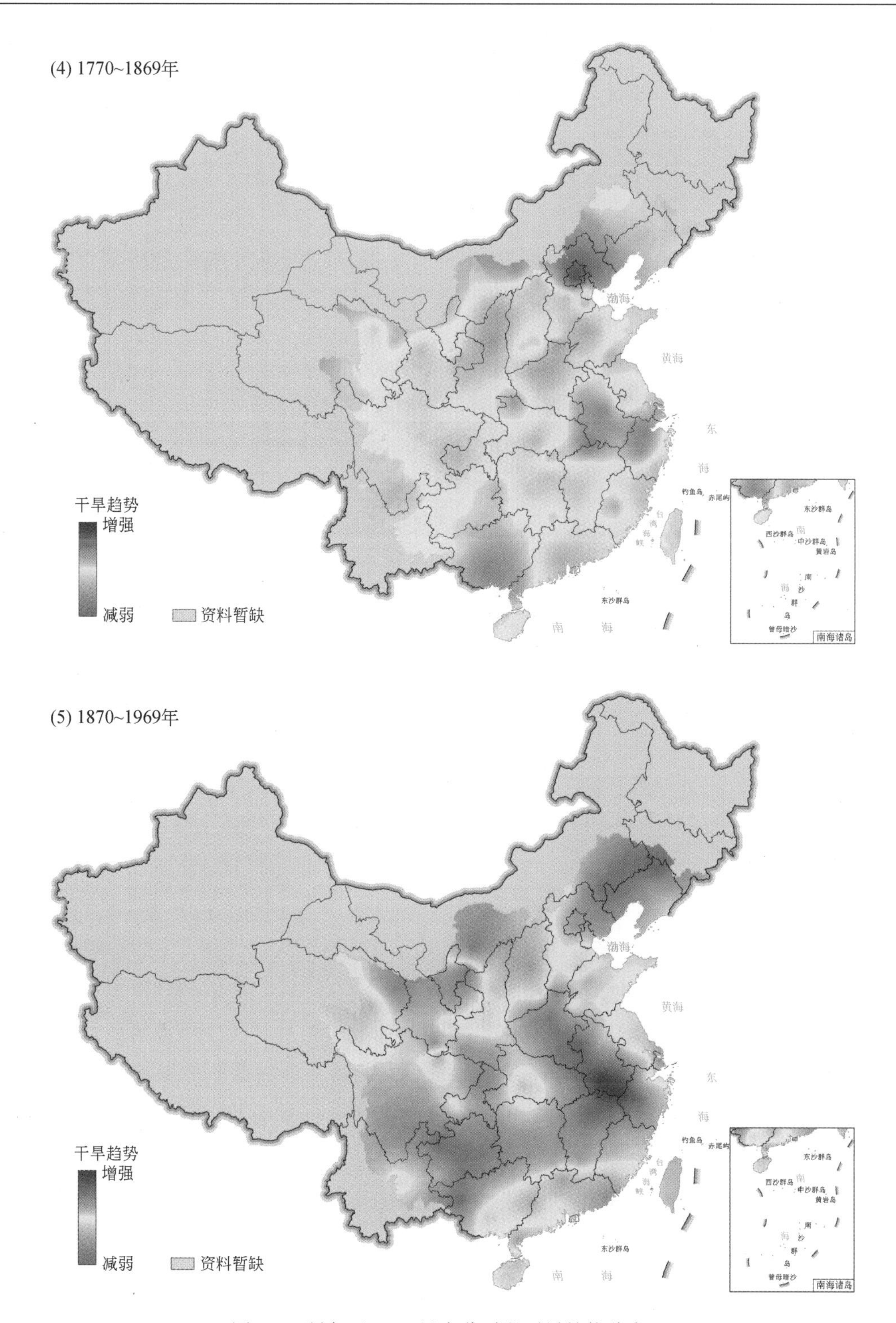

图 5.6　研究区 100a 尺度分时段干旱趋势分布

5.4.3 50a 尺度干旱趋势特征

分别对 1470 ~ 1519 年，1520 ~ 1569 年，1570 ~ 1619 年，1620 ~ 1669 年，1670 ~ 1719 年，1720 ~ 1769 年，1770 ~ 1819 年，1820 ~ 1869 年，1870 ~ 1919 年，1920 ~ 1969 年 10 个时段整个研究区干旱强度指数序列进行线性趋势估计、Mann–Kendall 检验和 R/S 分析，以此研究 50a 尺度上干旱的趋势特征。结果及相关统计量如表 5.2 所示。

表 5.2　研究区 50a 尺度分时段干旱趋势量统计

时段	趋势估计值 a	Z 统计量	Hurst 指数
1470 ~ 1519 年	-2.428×10^{-3}	−1.138	0.830
1520 ~ 1569 年	-6.185×10^{-3}	−2.576	0.736
1570 ~ 1619 年	2.124×10^{-3}	0.870	0.904
1620 ~ 1669 年	-2.134×10^{-3}	−0.870	0.833
1670 ~ 1719 年	-2.531×10^{-3}	−1.623	0.864
1720 ~ 1769 年	-1.784×10^{-3}	−0.268	0.831
1770 ~ 1819 年	-1.850×10^{-4}	0.117	0.783
1820 ~ 1869 年	9.266×10^{-4}	0.719	0.911
1870 ~ 1919 年	8.025×10^{-4}	0.887	0.904
1920 ~ 1969 年	-7.423×10^{-4}	−0.519	0.849

图 5.7 为 10 个 50a 时间段的研究区干旱强度指数序列及其线性趋势估计，结合表 5.2 可以看出，研究区的干旱趋势大致有一个减弱，增强，再减弱，再增强的过程。但是只有 1520 ~ 1569 年的减弱趋势达到 99% 置信水平，以及 1670 ~ 1719 年的减弱趋势达到 90% 置信水平；其他各时段的趋势量都未通过 90% 的显著性检验。所以，在 50a 尺度上并不能明显地反映出研究区干旱灾害的趋势性特征。此外，10 个时段的 Hurst 指数均远大于 0.5，说明在 50a 尺度上，研究区干旱强度指数序列仍然具有内在持续性。从图 5.7 中也可以看出，后一时段序列开始部分的变化，与前一时段序列的趋势也基本上是一致的。

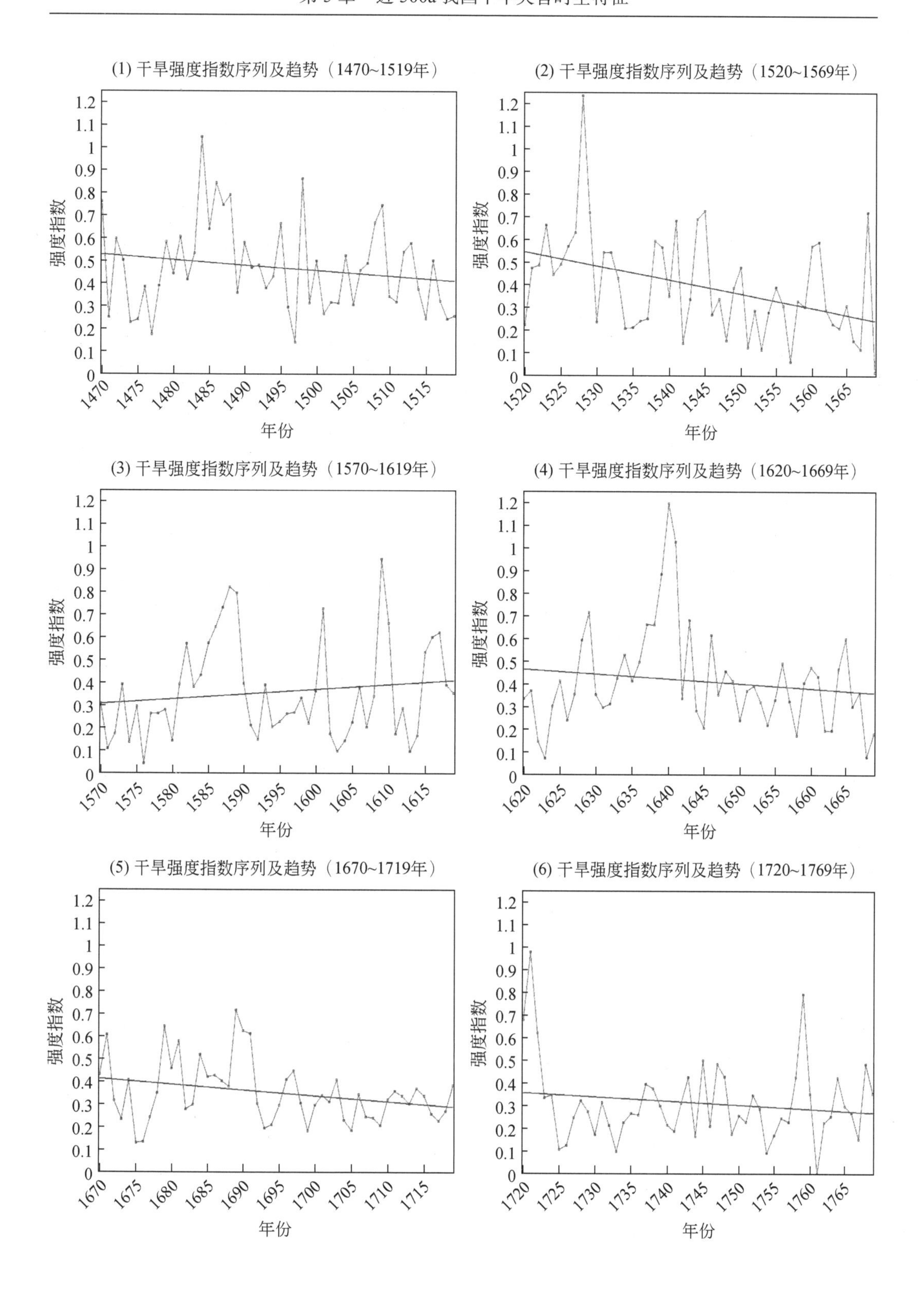
(1) 干旱强度指数序列及趋势（1470~1519年）
强度指数
年份
(2) 干旱强度指数序列及趋势（1520~1569年）
强度指数
年份
(3) 干旱强度指数序列及趋势（1570~1619年）
强度指数
年份
(4) 干旱强度指数序列及趋势（1620~1669年）
强度指数
年份
(5) 干旱强度指数序列及趋势（1670~1719年）
强度指数
年份
(6) 干旱强度指数序列及趋势（1720~1769年）
强度指数
年份

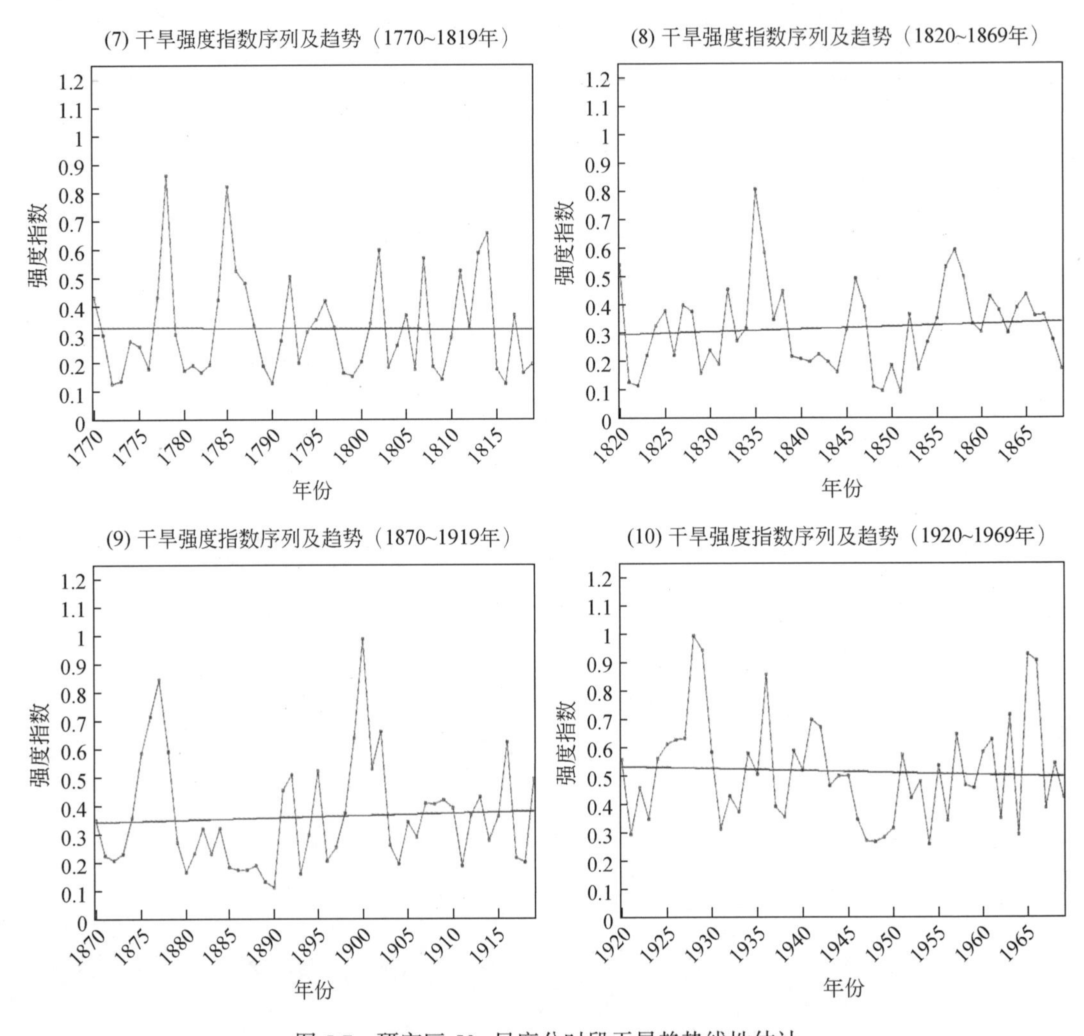

图 5.7　研究区 50a 尺度分时段干旱趋势线性估计

图 5.8 展示了 50a 尺度上不同时段的研究区干旱趋势的空间分布。由图 5.8 可以看出，在各个时段里，研究区内大部分地区的趋势率都接近 0，说明趋势性不明显。

（1）1470 ~ 1519 年长三角、浙东地区和辽河流域的环渤海地区有干旱增强趋势，青海湖水系、海河流域南部和汉江下游则有减弱趋势。

（2）1520 ~ 1569 年华北平原中部和山东半岛干旱增强趋势较明显，太湖流域地区则是干旱减弱趋势较为明显。

（3）1570 ~ 1619 年辽河流域东部、华北平原、淮河下游、珠江流域中东部和洞庭湖、鄱阳湖流域南部干旱都有增强趋势，且有干旱增强趋势的范围较大。

（4）1620 ~ 1669 年青海湖水系、钱塘江流域和华北平原（山东半岛）有较明显的干旱增强趋势，而淮河中下游的小范围地区有较明显的减弱趋势。此外，黄土高原和华北平原北部也有干旱减弱的趋势。

（5）1670 ～ 1719 年仅有青海湖水系的干旱有明显增强趋势，华北平原东部和珠江流域东部（北江）地区有减弱趋势。

（6）1720 ～ 1769 年青海湖水系的干旱趋势与前一时段相反，是明显减弱的。而干旱有明显增强趋势的地区仅有珠江流域东部（韩江）的小范围地区。

（7）1770 ～ 1819 年海河流域西部、四川盆地以及长江下游（干流）部分地区干旱趋势明显增强。而河套平原西部和华北平原的环渤海地区干旱有减弱趋势。

（8）1820 ～ 1869 年干旱趋势明显增强的地区在河套平原西部和海河流域北部，洪泽湖流域和珠江流域西部地区也有增强趋势。而干旱趋势明显减弱的地区集中在闽江流域，珠三角地区也有减弱趋势。

（9）1870 ～ 1919 年辽河流域西部、黄河上游地区、四川盆地、云贵高原珠江流域中部（西江）以及太湖流域干旱都有增强的趋势。淮河流域东部干旱有明显减弱趋势。

（10）1920 ～ 1969 年珠江流域西部（郁江）、洞庭湖、鄱阳湖、钱塘江流域和台湾地区一线的干旱趋势有较为明显增强，而黄土高原、海河平原、淮河中下游、汉江流域和辽河流域西部大范围地区却有干旱减弱的趋势。

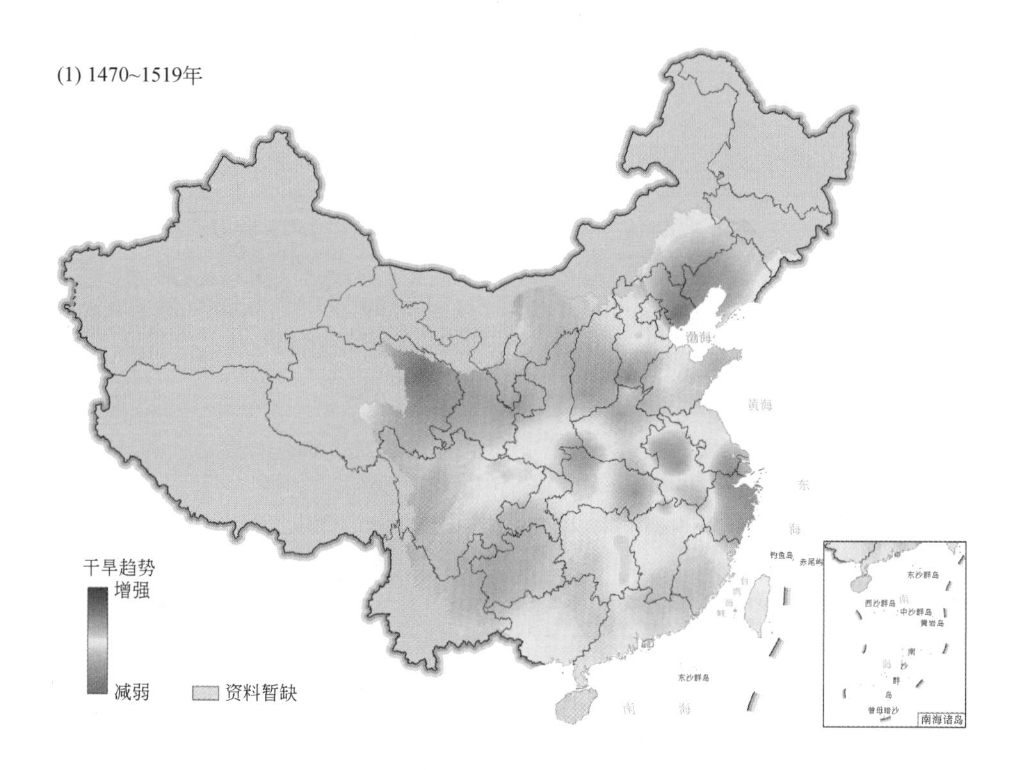

(2) 1520~1569年

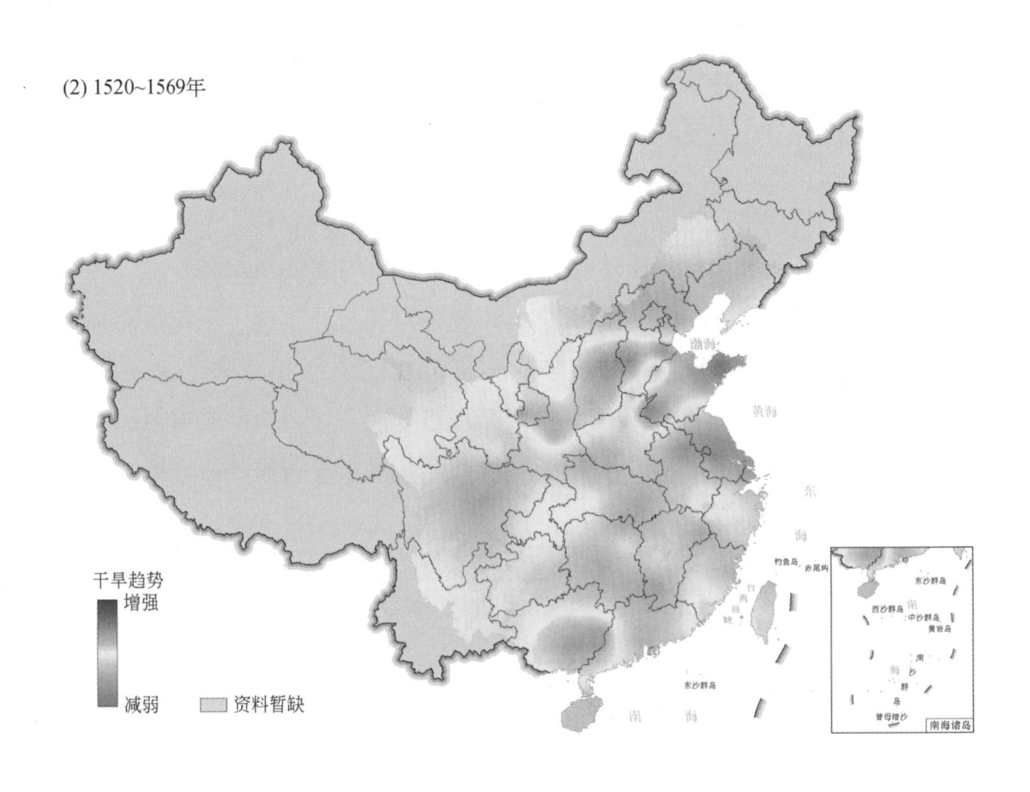

(3) 1570~1619年

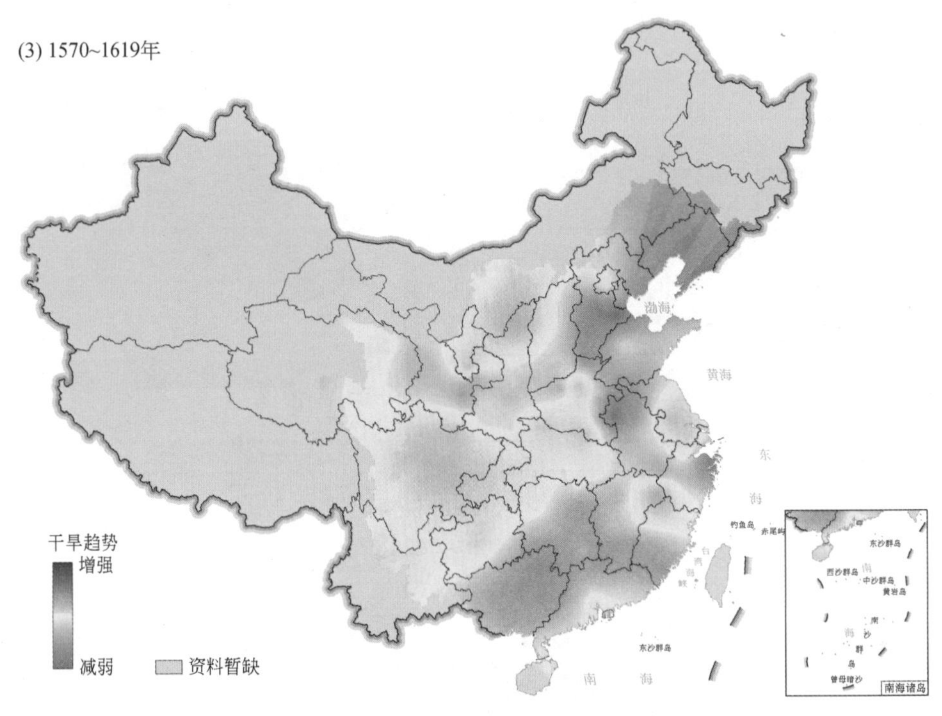

(4) 1620~1669年

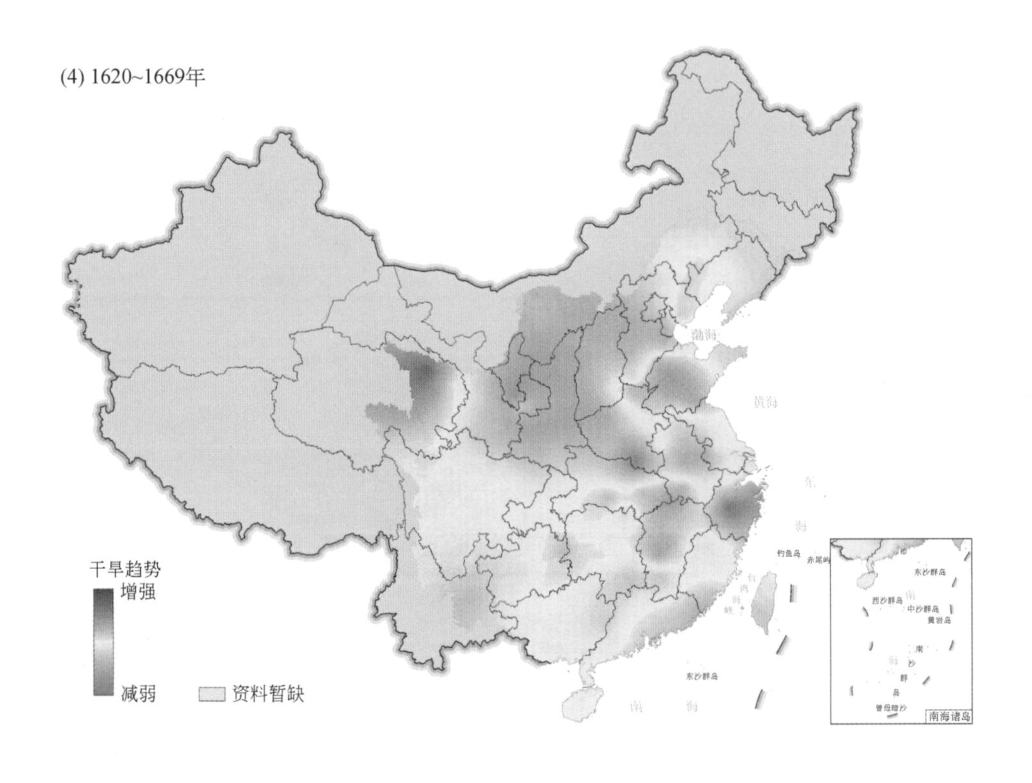

(5) 1670~1719年

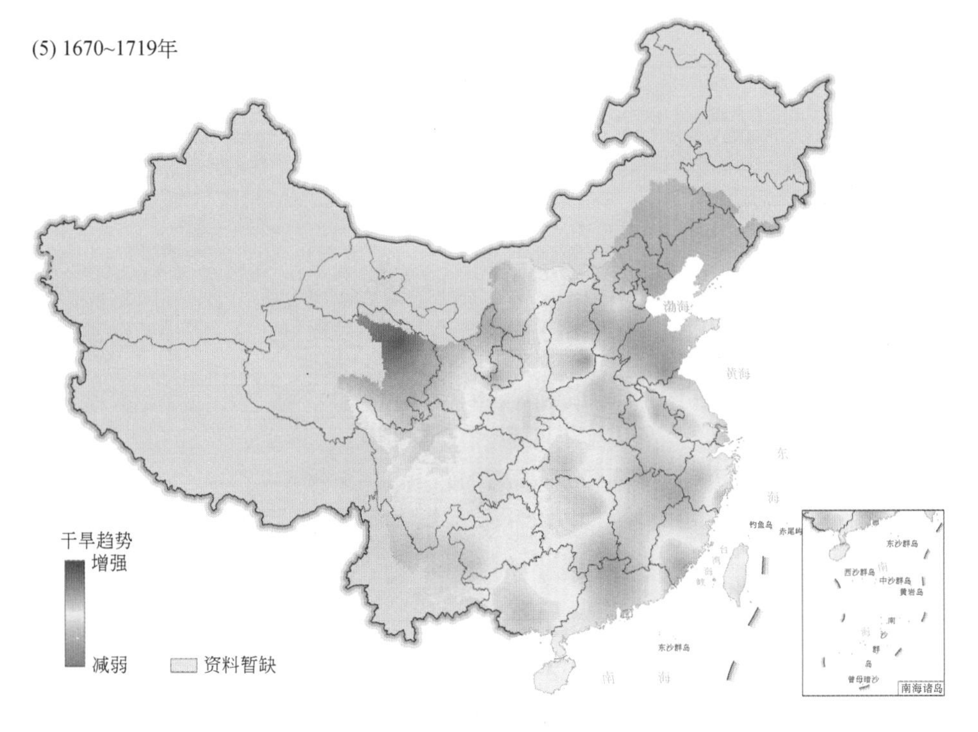

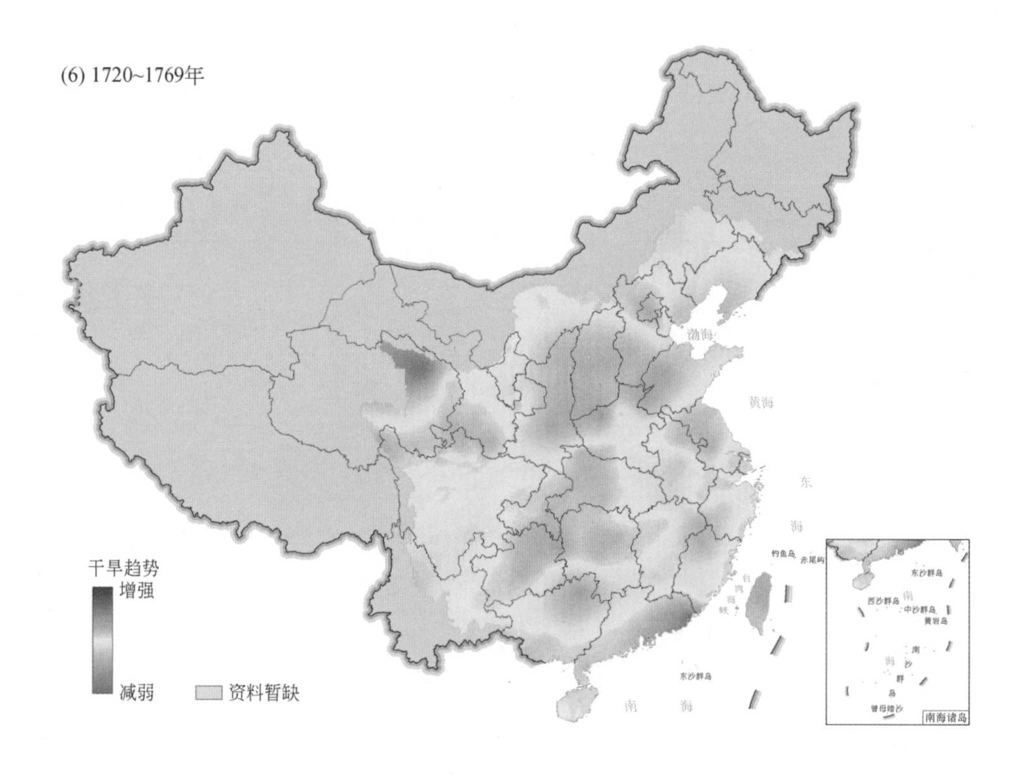
(6) 1720~1769年
渤海
黄海
东
海
钓鱼岛
赤尾屿
台
湾
海
峡
东沙群岛
南
海
干旱趋势
增强
减弱
资料暂缺
东沙群岛
西沙群岛
中沙群岛
黄岩岛
南
沙
群
岛
曾母暗沙
南海诸岛

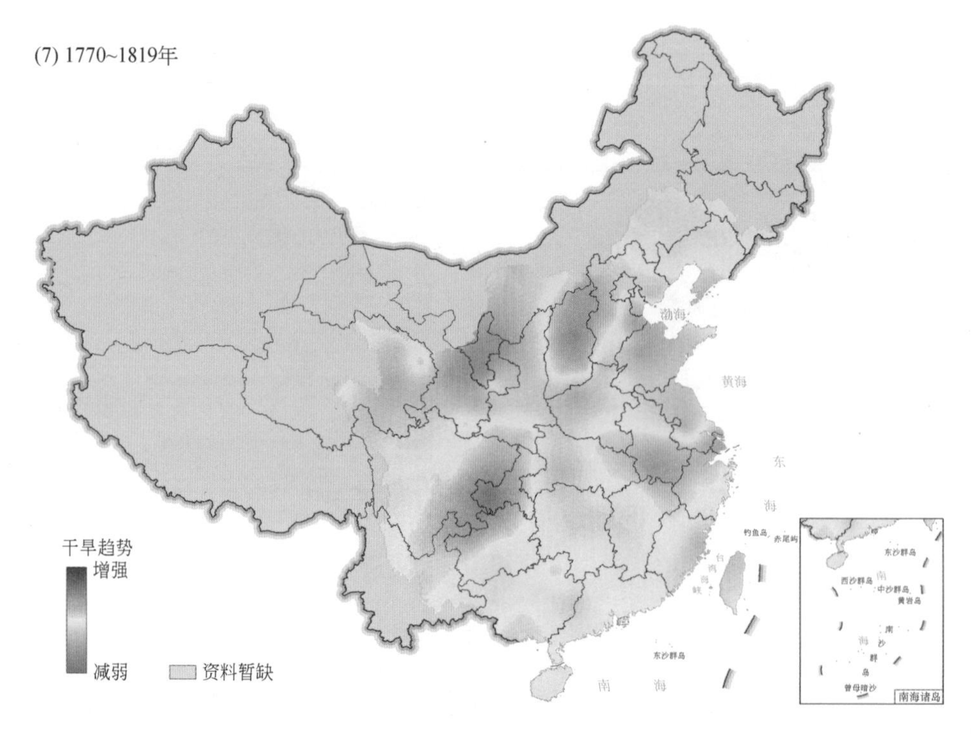
(7) 1770~1819年
渤海
黄海
东
海
钓鱼岛
赤尾屿
台
湾
海
峡
东沙群岛
南
海
干旱趋势
增强
减弱
资料暂缺
东沙群岛
西沙群岛
中沙群岛
黄岩岛
南
沙
群
岛
曾母暗沙
南海诸岛

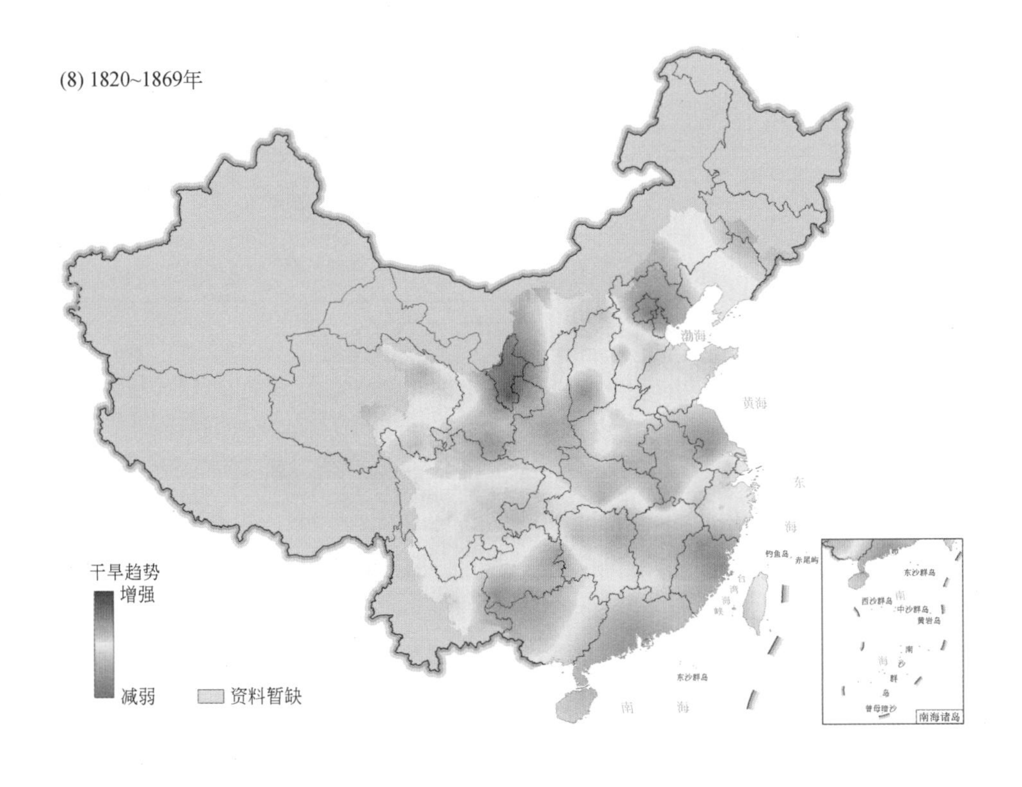
(8) 1820~1869年
渤海
黄海
东
海
钓鱼岛
赤尾屿
台
湾
海
峡
东沙群岛
南
海
干旱趋势
增强
减弱
资料暂缺
东沙群岛
西沙群岛
中沙群岛
黄岩岛
南
海
诸
群
岛
曾母暗沙
南海诸岛

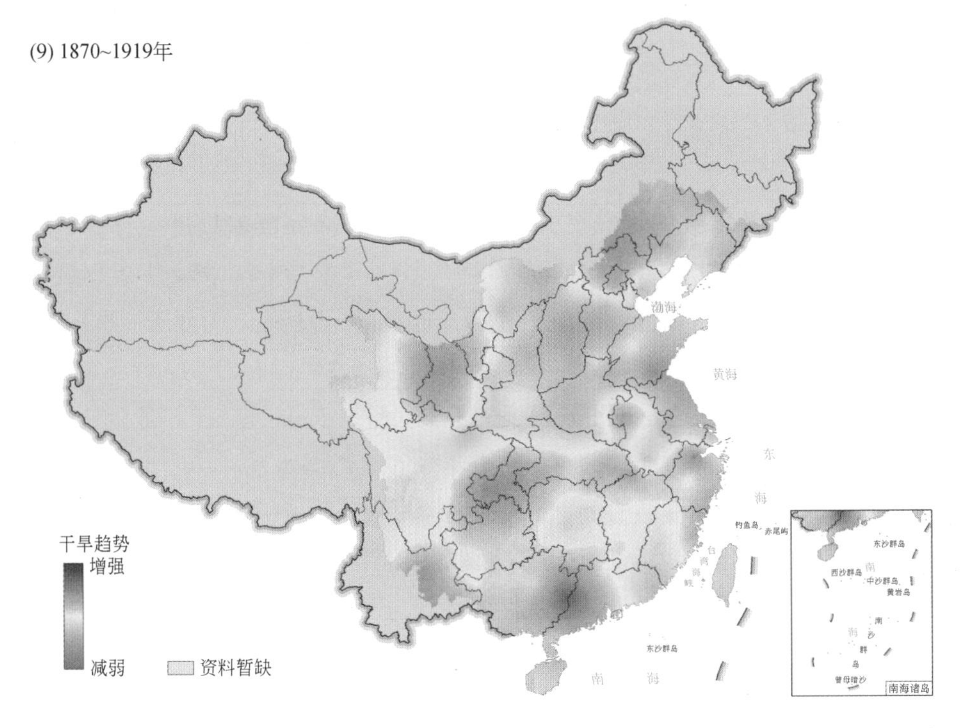
(9) 1870~1919年
渤海
黄海
东
海
钓鱼岛
赤尾屿
台
湾
海
峡
东沙群岛
南
海
干旱趋势
增强
减弱
资料暂缺
东沙群岛
西沙群岛
中沙群岛
黄岩岛
南
海
诸
群
岛
曾母暗沙
南海诸岛

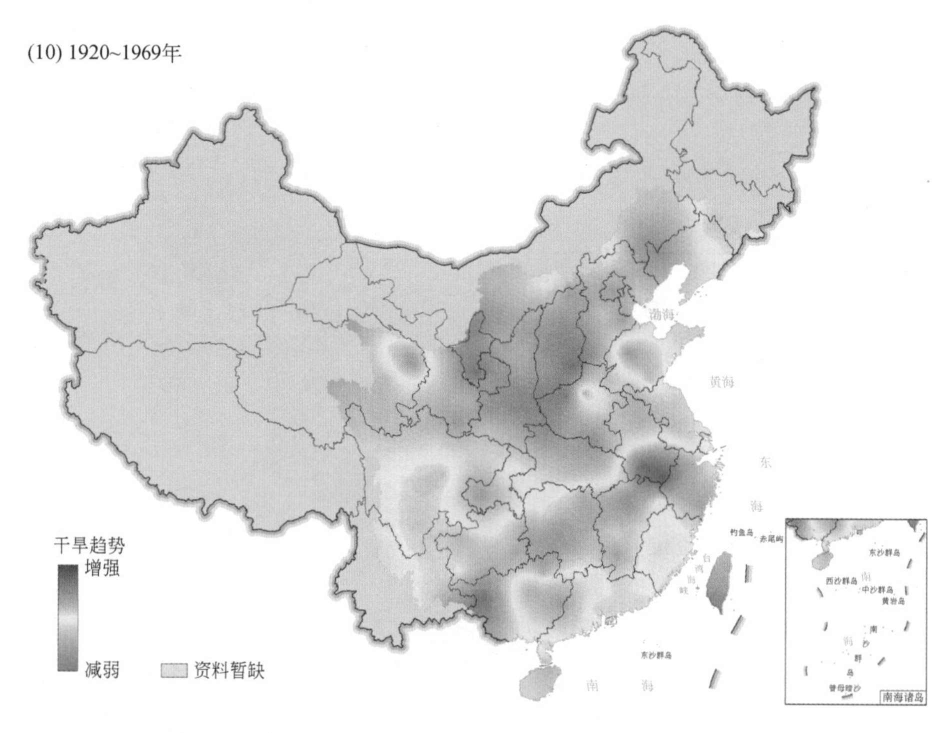

图 5.8　研究区 50a 尺度分时段干旱趋势分布

5.5　干旱危险性特征

5.5.1　干旱危险性指数空间分布

根据干旱危险性指数的计算公式，对 10km 干旱格网数据集进行计算，得到整个研究区格网 1470 ～ 2000 年的干旱危险性指数。其中，干旱危险性指数最小值为 132.295，最大值为 376.541。干旱危险性指数分布如图 5.9 所示，为便于专题图可视化，将颜色等级对应的值范围设为 132 ～ 377 之间。由图 5.9 可以看出，1470 ～ 2000 年间，研究区内各区域历史上都遭受过不同程度的干旱。整个 530a 间，干旱危险性指数高的地区主要是研究区的北部，地理分布上主要集中在青海湖水系、华北平原、黄土高原和辽河流域西部。研究区南部的干旱危险性相对较低，其中珠江流域东部和闽江流域相比研究区南部其他地区危险性略高。将图 5.9 与图 5.4 表示的 1470 ～ 2000 年干旱趋势分布进行对比，可以发现干旱危险性的高低与干旱趋势的增减并没有明显一致的关系。

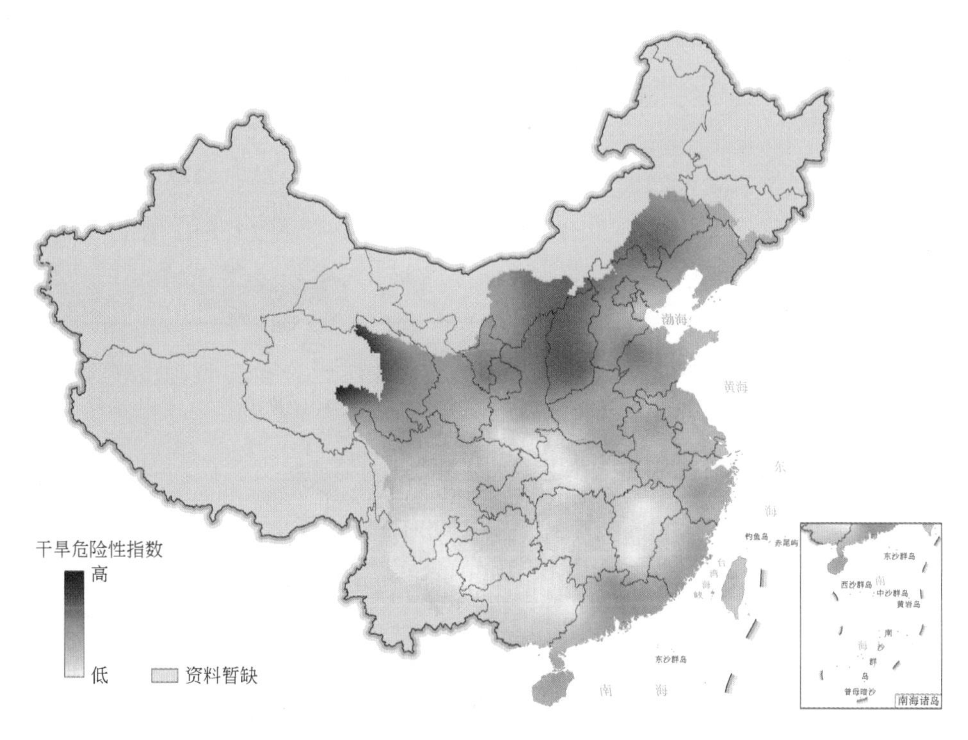

图 5.9　研究区 1470 ～ 2000 年干旱危险性指数分布

5.5.2　100a 尺度干旱危险性

分别计算 1470 ～ 1569 年，1570 ～ 1669 年，1670 ～ 1769 年，1770 ～ 1869 年，1870 ～ 1969 年 5 个时段整个研究区格网的干旱危险性指数；以此来分析 100a 尺度上干旱危险性的时空变化特征。相关统计量的结果如表 5.3 所示。

表 5.3　研究区 100a 尺度干旱危险性指数统计

时段	最小值	最大值	均值	标准差
1470 ～ 1569 年	16.158	82.738	43.333	11.487
1570 ～ 1669 年	14.145	65.862	38.779	9.581
1670 ～ 1769 年	13.741	80.019	33.265	11.475
1770 ～ 1869 年	10.160	70.011	32.086	9.688
1870 ～ 1969 年	21.234	75.477	44.002	9.474

根据表 5.3 中的统计结果，100a 尺度分时段的干旱危险性指数最小值为 10.160，最大值为 82.738。为便于专题图可视化，将颜色等级对应的值范围设为 10 ～ 83，可视

化结果如图 5.10 所示。

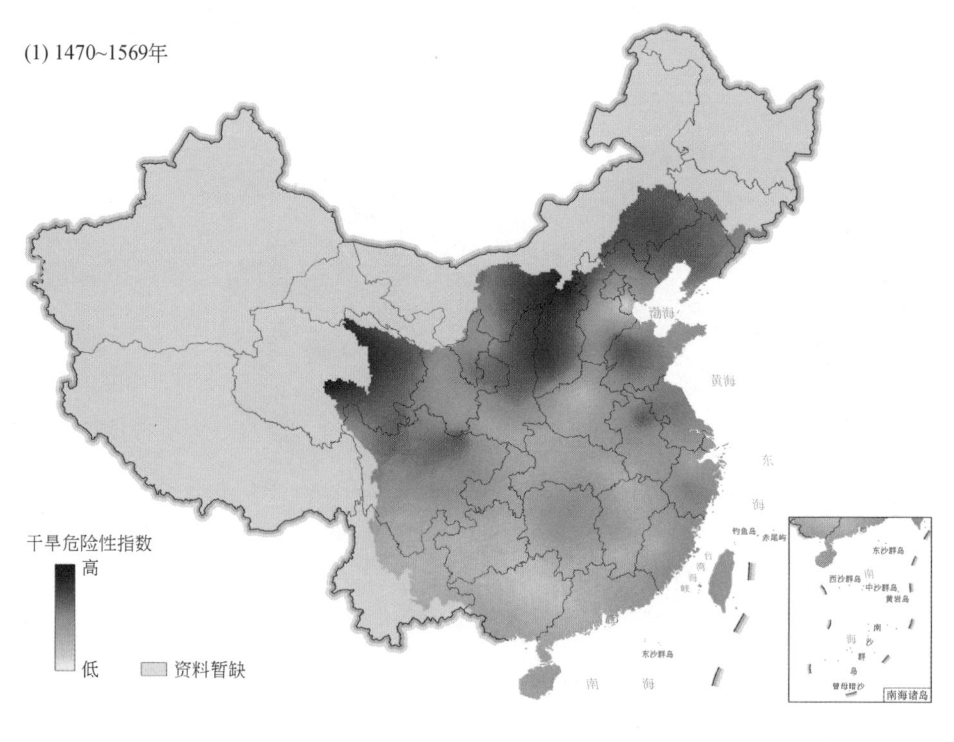
(1) 1470~1569年
渤海
黄海
东海
南海
干旱危险性指数
高
低
资料暂缺
南海诸岛

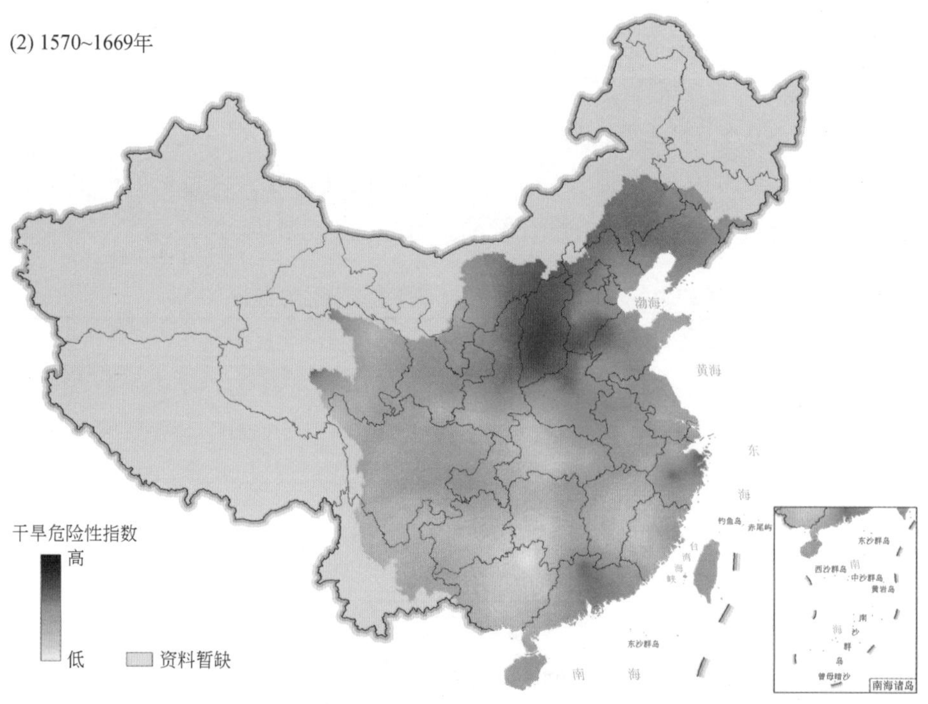
(2) 1570~1669年
渤海
黄海
东海
南海
干旱危险性指数
高
低
资料暂缺
南海诸岛

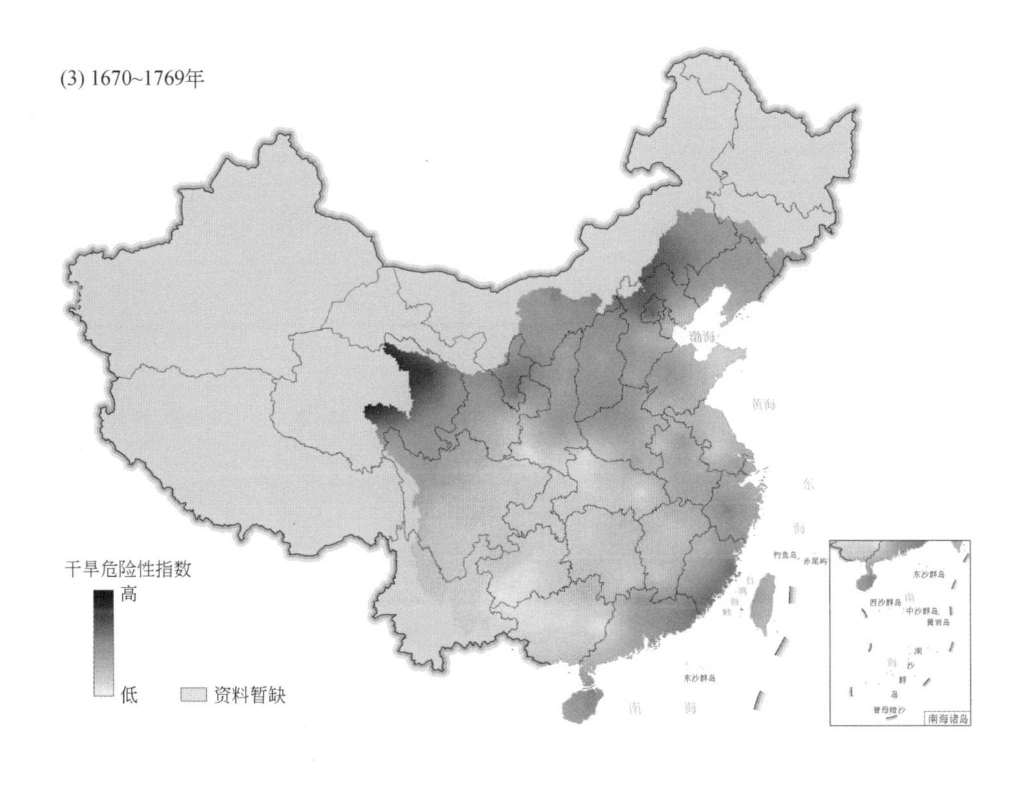
(3) 1670~1769年
渤海
黄海
东
海
台
湾
海
峡
南
海
钓鱼岛
赤尾屿
东沙群岛
干旱危险性指数
高
低
资料暂缺
东沙群岛
西沙群岛
中沙群岛
黄岩岛
南
沙
群
岛
曾母暗沙
南海诸岛

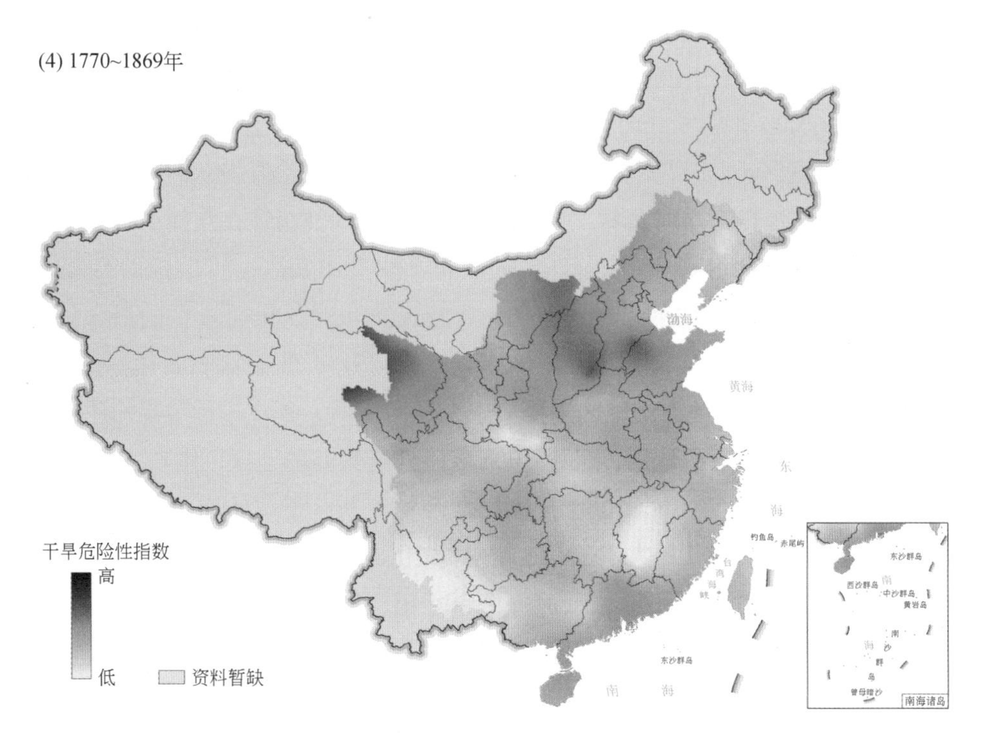
(4) 1770~1869年
渤海
黄海
东
海
台
湾
海
峡
南
海
钓鱼岛
赤尾屿
东沙群岛
干旱危险性指数
高
低
资料暂缺
东沙群岛
西沙群岛
中沙群岛
黄岩岛
南
沙
群
岛
曾母暗沙
南海诸岛

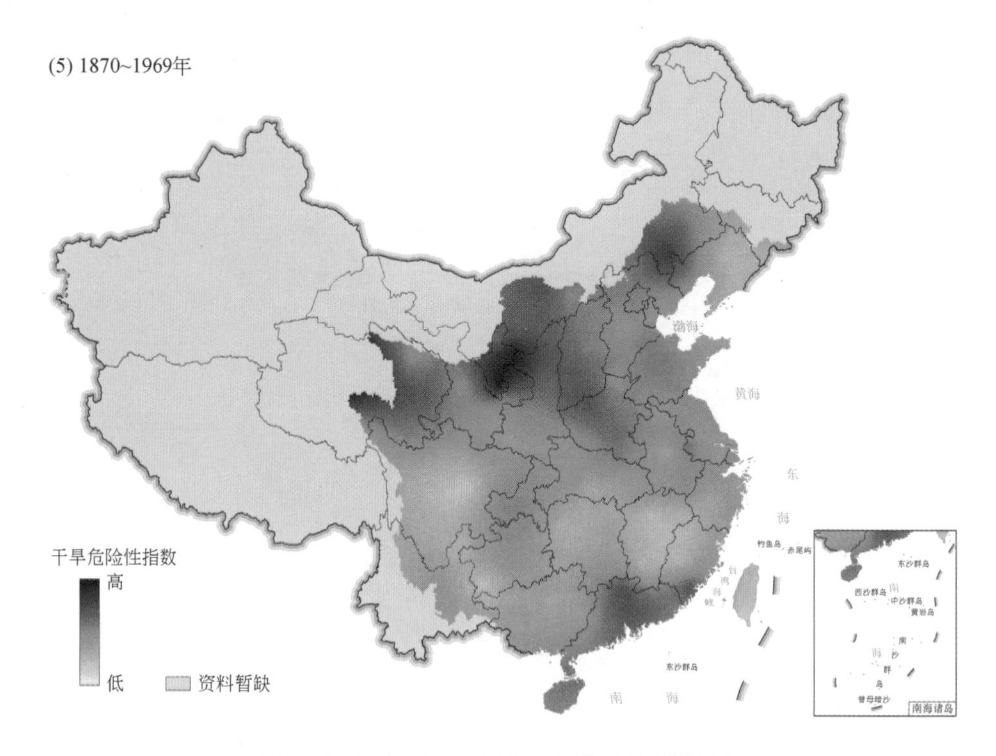

图 5.10　研究区 100a 尺度干旱危险性指数分布

结合表 5.3，表中的均值表示的是整个研究区内格网 100a 尺度干旱危险性指数的均值。实际上，该值与研究区 100a 间的“年干旱强度指数”的总和是一致。所以该均值反映的是整个研究区 100a 尺度上的总体干旱程度。而标准差值表示的是研究区内不同格网间干旱危险性指数的差别大小，所以该值能反映危险性指数在空间上的变异程度。

（1）1470 ～ 1569 年研究区的干旱灾害危险性整体偏高。干旱危险性指数均值较大，且出现了 5 个时段中的格网最大值；标准差值也是 5 个时段中的最大值，表明这 100a 间研究区的干旱危险性分布是极不均匀的。这一现象从图 5.10-（1）可知，1470 ～ 1569 年干旱危险性高的地区主要集中在辽河流域、黄土高原、淮海平原、青海湖水系、金沙江和岷江上游地区；且这 100a 危险性指数高的地区范围较大。

（2）1570 ～ 1669 年研究区的干旱灾害危险性有所降低。干旱危险性指数的均值和标准差值都不高，而且其最大值也是 5 个时段中最小的。由图 5.10-（2）可知，干旱危险性高的地区主要在华北平原，较前一个百年范围有所缩小；此外，在珠三角地区和钱塘江流域有两个较小范围的干旱高危险区。

（3）1670 ～ 1769 年研究区的干旱灾害危险性进一步降低。干旱危险性指数的均值较小，但是标准差值较大。从图 5.10-（3）可知，原因在于，在青海湖水系、金沙江上游和辽河流域西部的小范围地区干旱危险性较高，但是在广大的长江流域、淮河平原南部和云贵高原东部地区干旱危险性较低。

（4）1770 ～ 1869 年研究区的干旱灾害危险性整体偏低。干旱危险性指数的均值是 5 个时段中最小的，标准差值也不大；同时出现了 5 个时段中的格网最小值。从图 5.10-（4）可知，仅青海湖水系、金沙江上游和海河流域南部的小范围地区干旱危险性较高，研究区内其他大部分地区的干旱危险性都不高。

（5）1870 ～ 1969 年研究区的干旱灾害危险性整体偏高。干旱危险性指数均值是 5 个时段中最大的，且其最小值也是 5 个时段中最大的；同时该时段的最大值也并不是很大，所以标准差值是 5 个时段中的最小值。从图 5.10-（5）可知，整个研究区较前几个百年的危险性都高，说明这 100a 干旱程度最为严重。其中华北平原、整个黄河流域、辽河流域西部以及珠江流域东部相比研究区内其他地区干旱危险性更高。

5.5.3　50a 尺度干旱危险性

分别计算 1470 ～ 1519 年，1520 ～ 1569 年，1570 ～ 1619 年，1620 ～ 1669 年，1670 ～ 1719 年，1720 ～ 1769 年，1770 ～ 1819 年，1820 ～ 1869 年，1870 ～ 1919 年，1920 ～ 1969 年 10 个时段研究区的干旱危险性指数，以此来分析 50a 尺度上干旱危险性的时空变化特征。结果的相关统计量如表 5.4 所示。

表 5.4　研究区 50a 尺度干旱危险性指数统计

时段	最小值	最大值	均值	标准差
1470 ～ 1519 年	8.522	54.632	23.516	7.684
1520 ～ 1569 年	6.228	37.983	19.816	6.025
1570 ～ 1619 年	5.531	36.804	18.033	6.353
1620 ～ 1669 年	4.223	39.528	20.746	4.746
1670 ～ 1719 年	4.551	44.332	17.555	6.257
1720 ～ 1769 年	3.255	36.723	15.709	6.637
1770 ～ 1819 年	4.891	34.269	16.086	5.406
1820 ～ 1869 年	3.196	35.742	16.000	5.099
1870 ～ 1919 年	4.051	35.125	18.140	6.567
1920 ～ 1969 年	10.298	44.719	25.862	5.125

根据表 5.4 中的统计结果，50a 尺度的干旱危险性指数最小值为 3.196，最大值为 54.632。但是出现在 1470 ～ 1519 年的最大值 54.632 比出现在 1920 ～ 1969 年的次最

大值 44.719 要大很多，而且实际上 1470 ～ 1519 年的干旱危险性指数比 45 大的格网并不是很多。所以，为便于可视化，将颜色等级对应的值范围设为 3 ～ 45 之间，可视化结果如图 5.11 所示。

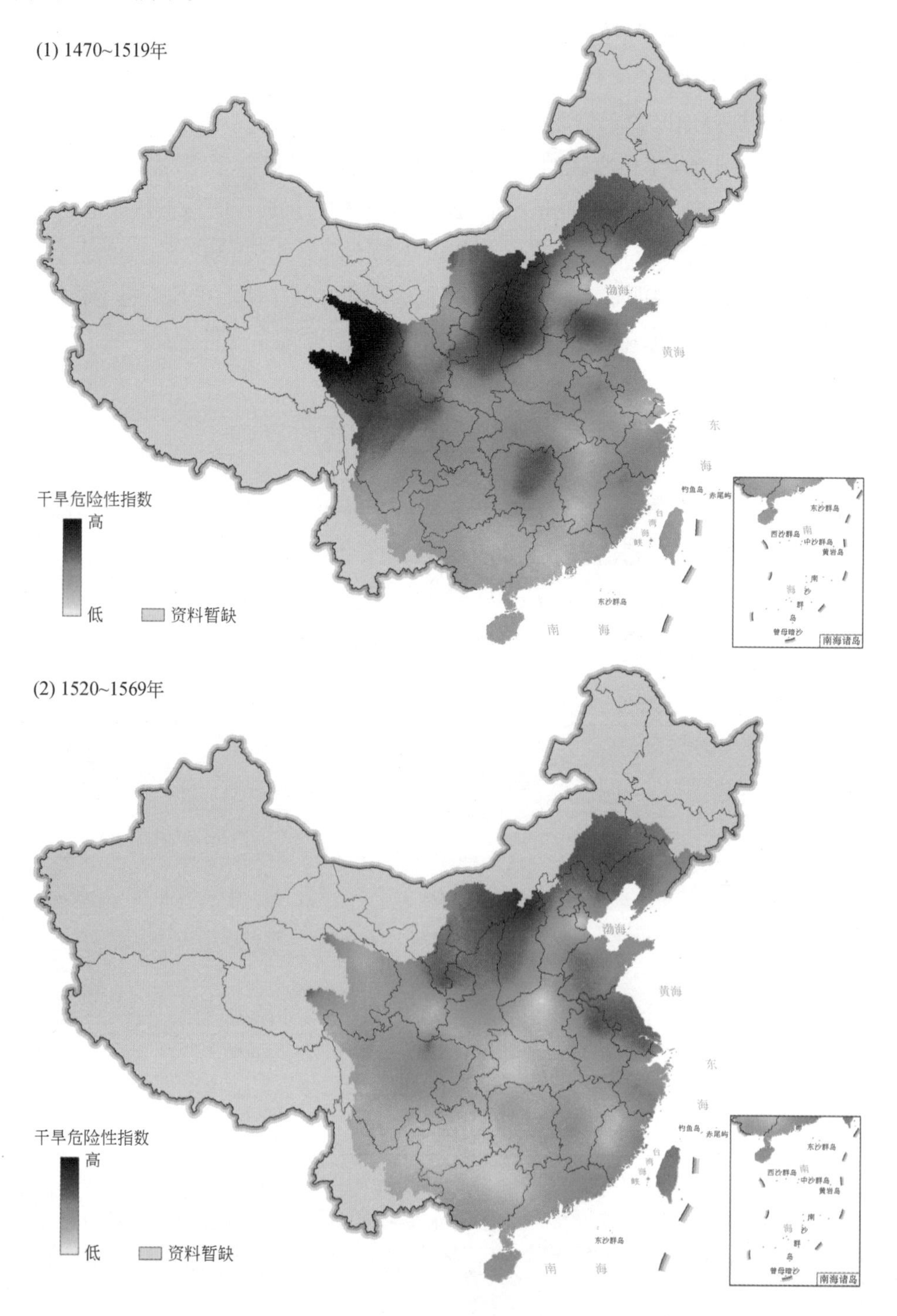

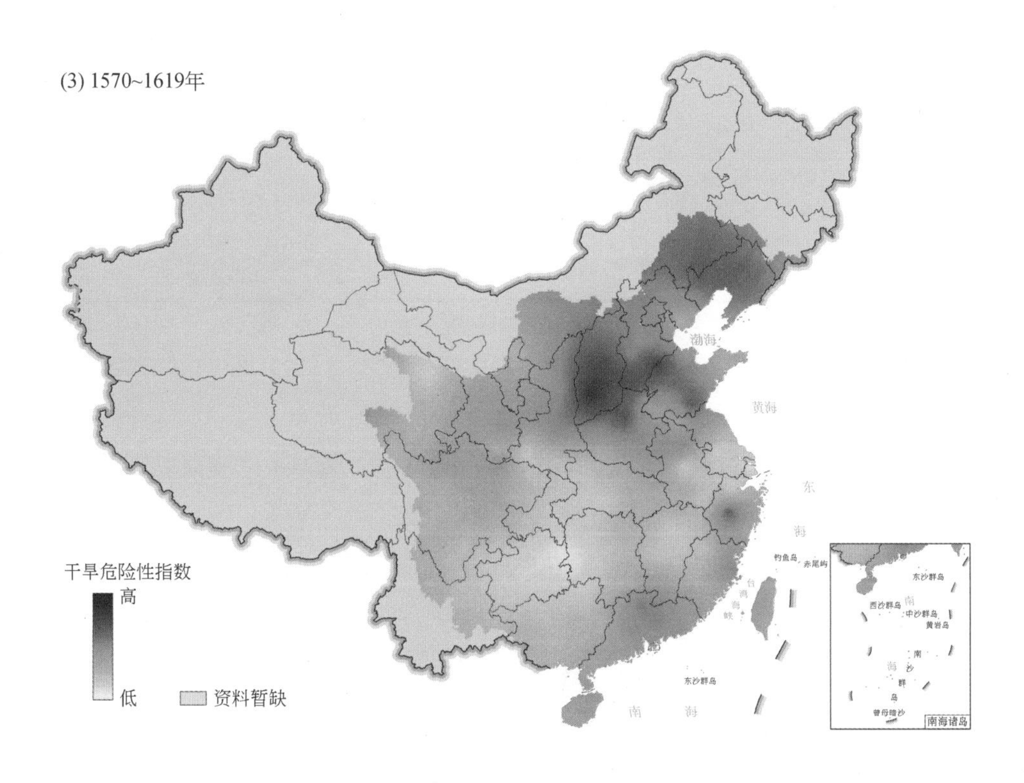
(3) 1570~1619年
渤海
黄海
东
海
钓鱼岛
赤尾屿
台
湾
海
峡
东沙群岛
南
海
干旱危险性指数
高
低
资料暂缺
东沙群岛
西沙群岛
中沙群岛
黄岩岛
南
海
沙
群
岛
曾母暗沙
南海诸岛

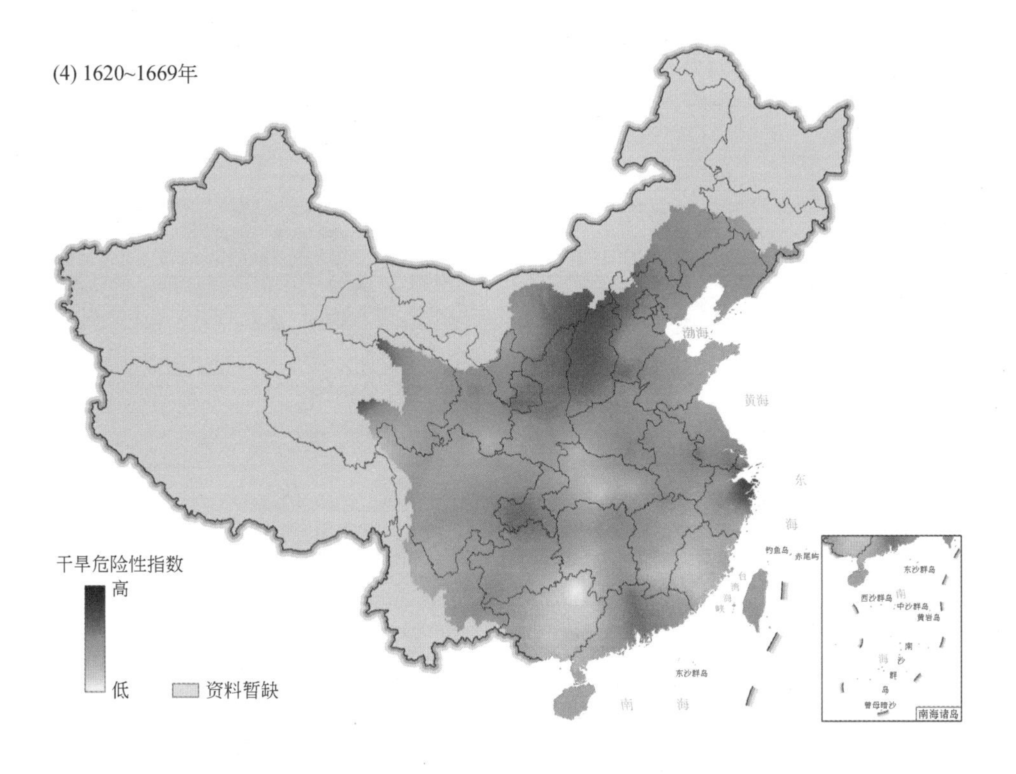
(4) 1620~1669年
渤海
黄海
东
海
钓鱼岛
赤尾屿
台
湾
海
峡
东沙群岛
南
海
干旱危险性指数
高
低
资料暂缺
东沙群岛
西沙群岛
中沙群岛
黄岩岛
南
海
沙
群
岛
曾母暗沙
南海诸岛

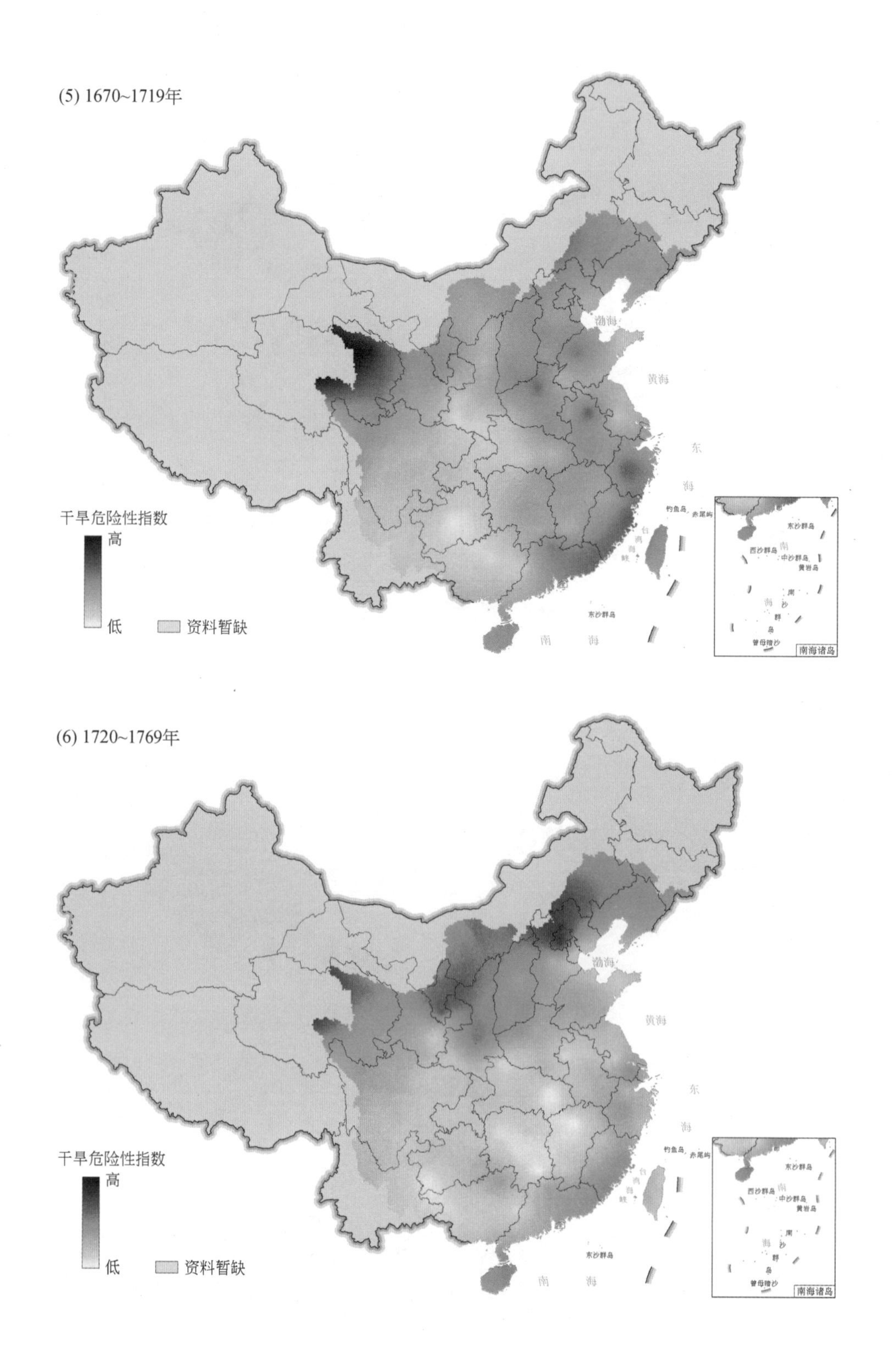
(5) 1670~1719年
渤海
黄海
东
海
钓鱼岛
赤尾屿
台
湾
峡
东沙群岛
南
海
干旱危险性指数
高
低
资料暂缺
东沙群岛
西沙群岛
中沙群岛
黄岩岛
南
海
沙
群
岛
曾母暗沙
南海诸岛
(6) 1720~1769年
渤海
黄海
东
海
钓鱼岛
赤尾屿
台
湾
峡
东沙群岛
南
海
干旱危险性指数
高
低
资料暂缺
东沙群岛
西沙群岛
中沙群岛
黄岩岛
南
海
沙
群
岛
曾母暗沙
南海诸岛

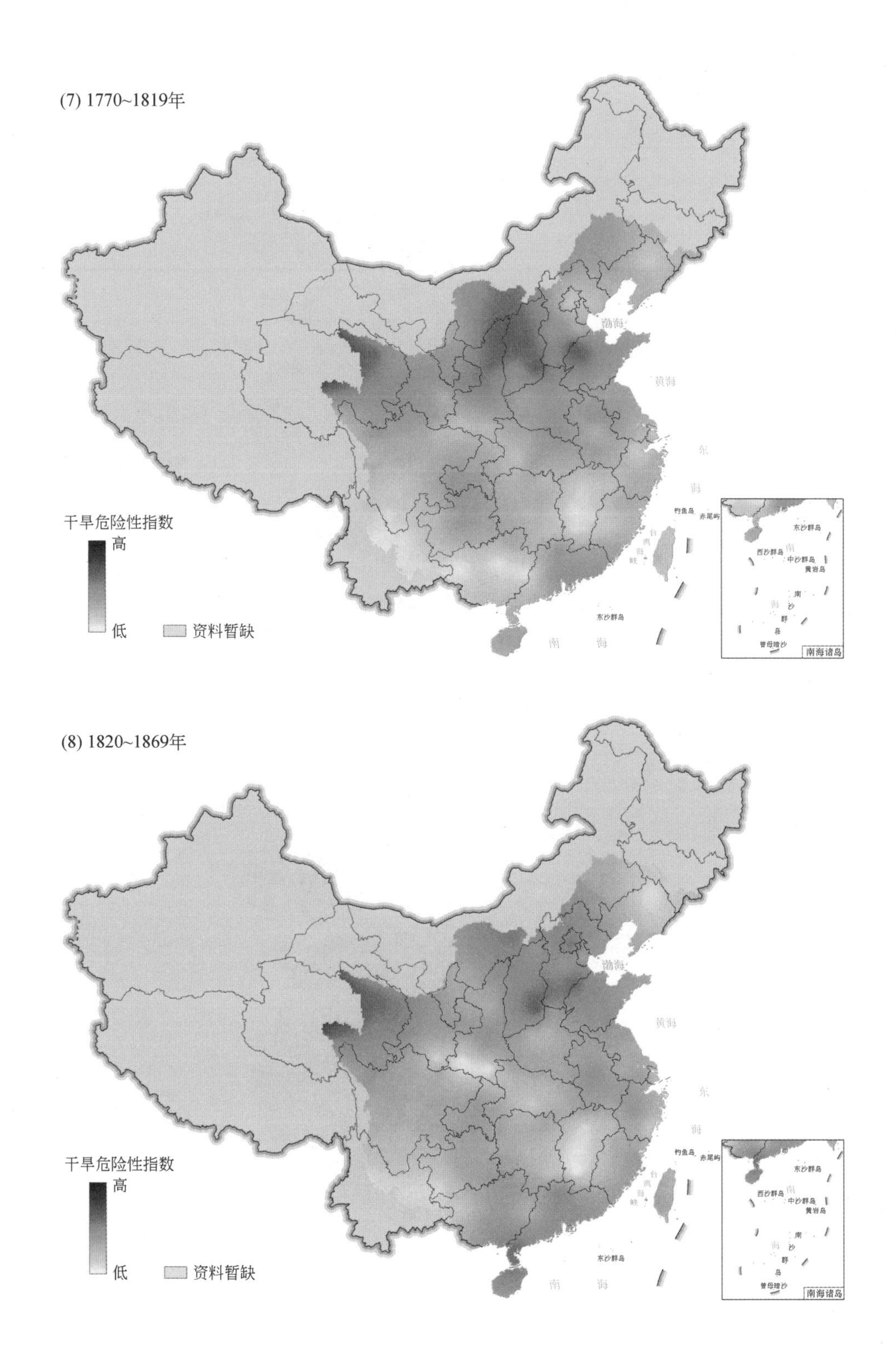
(7) 1770~1819年
渤海
黄海
东
海
台
湾
海
峡
钓鱼岛
赤尾屿
东沙群岛
南
海
干旱危险性指数
高
低
资料暂缺
东沙群岛
西沙群岛
中沙群岛
黄岩岛
南
沙
群
岛
曾母暗沙
南海诸岛
(8) 1820~1869年
渤海
黄海
东
海
台
湾
海
峡
钓鱼岛
赤尾屿
东沙群岛
南
海
干旱危险性指数
高
低
资料暂缺
东沙群岛
西沙群岛
中沙群岛
黄岩岛
南
沙
群
岛
曾母暗沙
南海诸岛

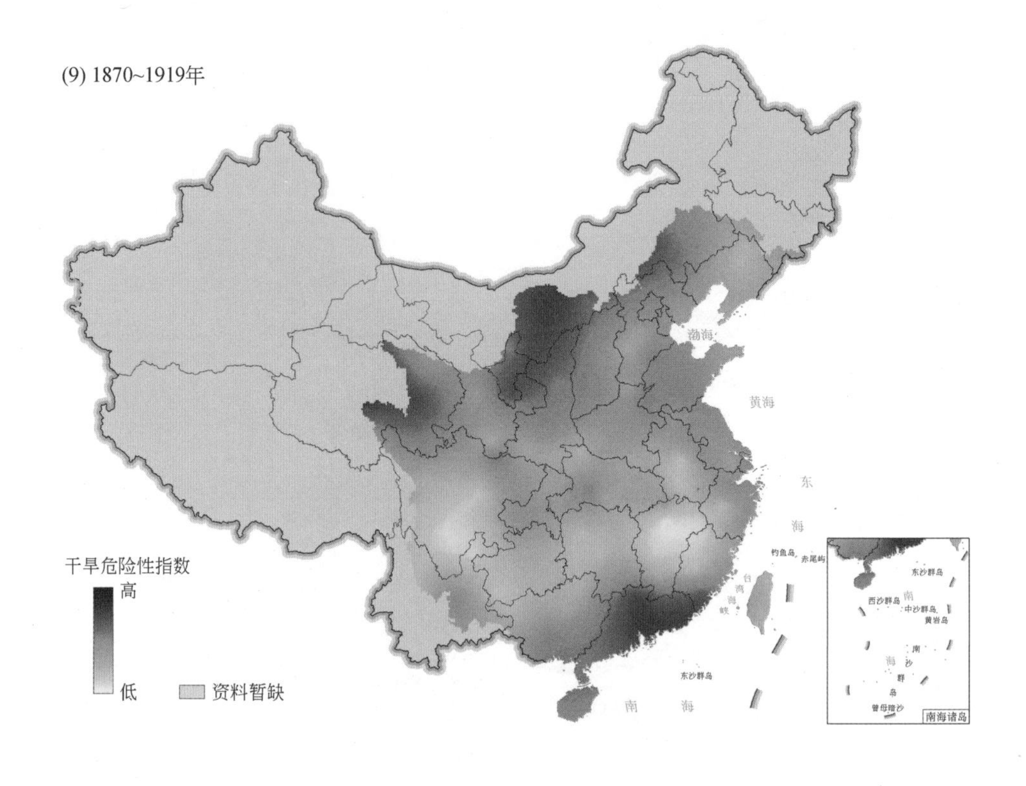

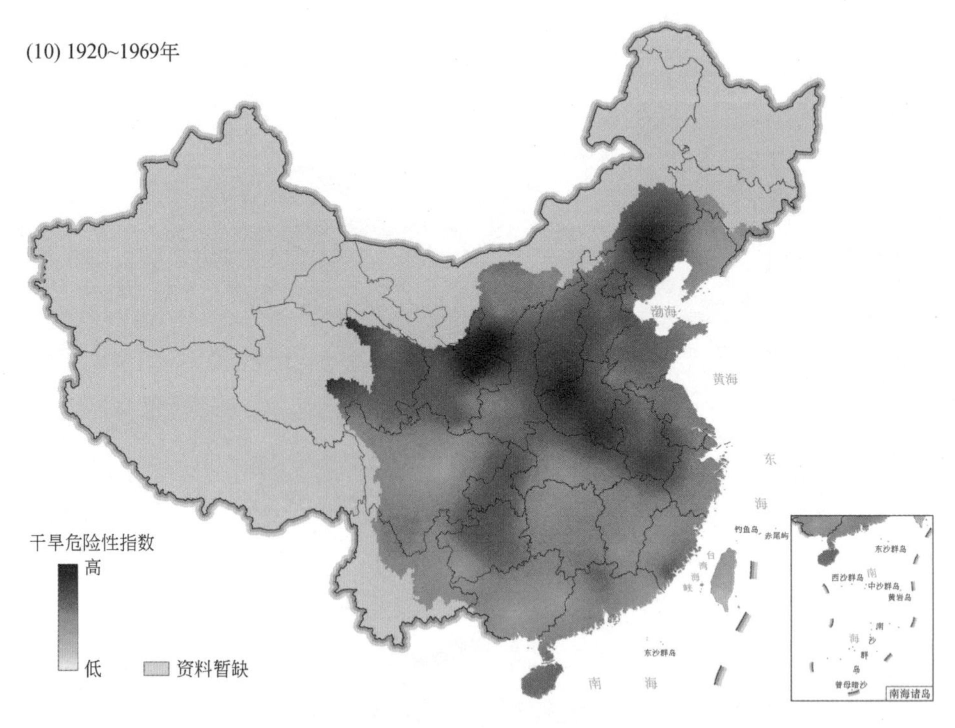

图 5.11　研究区 50a 尺度干旱危险性指数分布

（1）1470 ～ 1519 年研究区的干旱灾害危险性整体偏高。干旱危险性指数均值较大，且出现了 10 个时段中的格网最大值，这个最大值远远大于其他时段的最大值；标准差值也是 10 个时段中的最大值。从图 5.11-（1）中可以看出，干旱危险性最高的地区在研究区西北部，也是该时段中干旱危险性指数大于 45 的格网集中的地区。青海湖水系、黄河上游、长江流域上游（金沙江、岷江上游）、黄土高原东部是干旱危险性最高的地区；其次，辽河流域、海河平原和洞庭湖水系干旱危险性也较高。

（2）1520 ～ 1569 年研究区的干旱灾害危险性有所降低。从图 5.11-（2）中可以看出，干旱危险性高的地区主要集中在辽河流域、河套平原和洪泽湖水系，范围较前一个 50a 减小。

（3）1570 ～ 1619 年研究区的干旱灾害危险性进一步降低。从图 5.11-（3）中可以看出，干旱危险性高的地区主要集中在辽河流域和黄淮海平原中部，范围上较前一个 50a 有所变化。此外，东南沿海有一个范围较小的区域干旱危险性也较高。

（4）1620 ～ 1669 年研究区的干旱灾害危险性略微有所升高。并且，干旱危险性指数的标准差值是 10 个时段中最小的。也就是说，这 50a 中研究区内各地干旱危险性差别不大。由图 5.11-（4）可以看出，干旱危险性相对较高的地区主要在黄土高原东部、珠三角地区、嘉陵江下游以及钱塘江下游部分地区；危险性高值的范围较之前增大。

（5）1670 ～ 1719 年研究区的干旱灾害危险性又有所降低。从图 5.11-（5）可以看出，干旱危险性较高的地区集中在研究区西北部青海湖水系、金沙江上游以及东南沿海地区（钱塘江、闽江流域和珠三角地区）；在淮河中下游地区也有几个小区域危险性较高。

（6）1720 ～ 1769 年研究区的干旱灾害危险性又进一步降低。干旱危险性指数的均值是 10 个时段中最小的，但是标准差值却较大。从图 5.11-（6）中看出，干旱危险性高的地区集中在辽河流域西部、海河流域北部和河套平原地区。而在研究区南部的广大地区干旱危险性都较低。

（7）1770 ～ 1819 年研究区的干旱灾害危险性略有升高。干旱危险性指数的最大值是 10 个时段中最小的。从图 5.11-（7）中可以看出，整个研究区内干旱危险性分布较为均衡，相对略高的地区在黄土高原东部和淮海平原中部。

（8）1820 ～ 1869 年研究区的干旱灾害危险性基本持平。干旱危险性指数出现了所有 10 个时段中的格网最小值。从图 5.11-（8）中可以看出，整个研究区内干旱危险性分布仍然较为均衡，在海河平原南部有一个范围较小的地区危险性相对其他地区略高。

（9）1870 ～ 1919 年研究区的干旱灾害危险性升高。在图 5.11-（9）中看到，干旱危险性高的地区集中在黄土高原西部以及珠江流域东部。而长江流域和东南诸河流域的广大地区危险性较低。

（10）1920 ~ 1969 年研究区的干旱灾害危险性进一步升高。干旱危险性指数均值是 10 个时段中的最大值，且其最小值是 10 个时段中最大的，其最大值也是除第一个时段以外最大的，而标准差值并不大。这一个 50a 内的统计结果偏大可能是受原始资料分级结果的影响。但是在空间分布上依然具有可比性，从图 5.11-（10）中可以看出，旱危险性相对较高的地区主要在辽河流域西部、黄土高原、黄淮海平原大部分地区、乌江流域、黄河上游和长江下游的部分地区。

总的来说，从 50a 尺度上看，研究区的整体干旱危险性在时间上有一个降低，升高，再降低，再升高的过程。而在空间上，黄土高原、黄淮海平原和辽河流域是干旱灾害危险性较高的地区。通过研究也可以发现，50a 尺度比 100a 尺度能更细致的描述干旱的时空特征。对比图 5.11 与图 5.8，干旱危险性的高低与干旱趋势的增减仍然没有一致关系，某些时段干旱危险性高的地区干旱趋势反而减弱。

5.6　干旱重心特征

根据区域重心的计算公式，可以得到研究区 1470 ～ 2000 年的干旱灾害重心数据集。图 5.12 所示为 1470 ～ 2000 年共 531a 的干旱重心分布情况，其中红色点为研究区的几

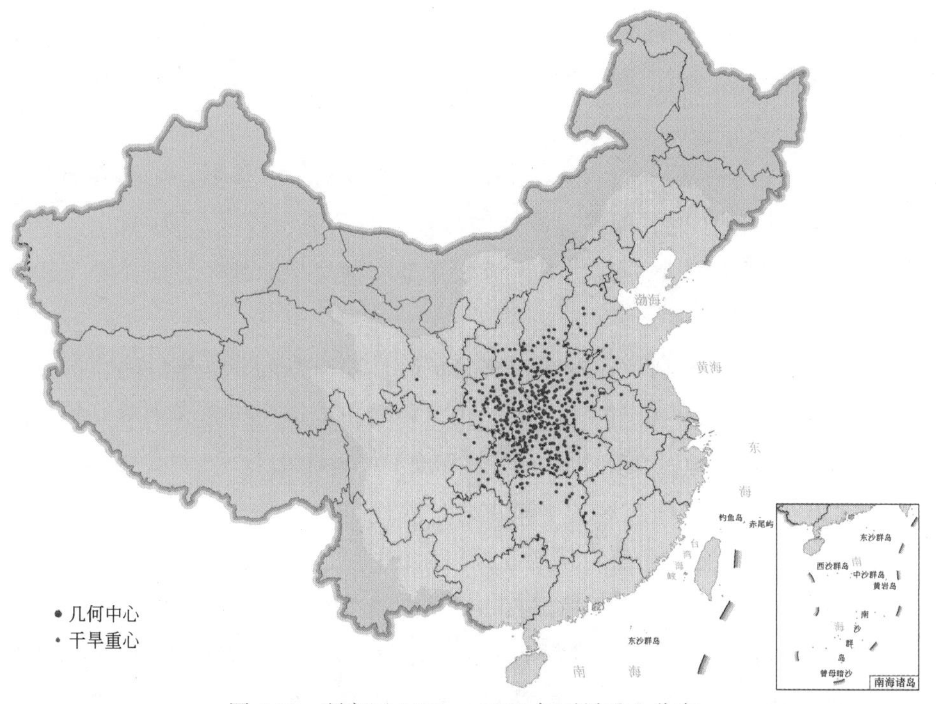

图 5.12　研究区 1470 ～ 2000 年干旱重心分布

何中心，蓝色点为所有的区域干旱重心。某年干旱重心与研究区几何中心的偏离方向指向的是当年干旱更为严重的地区，而偏离的距离则说明了干旱空间分布的差异程度。

利用区域重心模型，将干旱灾害的空间格局进行了由“面”到“点”的转化，即用一个“点”来描述当年的干旱空间格局。通过研究干旱重心点的空间位置，可以了解历史干旱的不均衡分布特征。通过分析不同历史时期的干旱重心变化，则可以了解干旱空间格局的时间变化特征。

5.6.1　干旱重心分布

以研究区的几何中心为圆心，100 km 为距离步长作同心圆。统计不同同心圆（环）范围内的重心个数及百分比，相关统计量如表 5.5 所示。其中，1761 年的情况较为特殊，由于当年研究区内没有发生干旱，所以 1761 年的干旱重心与研究区几何中心重合。

表 5.5　研究区 1470 ～ 2000 年干旱重心统计

距离 /km	重心数目	百分率 /%	累计百分率 /%
0	1	0.188	0.188
0 ～ 100	36	6.780	6.968
100 ～ 200	133	25.047	32.015
200 ～ 300	144	27.119	59.134
300 ～ 400	110	20.716	79.849
400 ～ 500	53	9.981	89.831
500 ～ 600	27	5.085	94.915
600 ～ 700	18	3.390	98.305
700 ～ 800	7	1.318	99.623
800 ～ 900	1	0.188	99.812
900 ～ 1000	1	0.188	100.000

据统计显示，与研究区几何中心相距在 100 km 内的干旱重心仅占总数的 6.968%，大部分干旱重心离研究区的几何中心较远。这说明在 1470 ～ 2000 年间的大部分时间，研究区内的干旱分布都是不均衡的。而绝大多数的干旱重心都集中在距几何中心 100 ～ 400 km 的范围内，这个范围内的重心数目占了总数的 72.881%。在距离研究区几何中心 400 ～ 700 km 的范围内，干旱重心数目占总数的 18.456%。说明在

1470～2000年间有相当多的年份，研究区干旱分布的不均衡程度较大。此外，在极个别年份里，研究区的干旱分布极不均衡，干旱重心偏离几何中心700 km以上。

为了进一步地说明干旱重心的空间分布特征，以研究区的几何中心为原点，以南北和东西方向为轴，建立坐标系A。统计位于该坐标系不同象限内的干旱重心数目及其占全部重心数目的百分比，结果如图5.13所示。其中，33.710%的干旱重心位于坐标系A的东北象限，说明研究区的东北部分在1470～2000年遭受的干旱灾害最为严重，干旱重心数目占总数的1/3左右。西北象限内的干旱重心数目也接近达到总数的1/3（29.190%）。而西南象限和东南象限的干旱重心所占比例相对较小，分别为18.644%和18.267%。如果将研究区按照坐标轴分成两部分，则位于北半部的干旱重心数目（62.900%）大大多于南半部的数目（36.911%）。这说明在1470～2000年的大多数时间内，研究区的北半部比南半部干旱情况要严重许多。同时，研究区的东半部重心比例（51.98%）仅略高于西半部（47.83%），说明东西两部分相比干旱情况大致均衡。

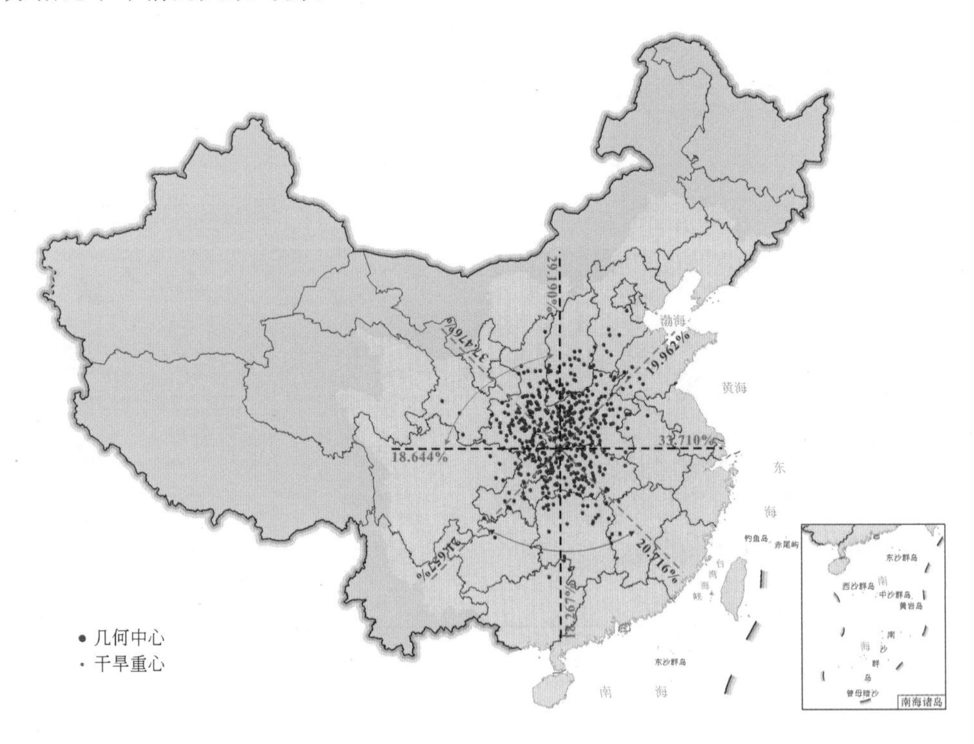

图5.13　研究区1470～2000年干旱重心统计

由于中国是受季风影响很大的国家，考虑到研究区季风的方向，将坐标系A逆时针旋转45°得到坐标系B。再次统计位于坐标系B各象限的干旱重心数目及其占全部重心数目百分比，如图 5.13。可以看到，北象限内的干旱重心数目所占比例最大（37.476%）；其他 3 个象限内的干旱重心数目所占比例差别较小，都远远小于北象限；其中东象限内的干旱重心数目比例最小（19.962%）。依旧将研究区按照坐标轴分为两部分，则位于西北半部的干旱重心数目比例（59.13%）高于东南半部（40.68%）；东北半部干旱重心数目比例（57.44%）也高于西南半部（42.37%）。造成这一现象的主要原因是，位于北象限内的干旱重心数目所占比例最高，说明该象限内的区域在历史上干旱情况尤为严重。

综合以上分析，历史干旱重心中偏向研究区北部的远远超过半数。也就是说在 1470 ～ 2000 年，干旱的空间格局在大部分时间里都是北重南轻。从地理区域的角度来看，黄土高原和华北平原是历史上干旱情况最为严重的地区。这个结论也与第 3、4 章的分析结果相一致。

5.6.2　100a 尺度干旱重心分布

由于 1470 ～ 2000 年时间较长，为了描述研究区干旱重心分布的时间变化，分别在 100a 和 50a 两个时间尺度上进行分析。以研究区的几何中心为原点，将分时段的干旱重心显示在极坐标系中。

图 5.14 所示为 100a 尺度上的干旱重心分布。1470 ～ 1569 年的干旱重心更多地偏向于北部，偏向南部的重心较少。该时段研究区北部干旱情况相比南部更为严重；1570 ～ 1669 年的干旱重心偏向东部的较多，而且偏向东北部重心的距离较远。该时

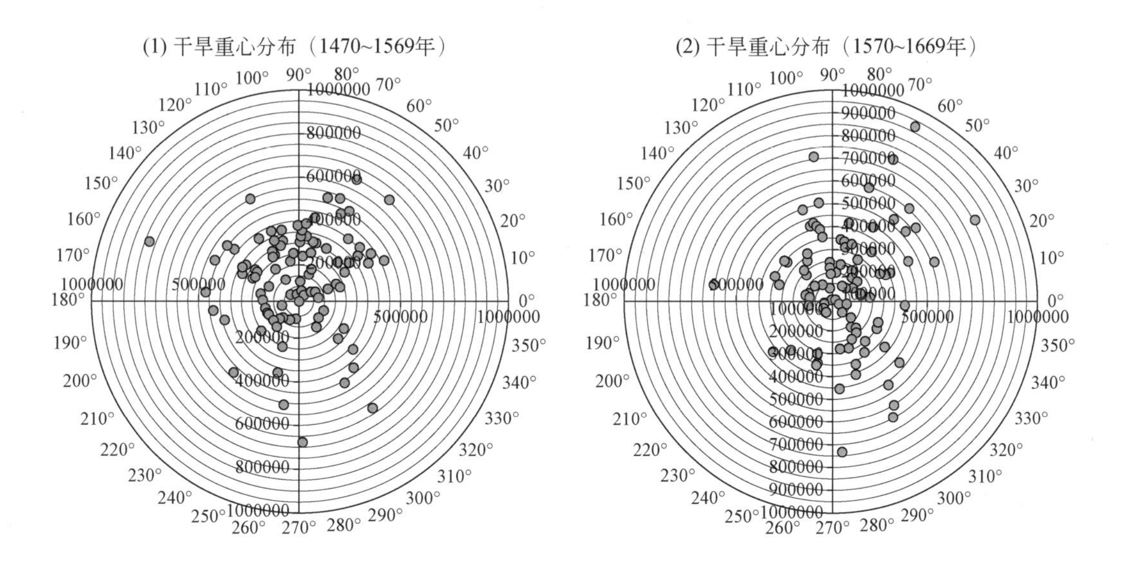

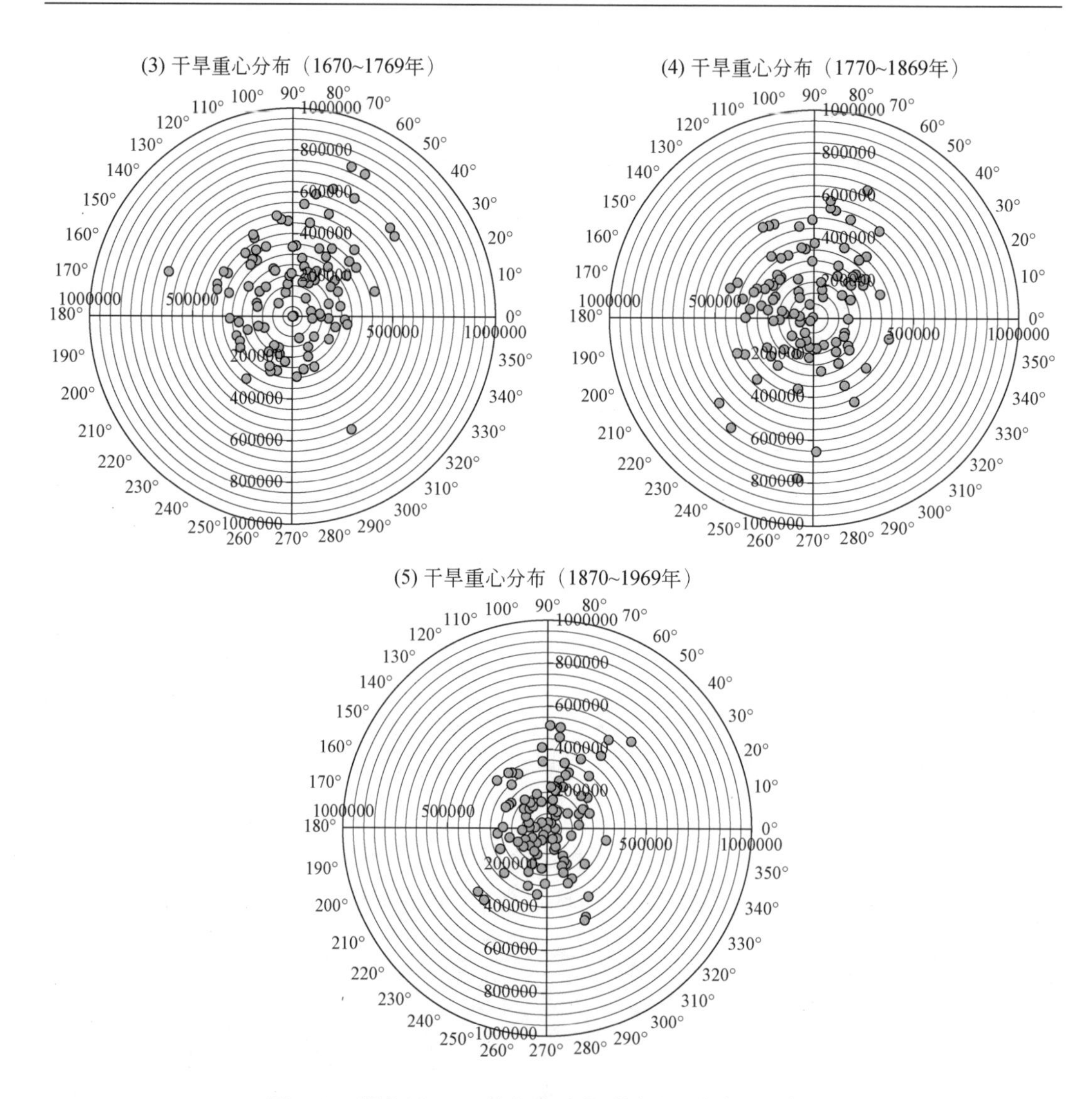

图 5.14　研究区 100a 尺度分时段干旱重心分布（逐年）

段研究区东北部干旱情况较为严重；1670 ～ 1769 年的干旱重心仍然是更多地偏向于北部，偏向南部的都距几何中心较近。该时段也是研究区北部干旱情况相比南部更严重；1770 ～ 1869 年偏向东南部的干旱重心较少，偏向西南方向的存在较远的点。该时段研究区的干旱情况较为均衡；1870 ～ 1969 年的干旱重心分布在各方向上较均衡，且密集分布在离几何中心一定范围内。该时段研究区的干旱情况也较为均衡。

另外，对比图 5.14 与图 5.4 显示的干旱危险性，可以发现干旱重心的分布与干旱危险性的分布有一定的关系。干旱重心更多地偏向有着较高的干旱危险性指数的区域。

5.6.3　50a 尺度干旱重心分布

图 5.15 所示为 50a 尺度上的干旱重心分布。由图 5.15 可知，1470 ～ 1519 年的干旱重心大多偏向于北部，偏向南部的重心很少。该时段研究区北部干旱情况相比南部更为严重；1520 ～ 1569 年仍是偏向北部的干旱重心较多，尤其是偏向东北部的重心最多。该时段研究区东北部干旱情况较为严重；1570 ～ 1619 年的干旱重心偏向东部的较多，而且偏向东北部重心的距离较远。该时段研究区仍是东北部干旱情况较为严重；1620 ～ 1669 年的偏向西南部的干旱重心较少，其他方向上则较为平均。偏向东北部的某些重心距离较远。该时段研究区干旱情况较为均衡，西南部略轻；1670 ～ 1719 年的干旱重心更多地偏向于北部，且很多重心偏向距离较远。该时段也是研究区北部干旱情况相比南部更严重；1720 ～ 1769 年的干旱重心仍然是更多地偏向于北部，且偏向距离较远；而偏向南部的都距几何中心较近。该时段研究区北部干旱情况更严重；1770 ～ 1819 年依然是偏向北部的干旱重心较多。该时段研究区的干旱情况是北部比南部严重；1820 ～ 1869 年偏向西部的干旱重心较东部多，偏向西南方向的存在较远的点。该时段研究区的干旱情况较为均衡，西北部略严重；1870 ～ 1919 年的干旱重心分布在各方向上较均衡，但距离几何中心的远近程度不一样。该时段研究区南北部的干旱情况也较为均衡；1920 ～ 1969 年的干旱重心偏向北部的略多，有一些偏离较远的重心点。该时段研究区的干旱情况是北部较为严重。

另外，对比图 5.15 与图 5.5 显示的干旱危险性，发现干旱重心分布偏向与干旱危险性分布有正相关的关系。

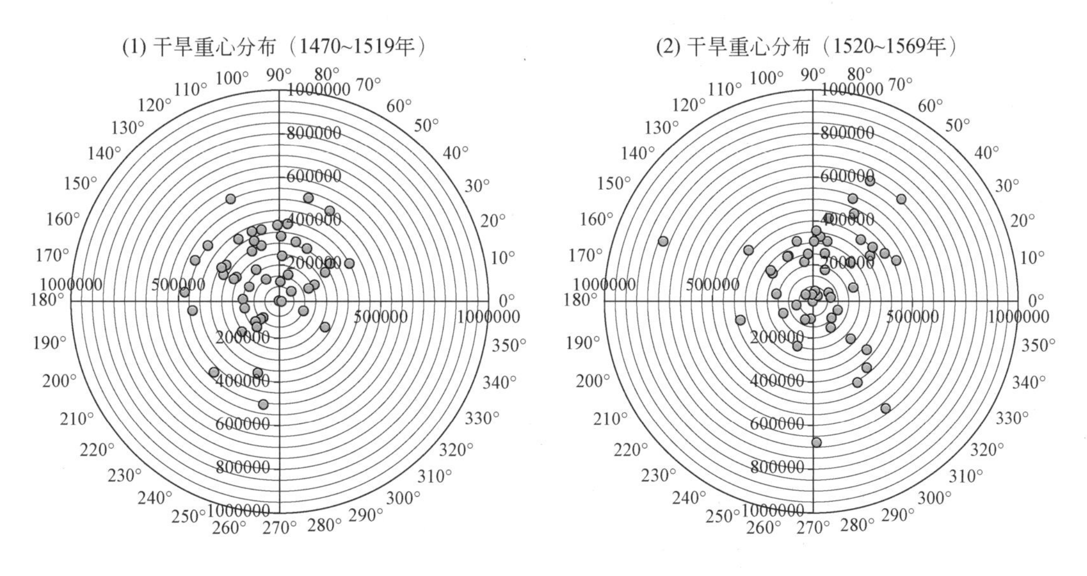

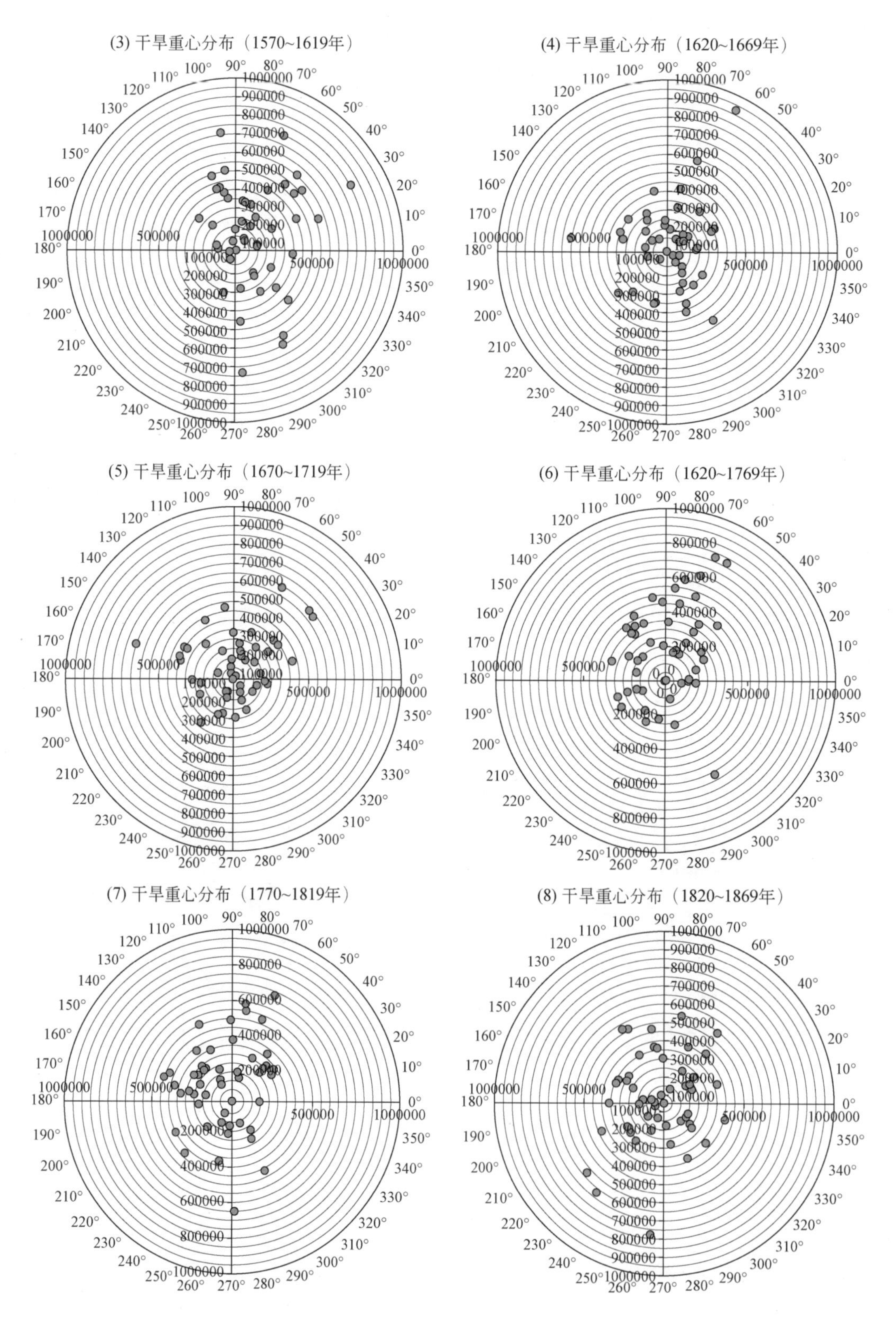
(3) 干旱重心分布（1570~1619年）
(4) 干旱重心分布（1620~1669年）
(5) 干旱重心分布（1670~1719年）
(6) 干旱重心分布（1620~1769年）
(7) 干旱重心分布（1770~1819年）
(8) 干旱重心分布（1820~1869年）
0°
10°
20°
30°
40°
50°
60°
70°
80°
90°
100°
110°
120°
130°
140°
150°
160°
170°
180°
190°
200°
210°
220°
230°
240°
250°
260°
270°
280°
290°
300°
310°
320°
330°
340°
350°
100000
200000
300000
400000
500000
600000
700000
800000
900000
1000000

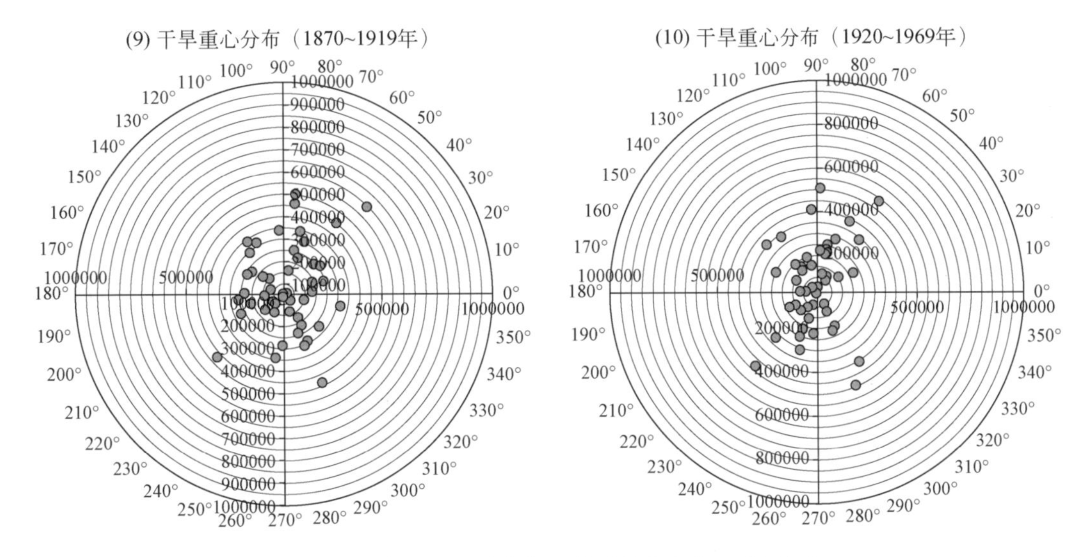

图 5.15　研究区 50a 尺度分时段干旱重心分布（逐年）

5.7　干旱危险性重心特征

干旱重心的分布偏向与干旱危险性的分布有一定的正相关关系。而本章前几节所研究的干旱重心，指示的是每年的干旱空间格局特征。对于不同时段的总体干旱状况，需要通过干旱危险性指数来描述。因此，本节利用区域重心模型，计算不同时间尺度上的干旱危险性重心，根据不同时段的干旱危险性重心移动轨迹来分析干旱的总体变化情况。

5.7.1　干旱危险性重心分布

根据区域重心的计算公式，研究区 1470 ～ 2000 年干旱危险性重心的空间位置如图 5.16 所示。其中，红色点为研究区的几何中心，绿色点为干旱危险性重心。由于重心点离几何中心的距离较短，所以图 5.19 中并未显示出整个研究区的范围，而是通过二级流域边界定位。

根据图 5.16 中显示及计算所得，研究区的几何中心位于汉江流域南部，坐标为东经 111°7′18″，北纬 32°18′24″；而 1470 ～ 2000 年的干旱危险性重心位于汉江流域北部，坐标为东经 111°17′34″，北纬 33°8′3″。重心在几何中心北方略偏东的位置，相距 94.587 km。说明 1470 ～ 2000 年研究区的干旱危险性分布是北重南轻，但是这种不均衡分布程度并不是很大。

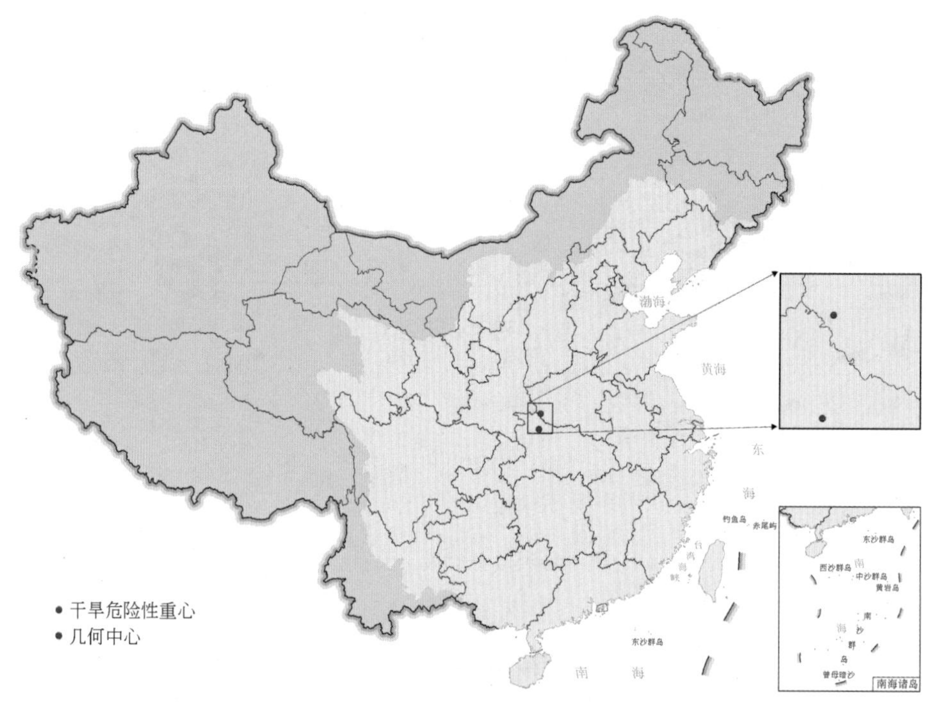

图 5.16　研究区 1470 ～ 2000 年干旱危险性重心

5.7.2　100a 尺度干旱危险性重心分布

图 5.17 所示为 100a 尺度上研究区的干旱危险性重心及移动轨迹。各时段重心的经纬度坐标、到几何中心的距离以及相邻时段重心的移动距离见表 5.6。

表 5.6　研究区 100a 尺度干旱危险性重心相关统计量

序号	时段	经度	纬度	距几何中心 /km	移动距离 /km
1	1470 ～ 1569 年	E 111°9′37″	N 33°25′5″	125.317	
2	1570 ～ 1669 年	E 111°41′35″	N 33°12′9″	113.896	54.522
3	1670 ～ 1769 年	E 111°27′48″	N 33°24′45″	128.560	31.673
4	1770 ～ 1869 年	E 111°5′16″	N 33°4′12″	86.079	51.747
5	1870 ～ 1969 年	E 111°3′45″	N 32°50′24″	60.347	26.026

从图中可以看出，研究区 5 个时段的干旱危险性重心均位于汉江流域的北部和

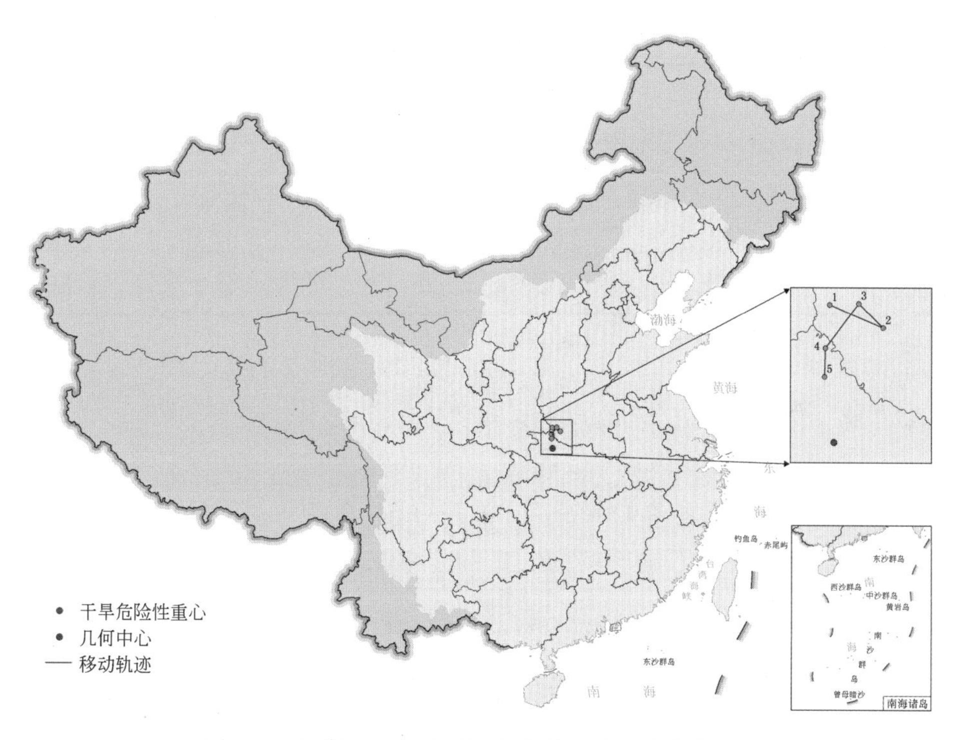

图 5.17　研究区 100a 尺度干旱危险性重心及移动轨迹

中部。其中第 1、4 和 5 个 100a 的危险性重心几乎就在研究区几何中心的正北方向，第 2 和 3 个 100a 的危险性重心在几何中心的北偏东方向。第 3 个时段的重心距离几何中心最远，有 128.560 km；而第 5 个时段的重心最近，只有 60.347 km。总体来说，研究区 5 个时段的干旱危险性分布都是北重南轻的，但是不均衡分布程度也都不是很大。根据移动轨迹可以发现，除了第 2 个时段至第 3 个时段重心是向北移动的以外，其他时期的重心移动方向都是朝南的。因此，干旱危险性重心在总体上是逐步往南移动的，并且离几何中心越来越近。这说明研究区的干旱状况虽然一直都是北重南轻，但是这种不均衡分布的程度在逐渐减轻。即随着时间的推移，研究区南部与北部的干旱差距越来越小；而造成这种现象的原因极大可能性是因为南部的干旱越来越严重。

5.7.3　50a 尺度干旱危险性重心分布

图 5.18 所示为 50a 尺度上研究区的干旱危险性重心及移动轨迹。各时段重心的经纬度坐标、到几何中心的距离以及相邻时段重心的移动距离见表 5.7。

表 5.7　研究区 50a 尺度干旱危险性重心相关统计量

序号	时段	经度	纬度	距几何中心 /km	移动距离 /km
1	1470 ～ 1519 年	E110°32′29″	N33°25′38″	137.148	
2	1520 ～ 1569 年	E111°53′40″	N33°24′11″	142.598	123.779
3	1570 ～ 1619 年	E112°6′29″	N33°30′37″	163.240	22.983
4	1620 ～ 1669 年	E111°20′6″	N32°56′3″	73.387	96.158
5	1670 ～ 1719 年	E111°33′3″	N33°0′42″	88.781	21.709
6	1720 ～ 1769 年	E111°21′52″	N33°51′37″	176.572	97.221
7	1770 ～ 1819 年	E111°5′57″	N33°21′36″	118.743	61.409
8	1820 ～ 1869 年	E111°4′35″	N32°46′42″	53.309	65.614
9	1870 ～ 1919 年	E111°3′26″	N32°53′13″	65.652	12.364
10	1920 ～ 1969 年	E111°3′59″	N32°48′26″	56.625	9.027

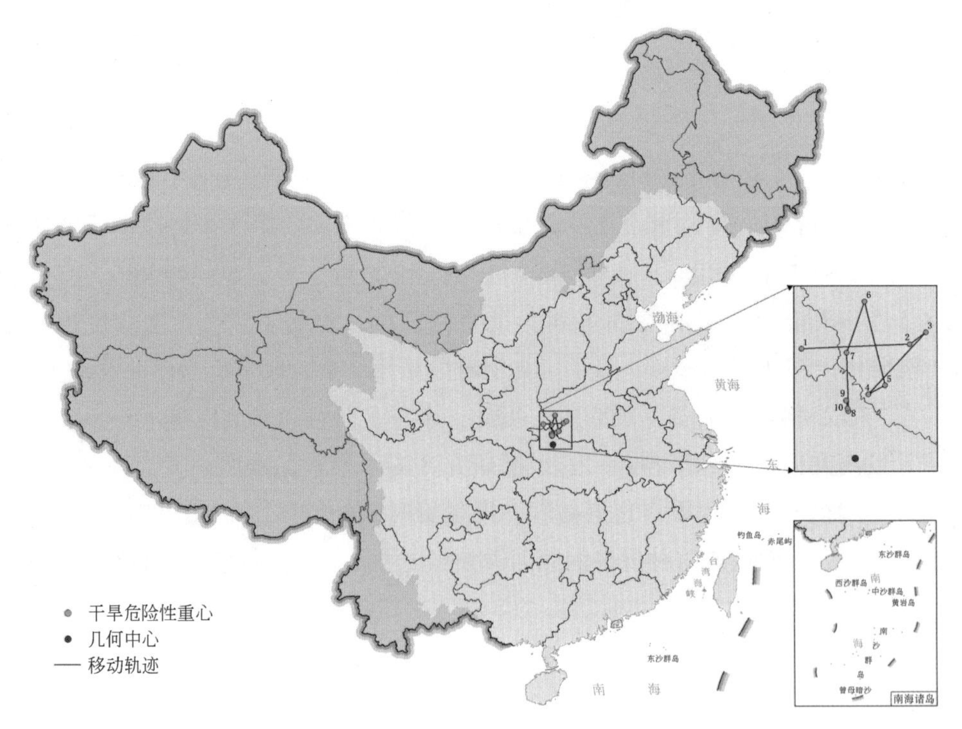

图 5.18　研究区 50a 尺度干旱危险性重心及移动轨迹

从图 5.18 中可以看出，研究区 10 个时段的干旱危险性重心几乎都位于汉江流域的北部和中部，只有第 6 个时段的重心位于黄河流域。其中第 1 个 100a 的危险性重心在研究区几何中心的北偏西方向，第 2、3、4 和 5 个 100 年的危险性重心在几何中心的北偏东方向，第 6、7、8、9 和 10 个 100a 的危险性重心几乎就在研究区几何中心的正北方向。第 6 个时段的重心距离几何中心最远，有 176.572 km；而第 8 个时段的重心最近，只有 53.309 km。总体上来说研究区 10 个时段的干旱危险性分布都是北重南轻的，其中有 1 个时段西重东轻，4 个时段东重西轻。根据移动轨迹可以发现，第 1 至第 2 个时段时重心大跨度的从西向东移动；在第 3 至第 4 个时段时又往西南方向有较大距离的移动；第 5 至第 6 个时段时重心往北移动了很长一段距离，重心一度进入黄河流域范围；之后的重心基本上一直在朝南移动；其中第 8、9 和 10 个时段的重心在南北方向上有小幅度的折返，但均相距不远。总结来看，在历史上较长一段时间内，研究区的干旱状况曾有东重西轻的分布特征；在第 6 个时段（1720 ～ 1769 年）干旱状况的南北不均衡程度达到最大，之后这种差距逐步缩小。

第6章　近500a我国干旱灾害时空演化

干旱灾害的时空演化，是干旱灾害在时间维度和空间维度上演变特征的双重反映。分析历史时期干旱灾害的发生阶段以及干旱灾害的演变规律，对于推测干旱灾害未来的发展趋势具有重要意义。

6.1　分析方法

对历史干旱灾害的时空演变规律的研究，主要将干旱格网数据集转换为干旱事件数据集，其中涉及的分析方法主要有时空立方体和时空扫描统计。应用时空扫描统计方法，结合时空立方体可视化，从而得到历史干旱灾害时空聚类的结果，在此基础上来研究干旱灾害时空聚类及其不同阶段的特征，进而分析历史干旱高发区的演变规律。

6.1.1　时空立方体

时空数据的表达需要一个能同时展现时间维和空间维的模型。20世纪60年代后期，由瑞典地理学家Hägerstrand（2010）及其领导的隆德学派提出并发展了时间地理学的相关理论和方法。时间地理学最初的出现主要是为了研究时空间过程中人类行为与客观环境之间的关系（柴彦威和赵莹，2009）。在此过程中Hägerstrand最早提出了时空立方体模型。时空立方体是一个将事件同时显示在空间和时间中的模型，它是由空间二维的几何位置和1个时间维组成的三维立方体。时空立方体描述了二维空间沿着时间维演变的过程。该模型形象直观地应用了时间维的几何属性，简单明了地表达了地理现象的时空特征。

时空立方体的概念刚被提出时，由于制图学还停留在人工操作的方式，因而并没有得到广泛的运用。随着现代计算机技术的不断发展，尤其是GIS为地学可视化提供了良好的支持，时空立方体模型也被越来越多的应用于时空数据的显示和分析（Kraak，2003）。地理现象的总体时空变化模式通常是由时间、空间和属性的变化共同组成，一些地理现象在时空上存在着周期性和趋势性的变化规律。由于时空立方体可以同时展现时间信息和空间信息，因而借助时空立方体有助于挖掘地理现象的变化规律，预测未来可能发生的情况。

6.1.2　时空扫描统计

扫描统计是传染病研究领域常用的聚集性探测方法，Naus（1965）提出时间扫描统计方法，用于识别一维点过程在时间维上的聚集性。后来，Kulldorff 和 Nagarwalla（1995，1997）将其发展为空间扫描统计，可以对二维空间的聚集性进行探测和推断。而时空扫描统计则是在空间扫描统计的基础上，将时间维引入并进一步扩展形成的时空聚集性探测方法（Kulldorff et al.，1998）。Kulldorff 等一直致力于发展时空扫描统计的相关理论和方法，在 2001 年提出了前瞻性时空扫描统计，在 2005 年又进一步提出了时空重排扫描统计方法（Kulldorff et al.，2001，2005）。

时空扫描统计旨在探测一定时空范围内的事件聚集性，与随机分布模式比较是否显著增加，并确定聚集性最可能存在异常的时空事件集合（唐建波等，2013）。时空扫描统计不仅可以判断聚集性是否存在，还能对时空聚集的近似位置进行定位。在最先发展出扫描统计的医学领域，该方法常被用来分析健康事件在时间、空间或时空分布上是否存在聚集倾向或趋势，可用于疾病暴发和潜在公共卫生风险的早期发现和监测（罗珍胄，2010）。现如今，随着不同研究领域技术方法的交叉应用，时空扫描统计也被一些研究者运用于对犯罪、暴力事件、森林健康、野生动物观测、野火点等事件的聚类分析（Coulston and Ritters，2003；Tuia et al.，2008；O'Loughlin et al.，2010；Duffy，2011）。

作为时空扫描统计的发展基础，空间扫描统计分析的是空间点数据。首先在二维空间上定义一个圆形的动态窗口；通过不断地改变动态窗口的半径和圆心位置，得到一系列位于窗口内外的事件数以及在无效假设分布下的期望事件数；比较窗口内和窗口外区域之间事件发生率的差异，利用观测事件数和期望事件数计算不同窗口下的似然比，计算公式如下：

$$L_{ir}=\left(\frac{n_{ir}}{u_{ir}}\right)^{n_{ir}}\left(\frac{N-n_{ir}}{N-u_{ir}}\right)^{N-n_{ir}}$$

式中，r 为动态窗口 i 的半径；n_{ir} 是该窗口内的事件数，即观测事件数；u_{ir} 是该窗口内的期望事件数，N 是观测事件的总数。以该似然比作为统计量，与假设分布下采用 Monte–Carlo 抽样获得的样本进行比较与检验，最后将具有最大似然比的动态窗口确定为聚集区域。时空扫描统计是空间扫描统计由二维空间向三维时空的扩展，使用的数据是具有时空属性的点或区域，时空扫描统计定义的扫描窗口为圆柱形，其圆形底面对应于地理空间，高对应于时间。动态窗口不断地改变底面半径、圆心位置和圆柱高度以探测不同聚集区域及其聚集时间。时空重排是时空扫描统计的一种概率模型，它使用超几何分布来假设随机点过程（Malizia，2013）。

以年作为时间单位，假设 n_{st} 是区域 s 在第 t 年的事件数，N 是在全时间段内观测事件的总数，则存在下式：

$$N=\sum_{s}\sum_{t}n_{st}$$

对于每一个区域和年份，期望事件数 u_{st} 可以被表示为

$$u_{st}=\frac{1}{N}\left(\sum_{s}n_{st}\right)\left(\sum_{t}n_{st}\right)$$

某一圆柱形窗口 A 内的期望事件数 u_A，可以通过计算 A 内所有区域和年份的期望事件数总和来得到：

$$u_A=\sum_{s,t\in A}u_{st}$$

当不存在时空交互作用时，窗口 A 内的观测事件数 n_A 服从超几何分布，其概率函数表达式为

$$\mathrm{p}(n_A)=\frac{\left(\sum_{s\in_{n_A}^{A}}n_{st}\right)\begin{pmatrix}N-\sum_{s\in A}n_{st}\\ \sum_{t\in A}n_{st}-n_A\end{pmatrix}}{\left(\sum_{t\in A}^{N}n_{st}\right)}$$

当 N 远大于$\sum_{s\in_{n_A}^{A}}n_{st}$和$\sum_{t\in A}n_{st}$时，$n_A$ 可以被认为近似服从均值为 u_A 的泊松分布。窗口的似然比可以用泊松广义似然比来计算：

$$\mathrm{GLR}=\left(\frac{n_A}{u_A}\right)^{n_A}\left(\frac{N-n_A}{N-u_A}\right)^{N-n_A}$$

在所有圆柱中，最大的 GLR 是最不可能由随机变异造成的，因此最有可能存在聚集性。最后采用 Monte–Carlo 方法检验显著性，确定异常聚集性窗口并计算相关统计检验值。采用时空扫描统计方法，既可以对以往时间的数据进行回顾性研究，也可以前瞻性地预测事件的发生发展动向。

6.2　干旱灾害时空聚类

时空聚类分析是地理数据挖掘和知识发现中的最前沿的研究热点问题之一，其主要的目的就是根据时空数据的本质特征和智能算法，发现隐藏在时空数据集中有用的聚集模式，对于分析地理实体的演变规律具有重要意义。干旱灾害的时空聚类分析，是研究区内干旱灾害高发区的间接反映，而干旱高发区时空演变的轨迹和前瞻性扫描

统计，是推测未来干旱发展趋势的基础。

6.2.1　干旱事件数据集

为了研究历史干旱灾害的时空演变规律，本书采用时空扫描统计的方法。首先需要整理得到适合该方法分析操作的数据集。建立干旱事件数据集时主要遵从以下几个方面进行。

（1）时空扫描统计处理的是事件点，需要将已有的数据资料转换为干旱事件点数据，即确定某个时间在某个位置是否发生干旱灾害。

（2）时空扫描统计的输入包括事件的位置和时间，但是并不需要干旱灾害的等级信息，只需要知道干旱灾害事件存在与否。

（3）时空扫描统计的过程是遍历进行的，为使整个空间都能得到较为平衡的扫描，应该在研究区内均匀地选取干旱事件点的采样位置。

（4）时空扫描统计算法在执行中，会受到计算机内存和运行时间的制约，要充分考虑到数据量大小产生的影响。

综上所述，整理干旱灾害数据时，采用干旱格网数据集进行转换。由于 100 km 与 10 km 干旱事件格网数据在空间和属性表达上基本一致，同时经过实验对比发现，10 km 干旱事件格网转换产生的数据量过大，所以最终选用了 100 km 干旱事件格网数据集。图 6.1 以 1701 年的干旱事件格网为例说明数据转换的过程，其中图 6.1-（1）为原始的格网数据。首先，利用位于格网中心位置的点作为采样点代表格网，图 6.1-（2）所示即为采样点位置分布。将格网的值赋予该点，格网数据被转换为点数据，得到了在研究区内均匀且等距分布的干旱灾害等级点数据，图 6.1-（3）所示。然后，根据地统计分析的原理和干旱灾害等级的含义，认为干旱等级数据的值大于 0.5 则存在干旱，反之认为没有发生干旱。也就是说，将属性值大于 0.5 的干旱灾害等级点识别为干旱事件点，识别结果如图 6.1-（4）所示。对 1470 ～ 2000 年的数据均采用相同的识别操作，这样就得到了历史干旱事件数据集。干旱事件数据集描述的是 1470 ～ 2000 每年发生干旱的位置点。

通常的干旱灾害研究中，是在二维空间平面上展现干旱的分布。这种方式不利用长时间尺度数据的直接表达，而且时间变化的分析也只能基于人为划分的时段来进行。为了形象地说明干旱事件点的时空分布，以及进一步了解时空扫描统计的操作过程，本节将干旱事件点展现在时空立方体中。图 6.2-（1）以 1701 年为例展示了干旱事件点在时空立方体中的分布，图 6.2-（2）则将 1701 ～ 1710 年的干旱事件点一同显示在了

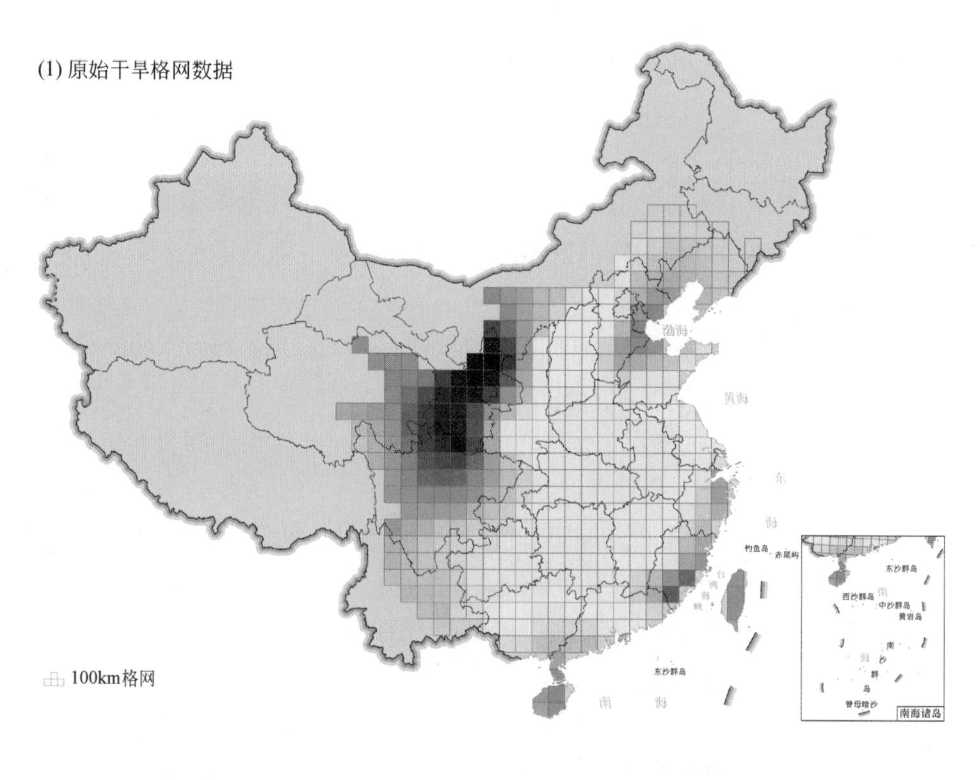
(1) 原始干旱格网数据
100km格网
渤海
黄海
东
海
钓鱼岛
赤尾屿
东沙群岛
南
海
南海诸岛

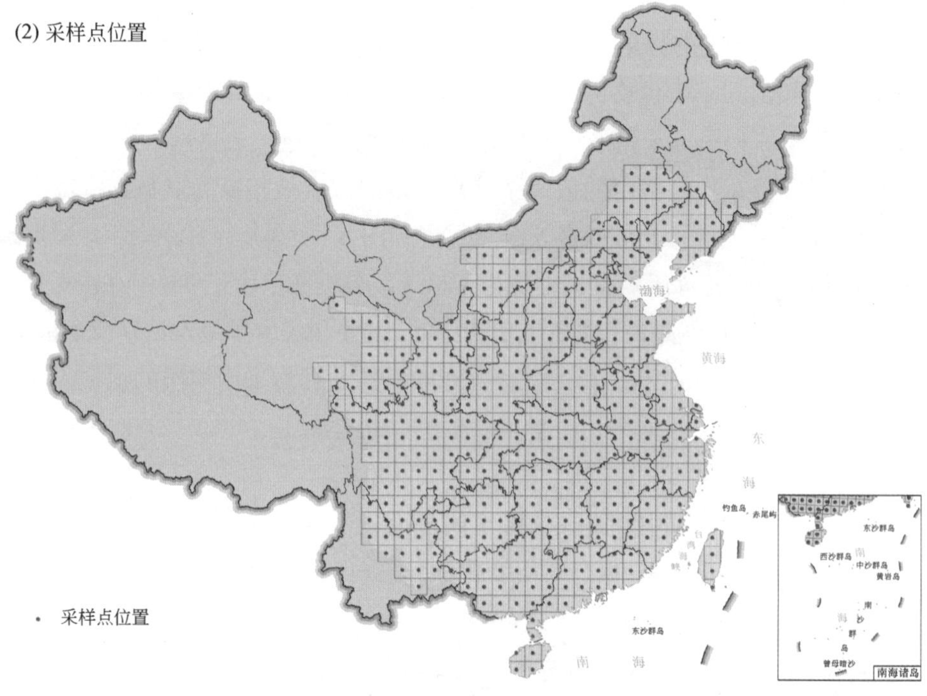
(2) 采样点位置
采样点位置
渤海
黄海
东
海
钓鱼岛
赤尾屿
东沙群岛
南
海
南海诸岛

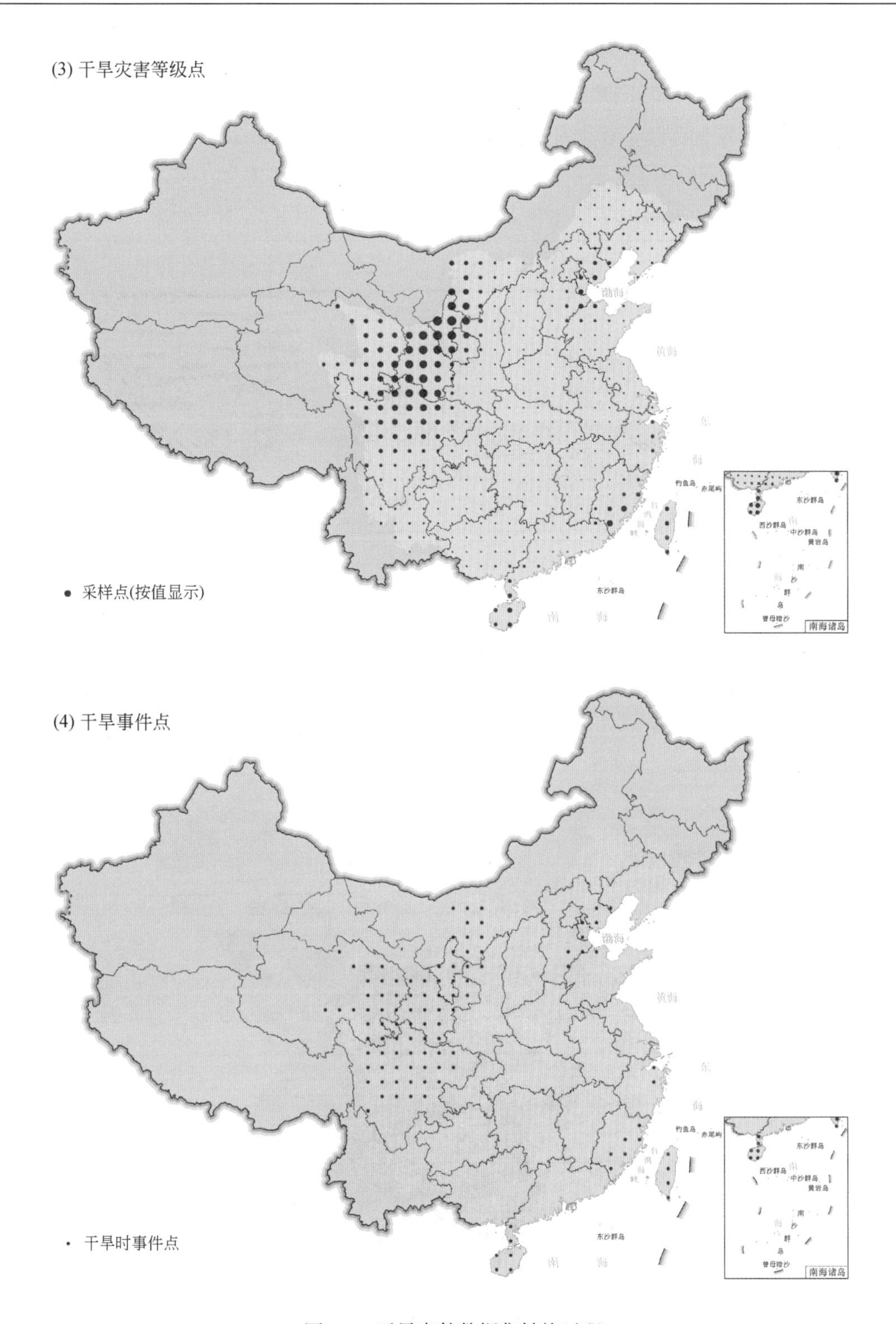

图 6.1　干旱事件数据集转换过程

时空立方体中。其中，X轴和Y轴组成了地理空间维，T轴表示的是时间维，T轴的方向象征着时间的推移，时间离现在越近的数据显示在越上面。时空立方体概念的引入及其可视化的实现，有助于在全局上理解干旱数据的时空特征。时空扫描统计的过程，也就是在时空立方体中定义了一个圆柱形的动态窗口，对立方体中所有的干旱事件点进行扫描和统计，从而得到干旱事件点的时空聚类。

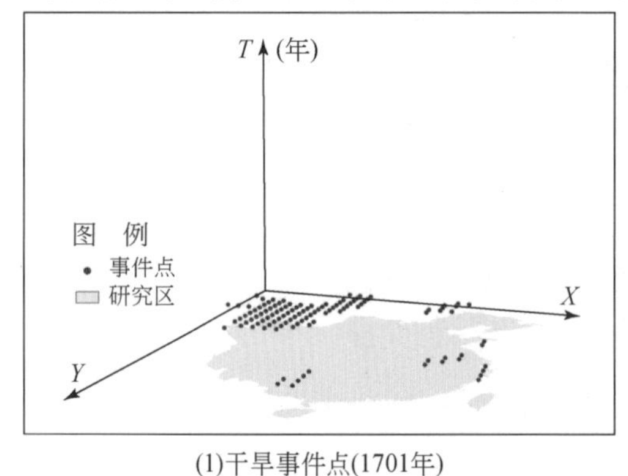

(1)干旱事件点(1701年)

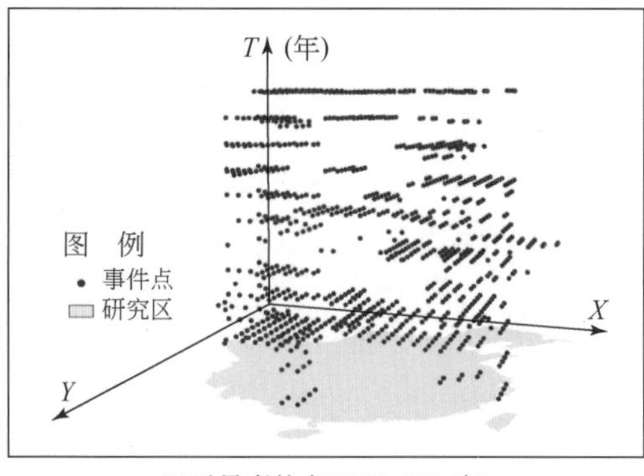

(2)干旱事件点(1701~1710年)

图 6.2　时空立方体中的干旱事件点

由于干旱采样点的位置是固定的，所以可以在每个采样点位置上统计 1470 ～ 2000 年的干旱点总数，统计结果如图 6.3 所示。干旱事件点的统计可以理解为格网代表地区

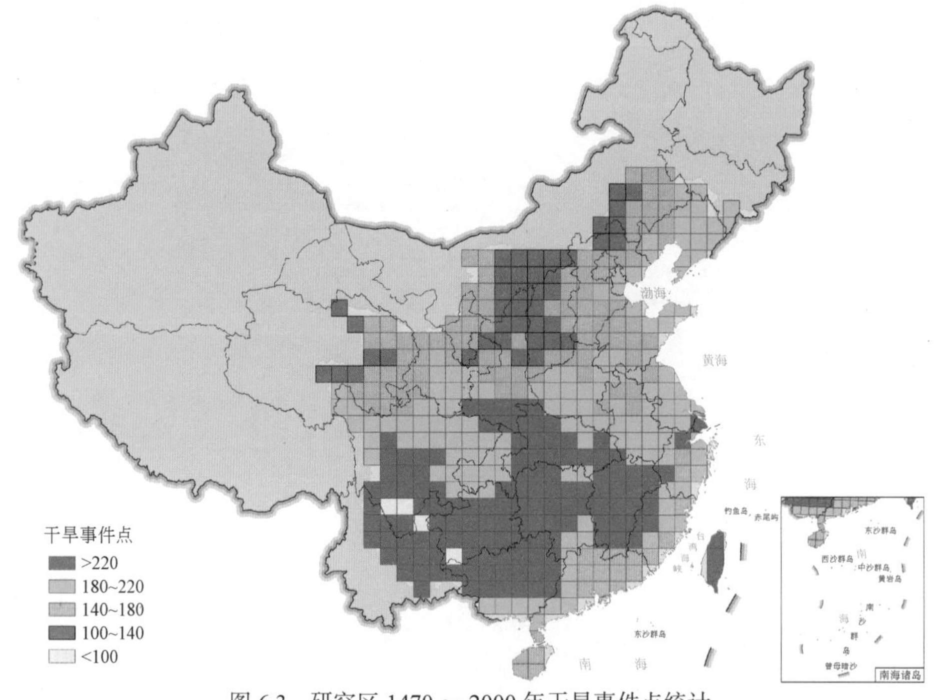

图 6.3　研究区 1470 ～ 2000 年干旱事件点统计

的历史干旱频数统计。根据二维及三维可视化结果能够得出，研究区北部在历史上发生干旱的次数较多，其中黄土高原地区干旱最为频繁，而且干旱频数的分布基本上与图 5.6 的干旱危险性分布一致。

6.2.2　回顾性时空聚类

在以往的干旱灾害时空特征研究中，都是将空间维和时间维分开进行的。这些分析没能将时空作为一个整体来考虑，因此也难以反映干旱灾害在整个时空的演进过程。在大多数情况下，都是人为地划分空间区域和时间段，包括本书第 3 至 5 章中划分时段进行 100a 和 50a 尺度的时空分析。这为时空特征的描述带来了方便，但是可能会造成匀质的时空体被割裂，某些干旱特征无法显现出来。时空扫描统计方法的优势在于，它具有较为严密的统计学基础，可以有效地降低聚类分析的主观性；在探测时空聚类及其显著性时，聚类的空间大小、位置和时间范围都不需要预先设定；无效假设及检验统计量是基于最大似然比的计算而非某些特别的程序；且能适用于多种不同的时空尺度。

时空扫描统计的相关算法和模型已由 Kulldorff（2014）在 SaTScan 软件中得以实现，本书正是使用该软件对干旱事件数据集进行时空聚类分析。依照上节所介绍的转换方法，研究区的干旱事件点一共有 70004 个，每个事件点的经纬度坐标和年份被组织成 SaTScan 软件的输入数据。由于要探测的是干旱灾害的历史时空聚类，因此选择回顾性分析对干旱事件数据进行扫描统计。参数设置时，圆柱形扫描窗口的底面半径默认设为从 0 到研究区外接矩形长边 50% 的范围；蒙特卡罗检验次数默认设为 999；聚类的显著性统计量 *P* 值小于 0.05 时则作为结果被输出。同时，为便于分析时空聚类的演变特征，输出结果设置为不相互包含其他聚类的中心。对于每个时空聚类，输出中包括聚类结果空间区域的地理坐标和半径，时间范围（time frame），观测事件数与期望事件数之比（observed / expected），检验统计量（test statistic）和 *P* 值（*P*-value）。

历史干旱事件集的回顾性时空扫描统计一共探测出 14 个聚类，时空聚类的结果及相关统计量见表 6.1。其中，为了方便进一步地分析，按照起始时间的顺序对聚类进行了编号。观测事件数与期望事件数的比值表示的是聚类的估计风险与整个研究区的估计风险之比。*P* 值是根据检验统计量采用蒙特卡罗法计算得到的。回顾性扫描统计的相关检验统计量均显示出，时空扫描统计的聚类结果达到显著水平，可以认为研究区的干旱在 1470 ～ 2000 年间存在时空聚集性，聚类结果描述的就是具有聚集性的区域和时段。

表 6.1 回顾性时空扫描统计聚类结果及相关统计量

聚类	时间范围	观测事件与期望事件数之比	检验流计量	P 值
1	1470 ～ 1496 年	1.535	96.737	<0.001
2	1481 ～ 1497 年	1.344	79.239	<0.001
3	1500 ～ 1621 年	1.382	95.771	<0.001
4	1550 ～ 1620 年	1.273	91.683	<0.001
5	1642 ～ 1679 年	1.621	77.334	<0.001
6	1642 ～ 1707 年	1.448	128.800	<0.001
7	1643 ～ 1660 年	1.673	75.268	<0.001
8	1661 ～ 1679 年	1.752	114.602	<0.001
9	1692 ～ 1801 年	1.386	132.056	<0.001
10	1700 ～ 1780 年	1.740	94.048	<0.001
11	1729 ～ 1772 年	1.408	65.489	<0.001
12	1803 ～ 1814 年	1.609	53.149	<0.001
13	1881 ～ 1912 年	1.839	110.709	<0.001
14	1934 ～ 1998 年	1.545	145.249	<0.001

6.3 干旱灾害时空演变规律

时空聚类的结果反映的是时空立方体中干旱事件点的聚集性，表示的是历史上干旱灾害高发的空间区域和其对应的时间阶段。因此，在进行时空聚类获取干旱灾害高发区的基础上，不同时间阶段，干旱灾害在空间上聚类的结果的演变情况，是分析干旱灾害时空演变特征的客观反映。干旱灾害时空演变的分析主要包括干旱灾害高发区时空特征的分析以及演变规律的探讨。

6.3.1 干旱灾害高发区时空特征

为了增强对时空聚类结果的直观认识，并为进一步的分析提供可视化支持，将这些时空聚类显示在时空立方体中。由于聚类结果的空间区域很多在范围上超过了研究区的边界，超出的部分在表达的含义上其实是没有实际意义的，因此对聚类结果的空间范围进行了调整。调整后的每个聚类都被显示为一个时空体，图 6.4-1、图 6.4-2 和图 6.4-3 分别从 3 个不同的角度显示了时空立方体中的聚类结果分布。

利用可视化的结果，根据 14 个聚类在时空立方体中的位置及分布特征，可将这些聚类分为 5 个部分，也可以理解为是 5 个历史阶段。在图 6.4 中，用不同系列的颜色对这 5 个历史阶段的时空聚类加以区分。同时，将 14 个聚类的区域范围显示在二维空间地图中，每个聚类相应地使用与图 6.4 中相同的颜色，结果如图 6.5 所示。参照图 6.4 和图 6.5 的可视化结果，对于这 5 个干旱历史阶段的具体描述如下：

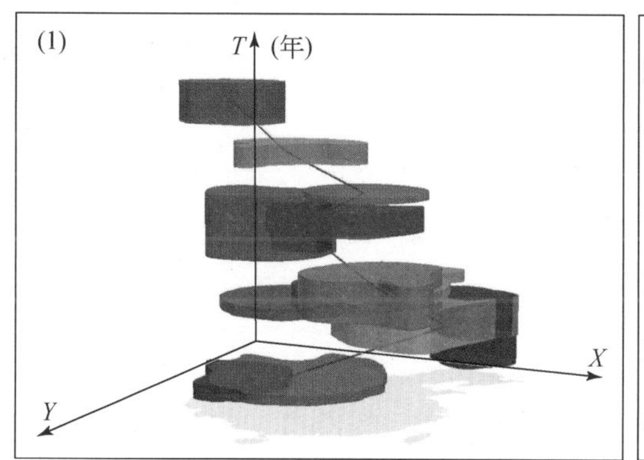

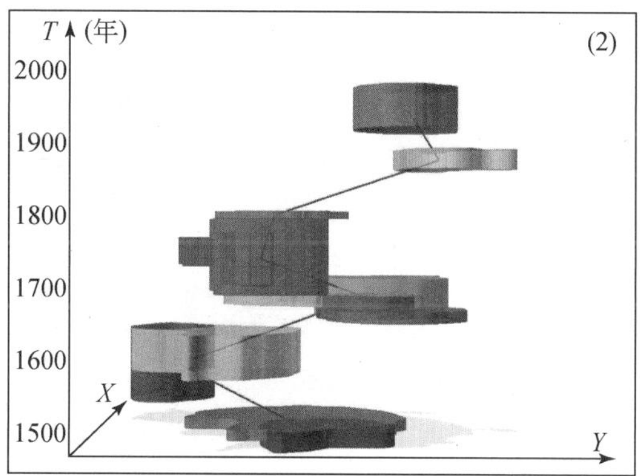

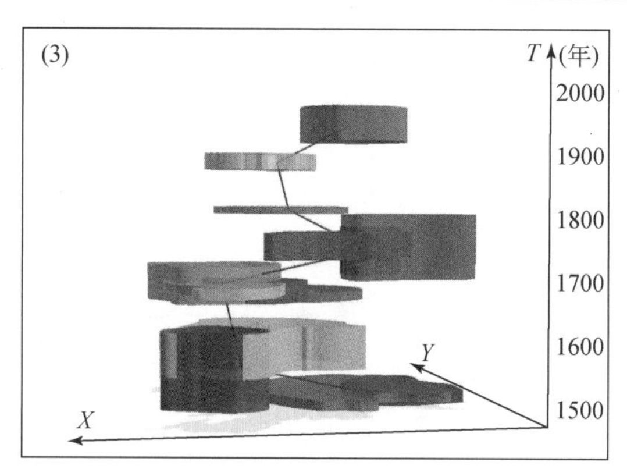

图 6.4　时空立方体中的聚类结果

（1）第 1 阶段，包括聚类 1 和 2，图 6.5-（1）显示为红色系。这一阶段的时间跨度大约为 30a（1470 ～ 1497 年），聚类主要位于研究区的西部。聚类 1 的时间跨度是 27a（1470 ～ 1496 年），空间范围相对较小，包括长江上游（金沙江、岷江上游）和黄河上游小部分地区。聚类 2 的时间跨度较短，为 17a（1481 ～ 1497 年），空间范围很大，不仅包括聚类 1 的范围，还延伸至嘉陵江、汉江流域和黄土高原地区。综合来看，本阶段的干旱高发区主要集中在黄河和长江上游地区。

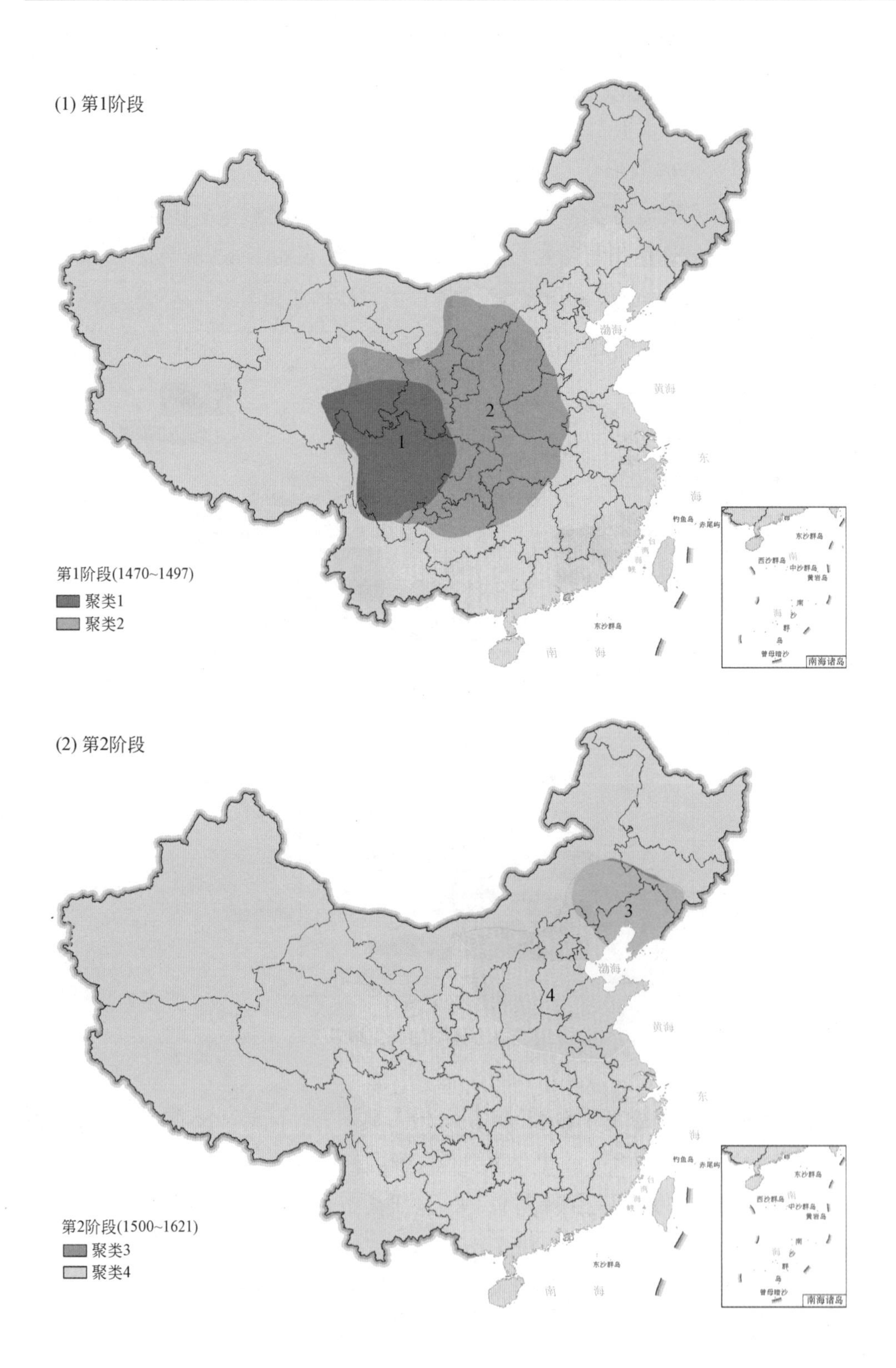
(1) 第1阶段
1
2
渤海
黄海
东
海
南海诸岛
第1阶段(1470~1497)
聚类1
聚类2
(2) 第2阶段
3
4
渤海
黄海
东
海
南海诸岛
第2阶段(1500~1621)
聚类3
聚类4

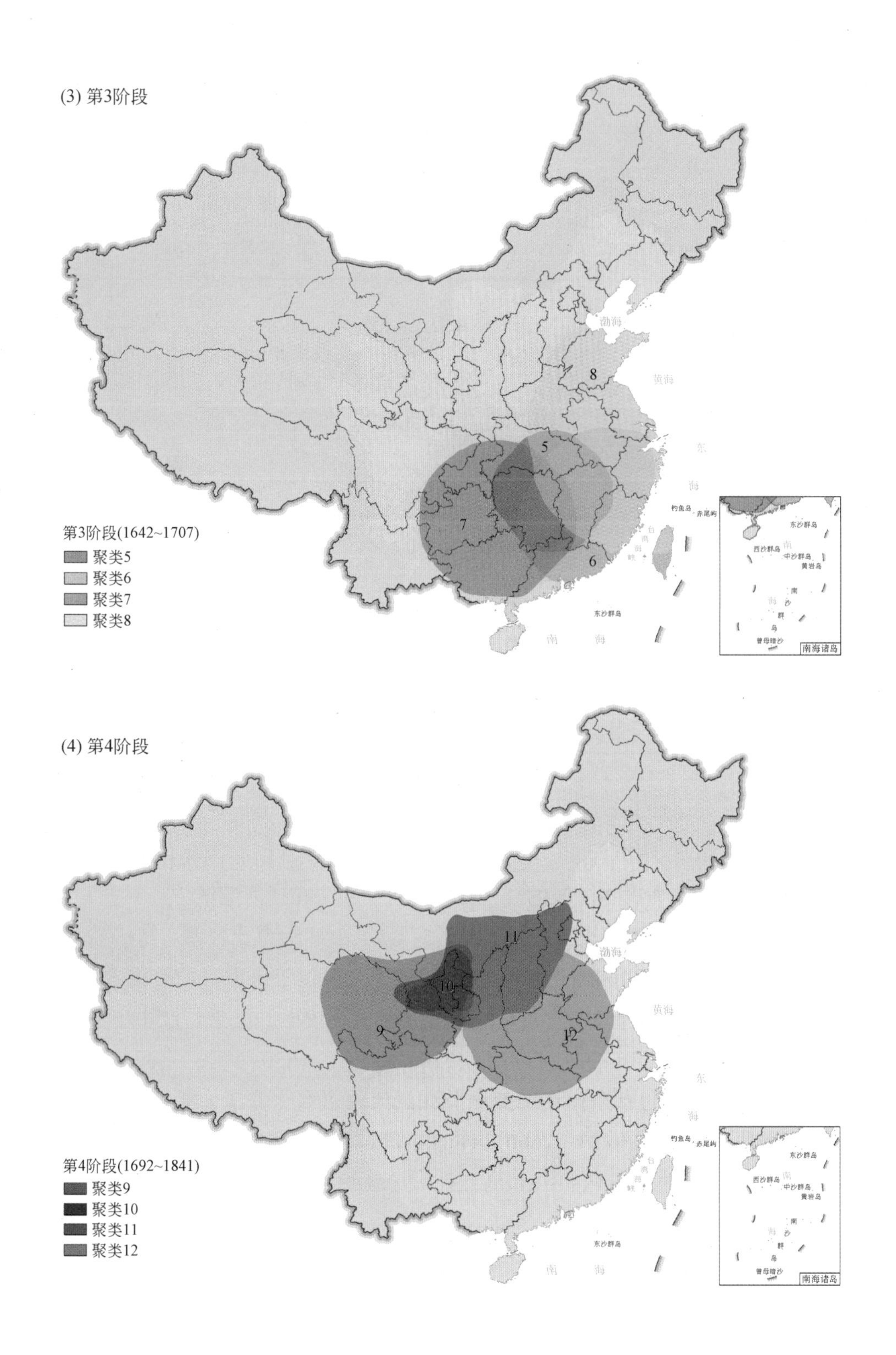
(3) 第3阶段
渤海
黄海
东
海
钓鱼岛
赤尾屿
南
海
东沙群岛
南　海
东沙群岛
西沙群岛
中沙群岛
黄岩岛
曾母暗沙
南海诸岛
第3阶段(1642~1707)
聚类5
聚类6
聚类7
聚类8
(4) 第4阶段
渤海
黄海
东
海
钓鱼岛
赤尾屿
东沙群岛
南　海
第4阶段(1692~1841)
聚类9
聚类10
聚类11
聚类12
南海诸岛

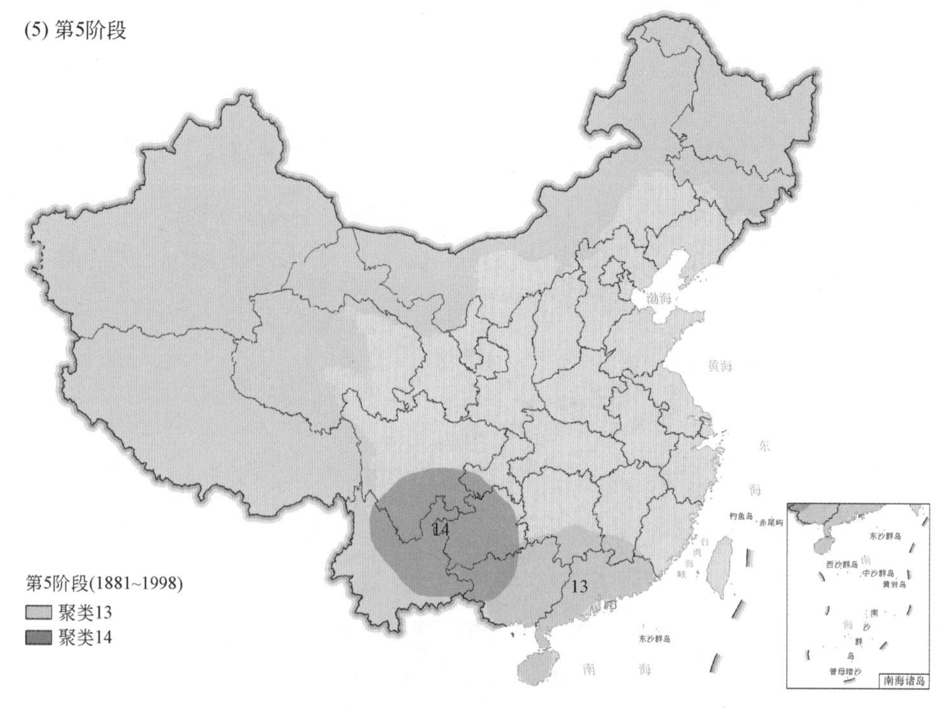

图 6.5　历史干旱阶段及回顾性时空聚类空间范围

（2）第 2 阶段，包括聚类 3 和 4，图 6.5-（2）显示为绿色系。这一阶段的时间跨度大约为 120a（1500 ～ 1621 年），聚类主要位于研究区的东北部。聚类 3 的时间跨度是 122a（1500 ～ 1621 年），空间范围相对较小，基本覆盖辽河流域。聚类 4 的时间跨度为 71a（1550 ～ 1620 年），空间范围不仅包括聚类 3 的范围还包括黄淮海平原的大部分地区。综合来看，本阶段的干旱高发区主要集中在辽河流域。

（3）第 3 阶段，包括聚类 5 ～ 8，图 6.5-（3）中显示为蓝色系。这一阶段的时间跨度大约为 60 ～ 70a（1642 ～ 1707 年），聚类主要位于研究区的东南部。聚类 5 的时间跨度是 66a（1642 ～ 1707 年），空间范围相对较小，位于长江中下游（鄱阳湖、洞庭湖）地区。聚类 6 的时间跨度为 71a（1550 ～ 1620 年），空间范围包括聚类 5 的大部分范围，还包括东南诸河流域及珠江流域东部（韩江）部分地区。聚类 7 的时间跨度较短为 18a（1643 ～ 1660 年），空间范围相对较大，与聚类 5 和 6 的范围有重合，主要包括珠江流域中部和乌江流域、洞庭湖地区。聚类 8 的时间跨度同样较短为 19a（1661 ～ 1679 年），空间范围相对较大，大部分区域与聚类 6 重合，包括长江下游、淮河流域和东南诸河流域大部地区。综合来看，本阶段的干旱高发区主要集中在长江中下游和东南诸河流域。

（4）第 4 阶段，包括聚类 9 ～ 12，图 6.5-（4）中显示为紫色系。这一阶段的时间跨度大约为 120a（1692 ～ 1814 年），聚类主要位于研究区的北部。聚类 9 的时间跨度是 110a（1692 ～ 1801），空间范围相对较大，覆盖青海湖水系及黄河中上游地区。聚类 10 的时间跨度为 81a（1700 ～ 1780 年），空间范围很小，位于河套平原西部，处在聚类 9 的空间范围内。聚类 11 的时间跨度为 44a（1729 ～ 1772 年），空间范围相对较大，包括聚类 10 的范围，以及海河流域大部分地区。聚类 12 的时间跨度较短为 12a（1803 ～ 1814 年），空间范围较大，与聚类 11 的部分重合，包括黄淮海流域南部大部分地区。综合来看，本阶段的干旱高发区主要集中在黄土高原地区。

（5）第 5 阶段，包括聚类 13 和 14，图 6.5-（5）中显示为黄色系。这一阶段的时间跨度大约为 120a（1881 ～ 1998），聚类主要位于研究区的南部和西南部。聚类 13 的时间跨度是 32a（1881 ～ 1912），空间范围较小，位于珠江流域南部。聚类 14 的时间跨度为 65a（1934 ～ 1998），空间范围也较小，包括珠江流域西部和金沙江下游小部分地区。综合来看，本阶段的干旱高发区主要集中在珠江流域。

此外，在第 4 阶段和第 5 阶段之间还大约有 60 ～ 70a 的间隔期。这是因为这段时间内的干旱事件没有时空聚集性；或者也可能是由于研究区内发生了极大范围的干旱。比如，在这段间隔期内的清光绪二至四年（1876 ～ 1878），曾发生过一次极为严重的大范围干旱，当时的受旱范围包括整个黄淮海流域，甚至还延伸至长江下游、上游和西南诸河流域。据史料记载，这次旱灾也是造成历史上死亡人数最多的一次大旱。

6.3.2　干旱灾害高发区演变特征

通过对干旱高发区域及阶段的分析可以看出，5 个历史干旱阶段和 1 个间隔期的时间跨度大约都是 30a、60a 和 120a。此外，第五阶段中的 2 个聚类在空间和时间上重合度都较小，可以认为是两个次一级的阶段，它们的时间跨度也分别是 30a 和 60a 左右。从长时间尺度的角度来看，30a、60a 和 120a 应该是干旱高发区时间演变的周期。

基于历史干旱阶段和时空聚类的发展路径，绘制出了 1470 ～ 2000 年大致的干旱时空演变轨迹，如图 6.6 所示。历史干旱灾害时空演变轨迹在西北—东南与东北—西南方向上均存在往复过程，轨迹整体表现为循环特征，并有总体向南的趋势。这种总体向南的趋势，可以印证第 5 章中干旱危险性重心的移动轨迹，说明研究区的南部干旱状况在逐步加剧。干旱灾害的时空演变轨迹也同样被绘制在图 6.4 的时空立方体中，可以看出其形态是呈螺旋上升的。

图 6.6　干旱灾害高发区演变轨迹

6.4　干旱灾害高发区演变趋势

气象灾害的预测和防灾减灾是一项复杂的系统工程，对干旱灾害演变趋势的分析，其目的是为了对研究区内未来干旱高发区域在空间上进行预测，从而为前期的防旱抗旱工作部署提供决策支持。前瞻性时空聚类分析方法是气象灾害研究中用于预测未来气象灾害高发区域的经典分析方法，被广泛应用在干旱灾害高发的空间范围的预测研究中。

6.4.1　前瞻性时空聚类

时空扫描统计方法不仅可以进行回顾性的聚类探测，还可以进行前瞻性的聚类预测。本书使用 SaTScan 软件，采用相同的概率模型和相关参数设置，对研究区的干旱事件数据集进行前瞻性时空扫描统计分析，以此来预测未来的干旱高发区域。同时，为明确预测所描述的空间区域范围，输出结果设置为聚类间互不重叠。

历史干旱事件集的前瞻性时空扫描统计一共探测出 4 个聚类，聚类结果及相关统计量见表 6.2。前瞻性扫描统计的相关检验统计量显示，其聚类结果均达到了显著性水平。其中，聚类 1 的 P 值相对来说较大，但依然要小于 0.05；其他聚类的 P 值更是远远小于 0.05。因此可以认为，研究区的干旱灾害在未来也会存在时空聚集性。

表 6.2　前瞻性时空扫描统计聚类结果及相关统计量

聚类	时间范围	观测事件与期望事件之比	检验统计量	P 值
1	1913 ~ 2000 年	1.174	11.736	0.014
2	1930 ~ 2000 年	1.518	140.211	<0.001
3	1978 ~ 2000 年	1.624	34.248	<0.001
4	1993 ~ 2000 年	1.778	30.422	<0.001

6.4.2　干旱高发区预测

将前瞻性扫描统计探测出的 4 个聚类的区域范围显示在二维空间地图中，如图 6.7 所示。在前瞻性分析中，聚类的起始时间仅表示从这个时间开始，该区域存在聚集性；空间范围则意味着这个区域在未来仍会存在聚集性特征。因此，图 6.7 中的 4 个区域就是前瞻性时空扫描统计方法对 2000 年以后研究区内干旱高发区的预测结果。

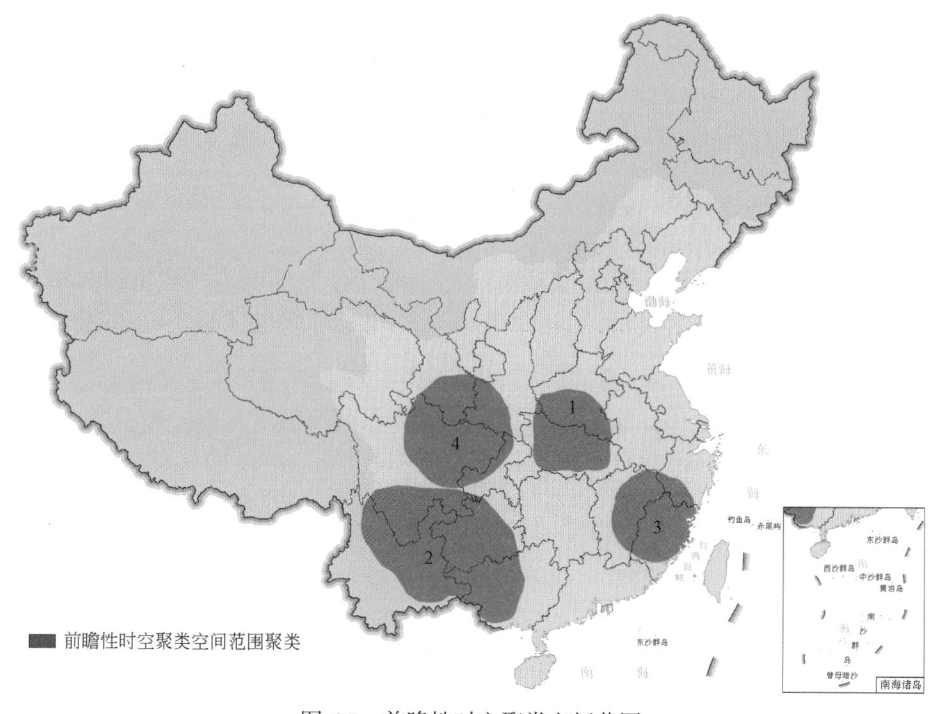

图 6.7　前瞻性时空聚类空间范围

在前瞻性预测中，聚类 2 的检验统计量达到 140.211，是预测中可能性最大的干旱高发区。聚类 2 的空间区域位于研究区的西南部，范围大致为珠江流域西部和金沙江下游地区，处于干旱时间变化特征分区的 E 区内。根据回顾性扫描统计的分析结果，结合 2000 年至今的干旱事实，这一预测结果应该是较为准确的。此外，聚类 1、3 和 4 的空间区域分别所处的汉江、闽江、岷江和嘉陵江流域也是预测出的未来干旱高发区，但是它们的统计检验结果没有聚类 2 的显著性水平高。其中，汉江流域在 2010 ～ 2014 年发生过多次严重干旱，闽江流域在 2003 年发生过大旱，岷江和嘉陵江流域在 2006 ～ 2012 年也发生过多次重大干旱。利用前瞻性时空扫描分析进行预测有一定的可信度。

第 7 章　近 50a 我国干旱灾害时空特征

干旱事件时空特征的研究，主要是基于气象站点的气象数据进行分析，构建完整统一的干旱资料数据集，通过地学分析、多维分析（时间—空间，二维—三维）的模型和方法，基于点数据，对近 50a 来干旱事件在时间上和空间上的分布特征进行分析，为干旱灾害管理和预测预警工作提供决策支持。

7.1　干旱事件特征指标

干旱指标是研究干旱气候的基础，也是衡量干旱程度的关键环节。国内外对干旱已有大量研究，基于干旱研究对象或应用领域的不同，干旱指标可分为 4 类：即气象干旱指标、水文干旱指标、农业干旱指标、社会经济干旱指标。本书所研究的内容归属气象干旱的问题，其中气象干旱指标是指基于气象和气候要素来描述干旱程度的指标。

7.1.1　SPEI 干旱指数

标准化降水蒸散指数（SPEI）是 Vicente-Sernamo 等在标准降水指数（SPI）的基础上引入潜在蒸散构建的，是表征某个时段水平衡概率多少的指标。它可以反映出气温对于干旱的影响，有效的表征干旱事件。前人研究表明水分亏缺量分布一般不是正态分布，而是一种偏态分布，所以在进行降水分析和干旱监测与评估时通常采用特定分布概率来描述水分亏缺的变化。SPEI 就是计算出某个时间段内水分亏缺量的 Log-Logistic 分布概率后，再进行正态标准化处理得到 SPEI 值，最终用相应阈值来划分干旱等级。

SPEI 通过简单的 Thornthwaite 公式来对站点月蒸散量进行模拟，其中使用了站点的坐标数据和月平均温度数据。

$$\mathrm{PET}=16.0\times\left(\frac{10T}{H}\right)^{\mathrm{A}}$$

式中，PET 为可能蒸散量，单位为 mm / 月；T 为月平均气温，单位为 ℃；H 为年热量

指数；A 为常数。其中 H 的计算公式为

$$H=\sum_{i=1}^{12}\left(\frac{T_i}{5}\right)^{1.514}$$

常数 A 的计算公式为

$$A=6.75\times10^{-7}H^3-7.71\times10^{-5}H^2+1.792\times10^{-2}H+0.49$$

然后，计算降水量 P_i 和蒸散 PET_i 的差值 D_i：

$$D_i=P_i-PET_i$$

通过引入三参数化的 Log-Logistic 概率密度函数对差值 D_i 进行拟合：

$$f(x)=\frac{\beta}{\alpha}\left(\frac{x-\gamma}{\alpha}\right)^{\beta-1}\left[1+\left(\frac{x-\gamma}{\alpha}\right)^{\beta}\right]^{-2}$$

式中，α、β、γ 分别为尺度参数、形状参数以及位置参数。水分亏缺序列 D_i 能够很好地服从 Log-Logistic 分布，所以其概率分布函数可以定义为：

$$f(x)=\int_0^x f(t)dt=\left[1+\left(\frac{\alpha}{x-\gamma}\right)\beta\right]^{-1}$$

将其经过标准化正态分布处理后求解可以得到：

$$SPEI=W-\frac{C_0+C_1+C_2W^2}{1+D_0W+D_1W^2+D_2W^3}$$

$$W=\sqrt{-2\ln(P)}$$

式中，$P=1-F(x)$，当 $P>0.5$ 时，公式中 P 变为 $1-P$；其中参数为 $C_0=2.515517$，$C_1=0.802853$，$C_2=0.010328$，$D_0=1.432788$，$D_1=0.189269$，$D_2=0.001308$。

通过对 SPEI 进行等级划分，可以实现对站点的干旱状态的有效识别，具体划分所需要的 SPEI 数值，以及其分别代表的干旱级别、频率如表 7.1 所示。

表 7.1　SPEI 干旱等级分级划分表

等级	类型	SPEI 值	频率 /%
1	极度湿润	2.0 ≤ SPEI	2.2
2	过度湿润	1.5 < SPEI ≤ 2.0	4.4
3	中等湿润	1.0 < SPEI ≤ 1.5	9.2
4	轻度湿润	0.5 < SPEI ≤ 1.0	15.0
5	正常	−0.5 < SPEI < 0.5	38.4
6	轻度干旱	−1.0 < SPEI ≤ −0.5	15.0
7	中等干旱	−1.5 < SPEI ≤ −1.0	9.2
8	重度干旱	−2.0 < SPEI ≤ −1.5	4.4
9	极度干旱	SPEI ≤ −2.0	2.2

依据表 7.1 干旱分级对 2010 年 1 月的干旱状况进行了划分，如图 7.1 所示。中国的西南地区干旱程度十分严重，尤其是在云贵交界地区，达到了极度干旱水平。

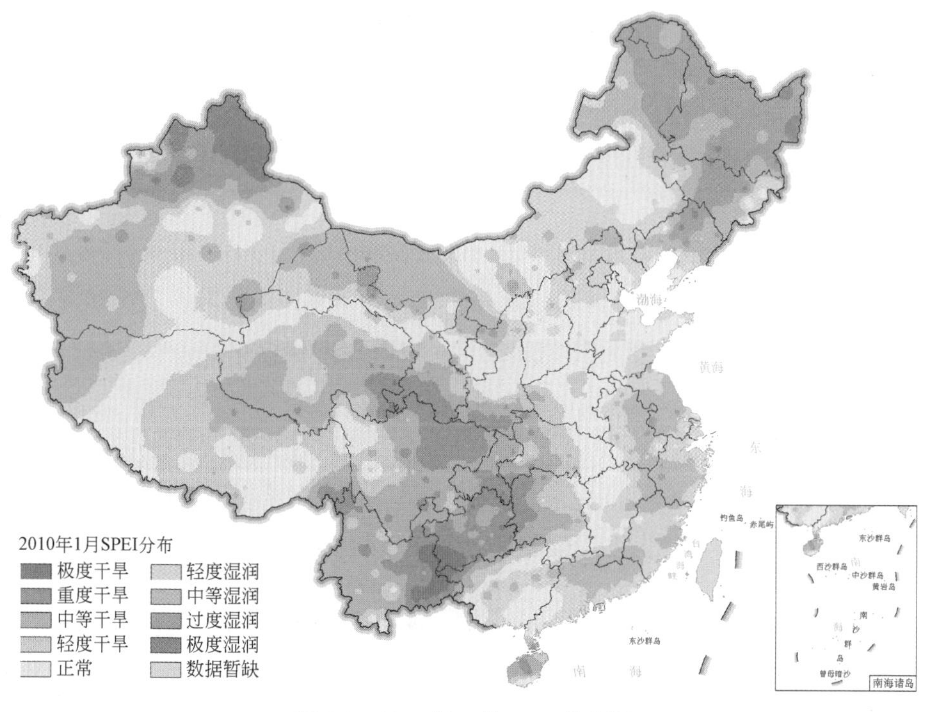

图 7.1　2010 年 1 月 SPEI 分布图

SPEI 指标简单易用，可以实现多尺度表现。而相对 SPI，该指标能够很好地反映气温的因素，表达了地表蒸散变化对干旱的影响。该指标适用于月以上尺度相对当地气候状况的干旱监测与评估。指标计算至少需要 30a 的月数据，为了达到最佳状态，通常需要 60a 以上的月降水量数据和相应长度的月平均气温数据。

7.1.2　干旱事件的特征变量

干旱识别即辨识某个评估对象是否处于干旱状态，是干旱分析的起点和基础。干旱事件识别直接影响干旱特征分析的可靠性。Endt 等（1951）首先将游程理论引入到单站点的干旱事件分析中，并得到了广泛的应用。游程理论通过给定特定的干旱截断水平，可以实现基于序列数据的干旱事件识别，同时提取出干旱特征变量。干旱截断阈值随干旱指数以及对于干旱程度定义的不同而不同。为了增强干旱事件的可分析性，可以从干旱历时、干旱烈度及干旱峰值等多个干旱特征指标对干旱事件进行刻画。

Zelenhasic 和 Salvai（1987）提出利用游程理论对水文干旱过程进行识别，同时提取出了干旱历时、干旱烈度等多种干旱参数。Mckee 等（1993）指出干旱事件应被定义为一段时间内 SPI 始终为负值，并且存在接近或者低于 –1 的情况，给定了游程理论的截断水平。翟家齐等（2015）对中国海河北系干旱特征进行了识别，提取了干旱过程的历时、烈度和峰度，并以此为基础进行了干旱的评估工作。曹永强等（2012）利用 CI 指数通过阈值法对中国辽宁省干旱特征进行了提取，并且对干旱特征分季节进行了研究。

当变量在一个或者多个时间单位内低于给定的阈值，出现了负游程，即发生了干旱。从图 7.2 可以看出，利用游程理论可以迅速提取出干旱事件的历时、烈度和峰值。此时干旱历时、烈度和峰值分别可以用负游程长、负游程面积以及负游程中最大负游程值来表达。

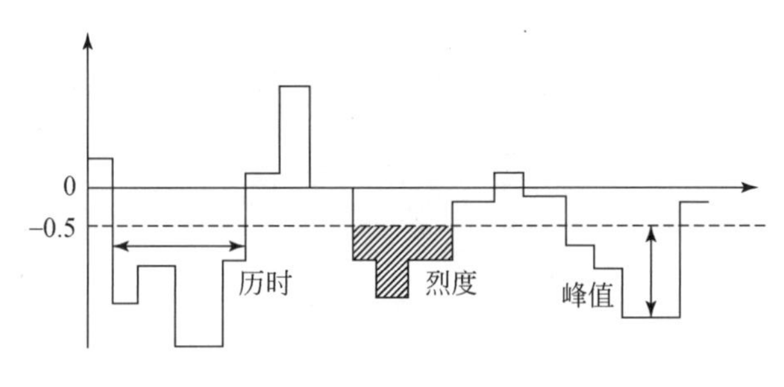

图 7.2　游程理论

（1）历时：一次干旱事件的总持续时间。即干旱事件起始月份和结束月份之间的一段时间。

（2）烈度：一次干旱事件中所有月份 SPEI 值的累计和。

（3）峰值：一次干旱事件中所有月份 SPEI 值的最小值。

由于干旱事件的烈度和峰值均为负值，在重现期研究中为了便于处理和分析，使用烈度和峰值的绝对值进行相应的研究。

基于游程理论识别了中国 810 个气象站点 1961 ～ 2013 年间的气象干旱事件。对所有干旱事件的特征变量（历时、烈度和峰值）都进行了相应的记录，共识别出了 64448 条干旱记录。其中历时大于等于 3 个月的事件有 25421 条记录；烈度小于等于 –3 的事件有 21612 条记录；峰值小于等于 –1.5 的有 17564 条记录。平均上来说，每个站点在 1961 ～ 2013 年间发生 80 次干旱，平均历时为 2.6 个月，平均烈度为 –2.8，平均峰值为 –1.22。需要指出的是该干旱事件的提取是基于单站点的。并且如果采用其他的干旱指数、不同时间尺度的 SPEI 指数或者不同的 SPEI 截断阈值，均会得到不同的提取结果。

Kendall’s tau 置信指数被用来监测提取出的干旱特征参数是否在时间上独立。经过监测，历时、烈度和峰值的平均 Kendall 值分别为 0.058，–0.065，–0.076。经统计发现，历时、烈度和峰值的绝对 Kendall 值小于 0.2 的站点数目分别为 740、745 和 733 个。因此可以看出，所有变量历时、烈度、峰值均可以看作是时间上独立的。

峰值达到 –1 的事件数目占到了所有干旱事件的 60% 左右。相应的干旱历时大概是 3 个月，干旱烈度大概是 –3。当一次干旱事件的峰值小于 –2 的时候，该干旱事件被认为是严重干旱事件。这占到了所有干旱事件的 5% 左右。相应的干旱历时大约是 6 个月，干旱烈度大概是 –9。在后续的研究中认为特征序列（历时≥ 3，烈度≤ –3，峰值≤ –1）为中等干旱特征序列，特征序列（历时≥ 6，烈度≤ –9，峰值≤ –2）为极端干旱特征序列。

7.2　干旱事件的统计特征

在干旱灾害的研究中，干旱又分为干旱和严重干旱。通过对 SPEI 指数的分析，当 SPEI 小于 –0.5 时，定义发生了干旱事件；当峰值小于 –1.5 时，定义干旱事件为严重干旱事件。

7.2.1　干旱事件的分布特征

根据对干旱事件和严重干旱事件的界定，分别对 1961 ～ 2013 年间此两种程度的干旱数目进行统计，绘制了中国各站点的干旱事件发生数目和严重干旱事件发生次数的空间分布图，如图 7.3、图 7.4 所示。

从图 7.3 中可以看出，中国干旱次数在空间上存在着显著的差异性。对于总的干旱事件发生次数，在东北地区、陕西、陕西地区较高，在 1961 年以后发生了 86 次以上的干旱事件；而在西北地区和中国南部地区的次数较少。此外在一些小区域，如上海周边、福建沿海地区以及湖南贵州交界处，干旱事件发生次数也高于周边区域。从图 7.4 中可以看出，严重干旱在东北地区、长江流域、广东沿海地区多发。此外在陕西南部、山西南部，以及淮河下游地区严重干旱事件也有一定程度的聚集。严重干旱事件发生次数在西北地区、青藏高原、西南地区、华北地区以及华南部分区域的次数较少。由此可见，不同区域不同干旱等级的分布特征具有较大的差别。从整体上来看，中国北方干旱多发，但多为轻度干旱；南方干旱较少，但严重干旱事件较多。

图 7.3　中国各站点干旱次数（1961 ～ 2013 年）

图 7.4　中国各站点严重干旱次数（1961 ～ 2013 年）

7.2.2　严重干旱事件分布特征

为了解释严重干旱事件在中国的时间分布，整个研究时间段被分为了 6 个部分：1961 ～ 1969 年，1970 ～ 1979 年，1980 ～ 1989 年，1990 ～ 1999 年，2000 ～ 2009 年与 2010 ～ 2013 年。需要注意的是 1961 ～ 1969 年只包含 9a，2010 ～ 2013 年只包含 4 年。在其他的时间阶段，则均为 10a。严重干旱事件频率被定义为一个站点在各个阶段的严重干旱事件数目除以每个阶段的年份数目。这将有利于对各年代间的结果进行对比，从而寻找出高频率年代，以及每个年代的高发区域。结果如图 7.5 ～图 7.10 所示。

由图 7.5 ～图 7.10 可以看出，在 6 个子时段的严重干旱事件频率有很大的差异。在 20 世纪 60 年代，严重干旱主要发生在长江中下游流域，尤其是在安徽南部区域，多个站点高达 0.8 次 / a。此外在中国的东南部、新疆北部以及青海三江源地区均呈现出较高的频率。在 20 世纪 70 年代，全国严重干旱发生的频率较低。在辽宁东南部、湖南大部、江西西部和湖北南部等地区，严重干旱事件频率较高，达到了 0.4 ～ 0.6 次 / a；而在其余中国大部分区域，仅有 0.2 次 / a。在 20 世纪 80 年代，高严重干旱频率主要集中在河北北部、西南地区以及山东区域。在 20 世纪 90 年代，高频区域主要为东北、

图 7.5　中国分年代严重干旱频率——1960s

图 7.6　中国分年代严重干旱频率——1970s

图 7.7　中国分年代严重干旱频率——1980s

图 7.8　中国分年代严重干旱频——1990s

图 7.9　中国分年代严重干旱频率——2000s

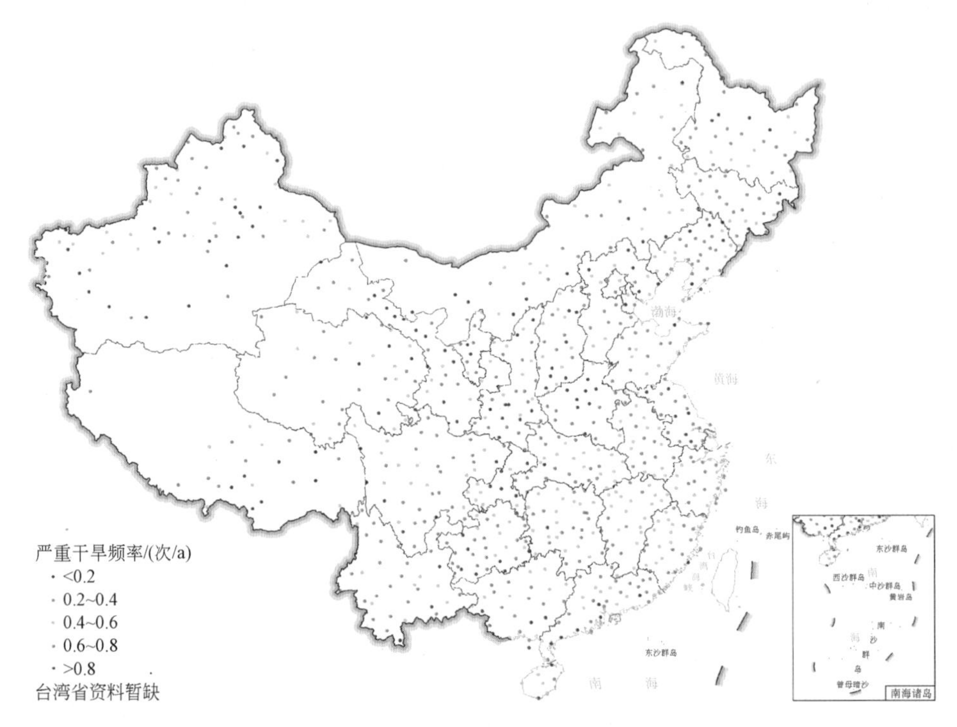

图 7.10　中国分年代严重干旱频率——2010s

广东沿海、陕西南部、湖北西部等地区。上海至云南省一线、西北地区以及青藏高原地区普遍频率较低。2000 ～ 2010 年，全国严重干旱频率均有着大幅度的提升，尤其是在东北地区。在 2010 ～ 2020 年，西南地区和华北地区干旱明显增高。此外在新疆南部，以及江苏沿海区域也极高。

大量研究表明，在 1976 ～ 1977 年的冬天，北太平洋存在着一个气候模式的转变（Graham et al.，1994；Miller et al.，1994；Ebbesmeyer，1991）。中国严重干旱频率也有着相应的变化。在 20 世纪 70 年代，全国站点的平均频率为 0.3 次 / a，达到了最低，而后快速的增长到了 2000 ～ 2010 年的 0.57 次 / a。对于不同区域的变化情况也不尽相同。受到东南季风影响的区域在 20 世纪 70 年代和 80 年代达到了最低，而后快速增加。西北地区和青藏高原地区由于不受到东亚夏季季风的影响，所以表现出的变化情况不同于受季风影响区域的情况。

7.3　干旱事件单变量的重现期

7.3.1　分 析 方 法

历时、烈度和峰值等干旱事件特征变量在统计学上就是一系列随机变量，可以通过一定的函数形式进行表达。通过适当的函数形式对干旱特征变量的分布进行研究，可以很好地从随机变量的角度对干旱特征进行刻画。

1. 边缘分布拟合

本书选取了正态分布、指数分布、Weibull 分布、Gamma 分布、广义 Pareto 分布和广义极值分布 6 种常用函数形式对干旱 3 个特征变量进行了边缘分布拟合。拟合的方法采用了最大似然估计法（maximum likelihood estimate，MLE）。具体 6 种边缘分布名称及其相应的累计概率分布函数形式见表 7.2。

表 7.2　六种常用边缘分布函数

边缘分布函数名称	累计概率分布函数
正态分布	$F(x)=\frac{1}{\sqrt{2\pi}}\int_{-\infty}^{x}\exp\left(-\frac{(x-\beta)^2}{2a^2}\right)\mathrm{d}x$
指数分布	$F(x)=1-\exp\left(-\frac{x-\beta}{a}\right)$
Weibull 分布	$F(x)=1-\exp\left[-\left(\frac{x}{a}\right)^{\beta}\right]$
Gamma 分布	$F(x)=\int_{0}^{x}\frac{x^{a-1}}{\beta^a\Gamma(a)}\exp\left(-\frac{x}{\beta}\right)\mathrm{d}x$
广义 Pareto 分布	$F(x)=1-\left[1-\lambda\frac{a(x-\beta)}{a}\right]^{\frac{1}{a}}$
广义极值分布	$F(x)=\exp\left\{-\left[1-\lambda\left(\frac{x-\beta}{a}\right)\right]^{\frac{1}{\lambda}}\right\}$

通过边缘分布函数可以计算出干旱变量的理论频率。而真实数据的经验频率可以通过“采用以下数学期望公式计算经验频率”具体的公式：

$$H(x)=P(X\leqslant x_m)=\frac{m-0.44}{n+0.12}$$

式中，P 为 $X\leqslant x_m$ 的经验概率，m 为 x_m 的序号；n 为样本的容量。

拟合精度在统计模型选择中应用广泛。目前存在着多种的拟合精度来进行精度评价，如 R 方、调整 R 方、MSE、RMSE、AIC 和 BIC 等。通常来说，对于 R 方和调整 R 方，拟合结果数值越高，拟合模型效果越好；对于 MSE、RMSE、AIC 和 BIC 来说，拟合结果数值越低，拟合模型效果越好。

本书中，为了选择出对于所有干旱特征变量最佳的边缘分布函数，采用 Akaikc Information Criterion（AIC）用来测试拟合结果（Akaike，1974）。AIC 亦被用来对 Copula 函数的拟合结果进行测试。AIC 综合考虑了模型的拟合效果，并且能够避免由于模型参数数目不同导致的评价不稳定。AIC 鼓励提高拟合的精度，但是同时也避免数据的过度拟合，尤其适合参数变量不同的拟合函数之间拟合效果的比较。AIC 数值结果通常为负数。当 AIC 数值越小的时候，拟合的结果越好。AIC 的计算公式如下所示：

$$AIC=2k+n\ln(MSE)$$

式中，k 是拟合函数的参数数目，n 是变量的数目，MSE 是均方差。

2. 单变量重现期计算

一个事件的重现期 T 表示在通常情况下平均每 M 次事件中将会发生 1 次相应程度事件的平均间隔时间。其计算公式可以表达如下：

$$M=\frac{1}{P(X>X_T)}=\frac{1}{1-P(X\leqslant X_T)}=\frac{1}{1-F(X_T)}$$

式中，M 为发生一次相应程度的事件需要的事件次数。若平均情况下，N 年内发生 n 次干旱，则发生 $X>x$ 条件下干旱所需要的平均年数为

$$T=\frac{N}{n}\times M=\frac{N}{n}\times\frac{1}{1-F(x)}$$

7.3.2 干旱事件变量统计特征

为了更好地进行干旱单变量边缘分布拟合的工作，利用所有站点的干旱特征变量绘制了干旱特征变量的箱图，如图 7.11 所示。箱图是利用数据中的 5 个特征值（最小值、第一四分卫点、中值、第三四分卫点和最大值）来描述数据的图形。箱图可以直观的识别数据异常值，粗略地给出观察数据的分散程度，提供数据分布偏态和尾重程度的粗略估计。

从图 7.11 中可以看出历时、烈度和峰值的都存在大量的异常值，并且都分布在高值区域。3 个干旱特征变量都显示出很强的右偏态和厚尾特征。因此，必须选取合适的边缘分布来对此种数据进行拟合，尤其是要很好地表现出此种厚尾特征，从而更好地刻画极端干旱事件的统计特征。

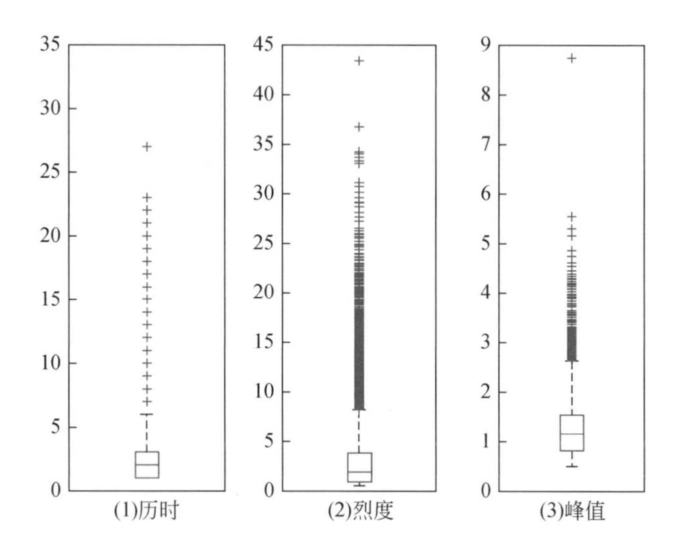

图 7.11　干旱特征变量的箱图

7.3.3　干旱事件单变量边缘分布函数最佳拟合

利用表 7.2 中提到的 6 种边缘分布函数对干旱历时、烈度和峰值分别进行了拟合。需要注意的是，离散的干旱历时是当作连续变量进行边缘分布拟合的。所有边缘分布函数的参数都是利用最大似然估计得出的。

以北京站点的数据为例进行分析，针对北京站点的 SPEI 序列，共识别出了 85 次干旱事件。然后针对北京站点的历时、烈度和峰值的边缘分布拟合效果分别制作了图 7.12 ～图 7.14。每幅图中上侧 6 幅图为观测值与理论频率比较图，黑色的点为真实的数据分布情况，红色的线为相应的边缘分布拟合函数的拟合结果。最佳的拟合效果应该为边缘分布拟合函数经过所有的真实数据点位。线距离点位越远代表拟合效果越差。下侧 6 幅图为经验频率与理论频率的对比，其中黑色的线为对角线，红色的点为理论概率—经验概率的点位。最佳的拟合效果应该是红色的点位完全分布在对角线上。红色点位距离对角线越远，拟合效果越差。

不同边缘分布函数对于相同的特征变量的表达能力有较大的差异，并且在图中可以直观地对边缘分布函数在不同数据区域的拟合程度进行观察。从图 7.12 可知，仅指数分布对北京站干旱历时的拟合效果整体较好。从图 7.13 可知，除正态分布外，其他的边缘分布拟合函数对于北京站干旱烈度的拟合效果均可。从图 7.14 可知，正态分布、广义 Pareto 分布和广义极值分布对于北京站干旱峰值的拟合效果较好。

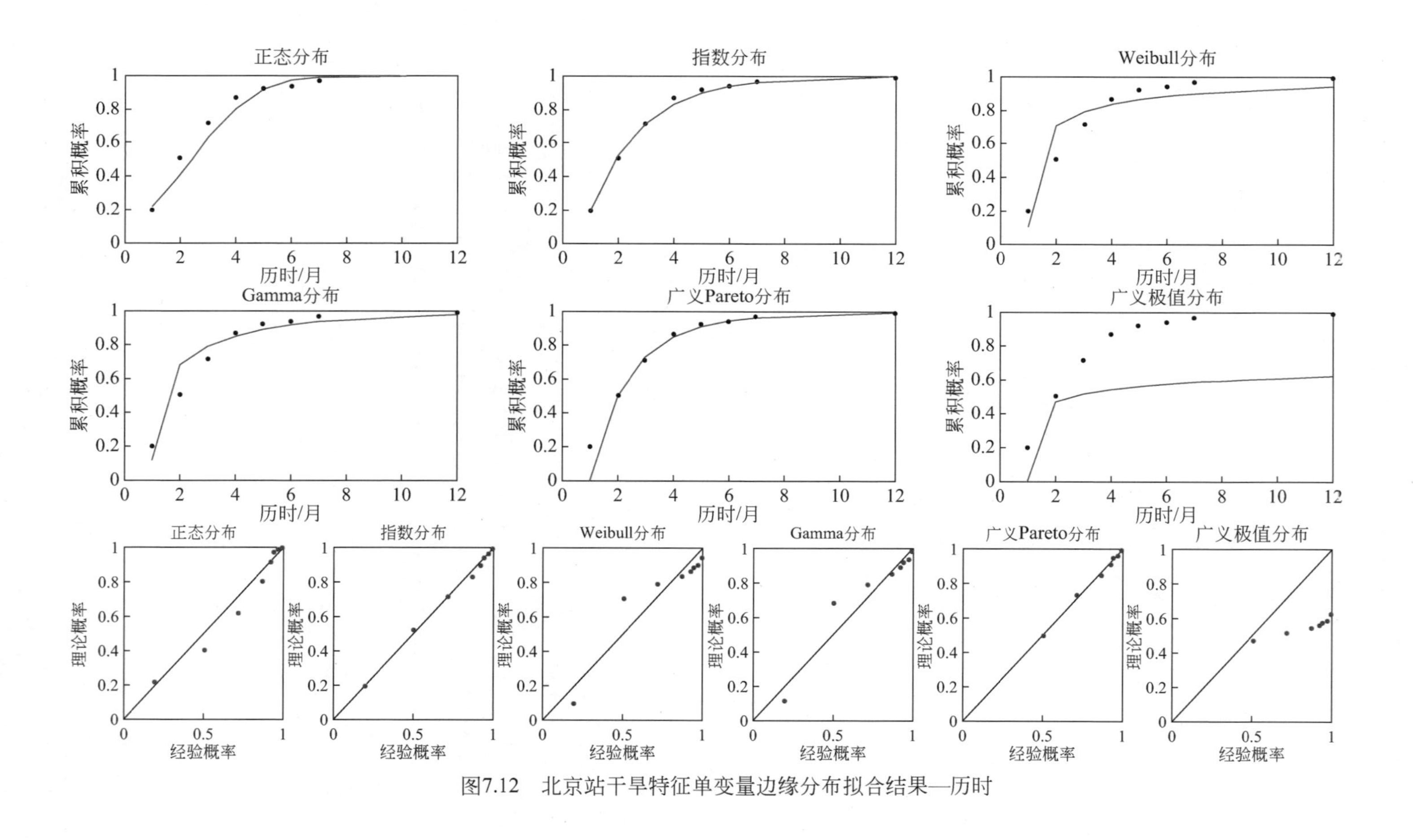

图7.12　北京站干旱特征单变量边缘分布拟合结果—历时

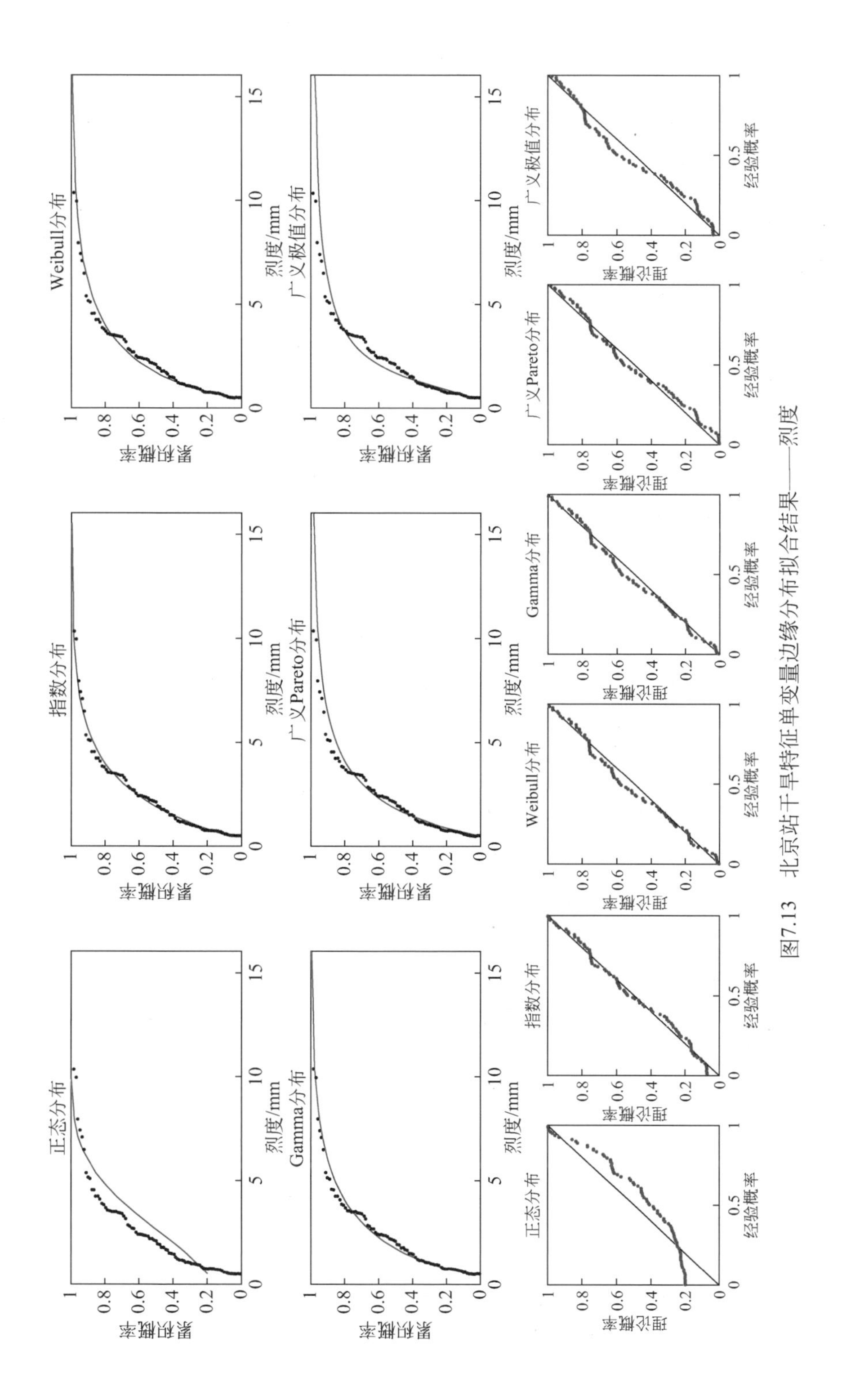

图7.13　北京站干旱特征单变量边缘分布拟合结果——烈度

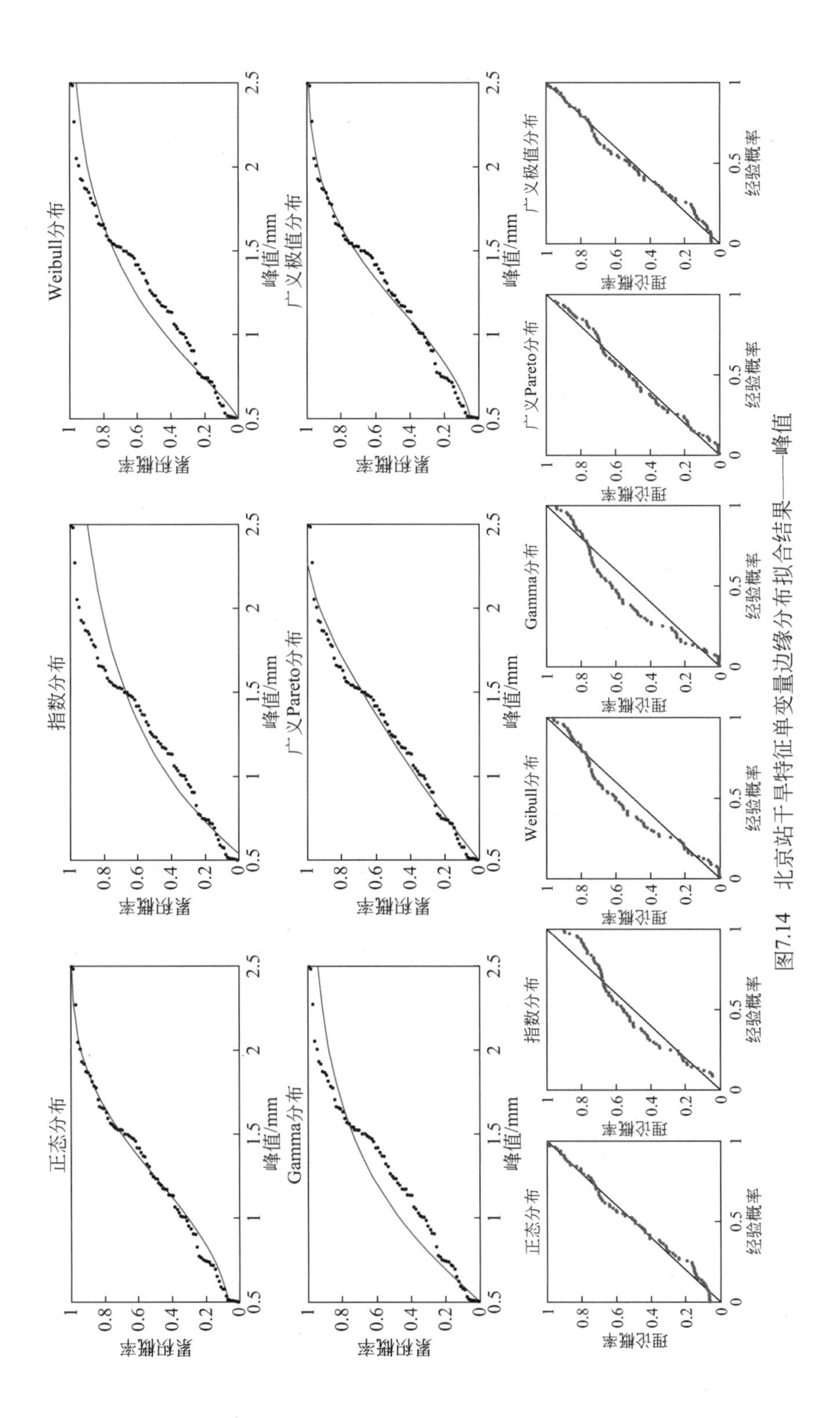

图7.14 北京站干旱特征单变量边缘分布拟合结果——峰值

通过计算各个边缘分布拟合结果的 AIC，可以有效地对干旱拟合结果进行定量对比分析。对北京站的干旱特征变量边缘分布拟合 AIC 结果进行了统计，得到表 7.3。越小的 AIC 代表越好的拟合效果。最小的 AIC 结果以粗体进行了标识。从表 7.3 中可以看出，对于北京站的干旱历时，指数分布拟合效果最佳，广义极值分布的拟合效果最差；对于干旱烈度，正态分布的拟合效果最差，其他拟合效果较好，以指数分布拟合效果最好；对于干旱峰值，正态分布的拟合效果最佳，广义 Pareto 分布和广义极值分布的效果亦较高。

表 7.3　北京站干旱特征变量边缘分布拟合 AIC 结果

特征变量	正态分布	指数分布	Weibull 分布	Gamma 分布	广义 Pareto 分布	广义极值分布
历时 / 月	−453.21	−711.87	−355.73	−378.96	−345.54	−253.41
烈度 /mm	−386.70	−614.70	−569.31	−584.80	−558.02	−500.97
峰值 /mm	−600.64	−441.79	−444.86	−410.32	−579.65	−566.68

全国共 810 个站点，每个站点的干旱事件的数目和分布特征各不相同，导致其各干旱特征变量的最佳边缘分布函数也不尽相同。为了寻找其中的空间分布规律，研究干旱变量最佳边缘分布函数在空间上的聚集情况，分别对各个站点的不同干旱特征变量的最佳边缘分布拟合函数进行了提取，绘制了相应的图 7.15 ～图 7.17。对所有站点的各特征参数的拟合精度计算了平均值，见表 7.4。

表 7.4　全国干旱特征变量边缘分布拟合 AIC 平均结果

特征变量	正态分布	指数分布	Weibull 分布	Gamma 分布	广义 Pareto 分布	广义极值分布
历时 / 月	−414.7	−717.7	−339.0	−362.6	−321.2	−262.2
烈度 /mm	−351.5	−532.1	−562.0	−553.9	−558.2	−486.9
峰值 /mm	−491.1	−474.0	−523.5	−489.2	−573.3	−530.0

图 7.15 所示为干旱历时的最佳边缘分布函数的空间分布。从图 7.15 可以看出，干旱历时在全国范围内的最佳边缘分布函数是指数分布。正态分布仅在两个站点是最佳的，其他 4 种边缘分布函数没有相应的站点分布。图 7.16 所示为干旱烈度的最佳边缘分布选择。在图 7.17 中，不存在最佳边缘分布函数为正态分布的站点，仅有 5 个站点

的最佳边缘分布函数是广义极值分布。其他 4 种边缘分布函数的站点数目较为相近，但是在空间分布上有较大的差异。指数分布在长江中下游地区存在明显的聚集，此外在广西地区也存在一定的聚集。Weibull 分布在云南省有一定的聚集，同时它的全国平均 AIC 是最小的。Gamma 分布在中国中部分布较为均匀。广义 Pareto 分布在中国北方的效果更佳，尤其是在东北地区以及新疆南部区域。从图 7.17 中可以看出，对于干旱峰值来说，广义 Pareto 分布在全中国的分布最为广泛。此外广义极值分布和 Weibull 分布也有一定的空间分布。广义极值分布在新疆南部地区有一定的聚集。Weibull 分布在中国区域的分布较为均匀，无明显的聚集区域。

由于研究中使用了大量的气象站点，导致处理过程较为复杂，我们希望能够使用一种边缘分布来对全国的站点进行拟合，从而可以减少处理的复杂性，增快处理的速度。所以采用全国站点平均 AIC 最小的指数分布、Weibull 分布和广义 Pareto 分布分别对中国干旱历时、烈度和峰值进行边缘分布拟合。

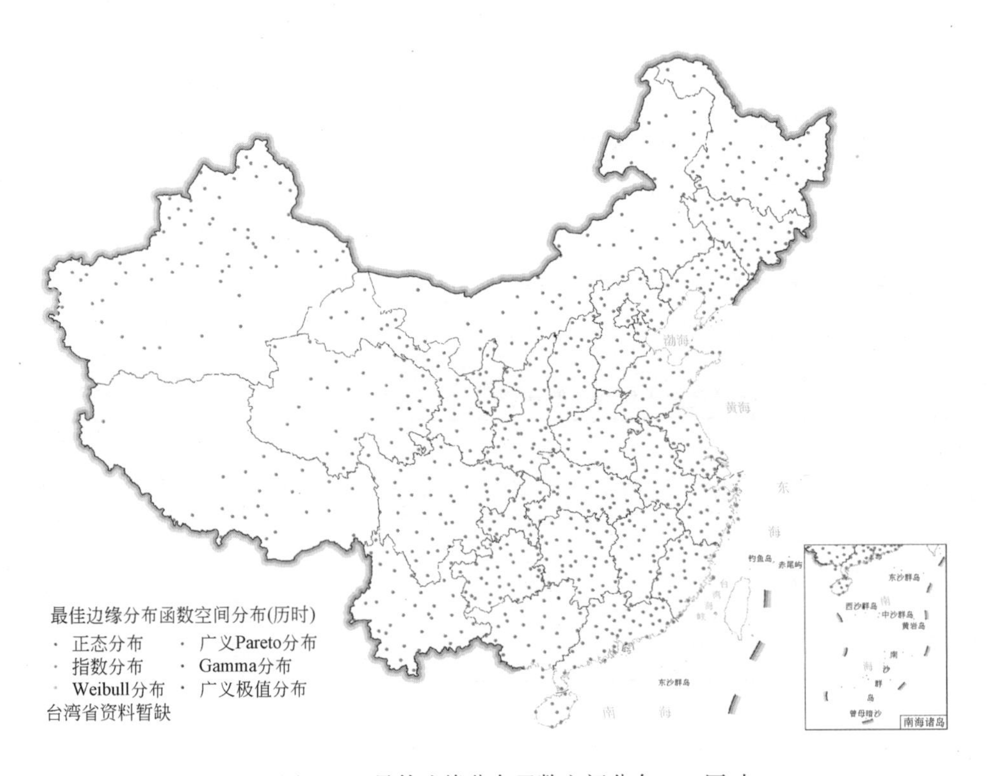

图 7.15　最佳边缘分布函数空间分布——历时

图 7.16　最佳边缘分布函数空间分布——烈度

图 7.17　最佳边缘分布函数空间分布——峰值

7.3.4 干旱事件单变量重现期

依据不同干旱特征变量的边缘分布函数，根据单变量重现期计算公式，计算了中国 810 个站点在不同干旱条件下的干旱单变量重现期。为了展示重现期在中国区域的空间分布情况，对计算出的站点重现期利用克里格方法进行插值，最终得到了中国区域的干旱单变量重现期分布图。

1. 中等干旱条件

将干旱特征（历时≥ 3，烈度≤ –3，峰值≤ –1）作为中等干旱条件，计算了相应的干旱单变量重现期，如图 7.18 ～图 7.20 所示。从图中可见，中等干旱条件下干旱特征变量重现期在中国空间上分布不均。

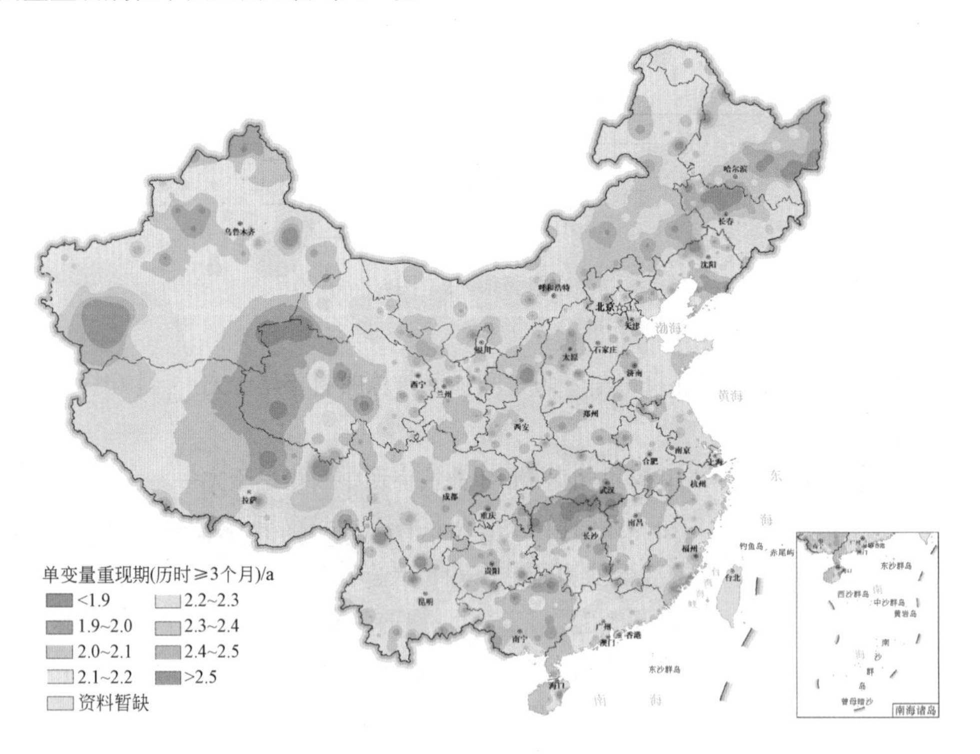

图 7.18　中等干旱单变量重现期——历时

图 7.18 所示为干旱历时在等于或大于 3 个月时的干旱重现期的空间分布状况。据统计，干旱历时重现期最短为 1.7a，最长为 3.0a，平均为 2.2a。短重现期区域主要分布在湖北湖南交界处、青海西部地区、新疆北部以及广西地区。此外，历时重现期在四川、

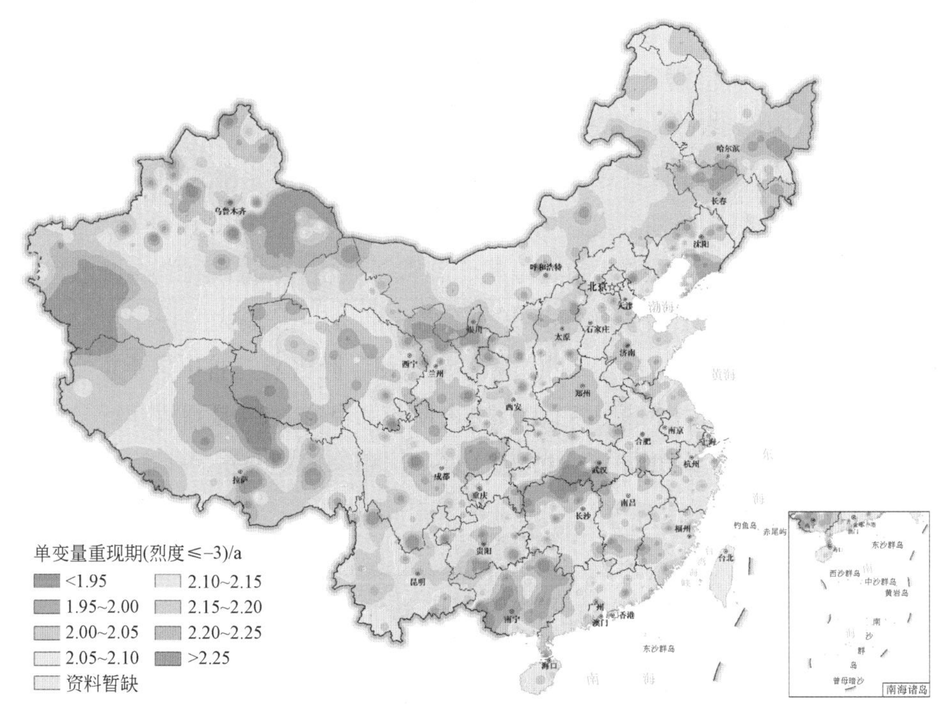

图 7.19　中等干旱下单变量重现期——烈度

山东、河南、江西、辽宁和安徽等省份的某些地区也较短，且存在一定的聚集。历时重现期在东北地区、陕西北部和山西北部等地区较长。

图 7.19 为干旱烈度在等于或小于 −3 时的干旱重现期的空间分布状况。据统计，干旱烈度重现期最短为 1.7a，最长为 3.2a，平均为 2.1a。烈度重现期在湖北湖南交界处、广西、西藏与青海交界处较短。此外在新疆北部、东北东南部、河南、山东等地，烈度重现期也较短。在东北地区、中国北部、云南等地，烈度重现期较长。

图 7.20 为干旱峰值在等于或小于 −1 时的干旱重现期的空间分布状况。据统计，干旱峰值重现期最短为 0.9a，最长重现期为 2.5a，平均为 1.15a。峰值重现期的空间分布与历时和烈度的差异性较大。在东北地区，中国中部，以及广西广东福建沿海地区重现期较短。在新疆、云南、湖南至浙江一线重现期较长。

由此可以看出历时和烈度重现期的空间分布有着较为一致的分布，而峰值重现期与历时、烈度重现期的空间分布差异性较大。

2. 极度干旱条件

将干旱特征（历时≥ 6，烈度≤ −9，峰值≤ −2）作为极度干旱条件，计算了相应

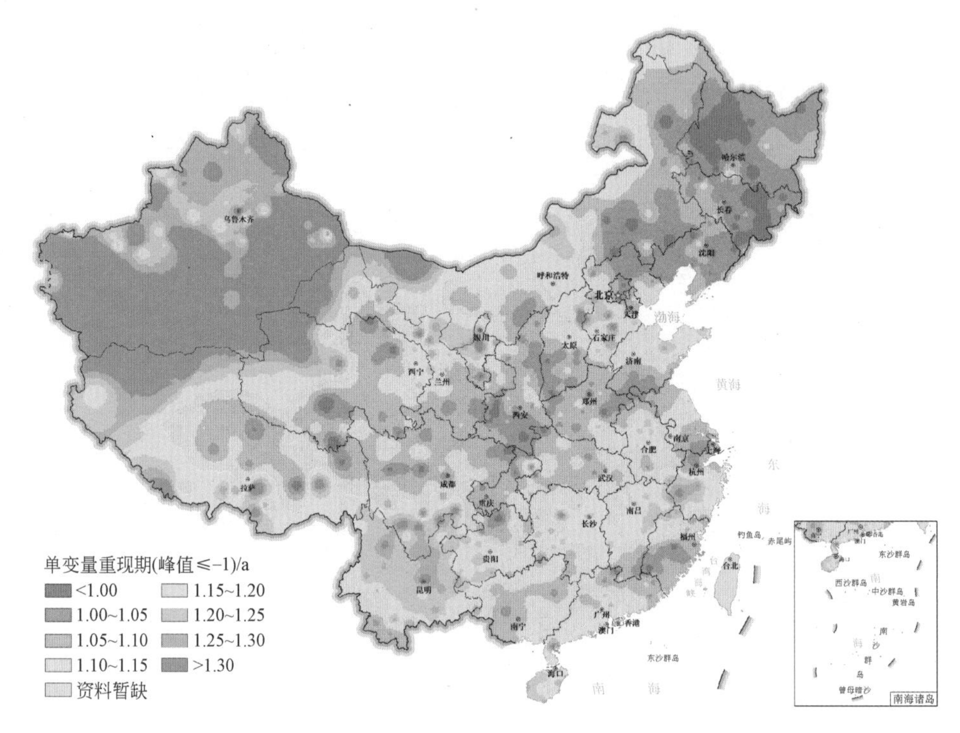

图 7.20　中等干旱下单变量重现期——峰值

的干旱单变量重现期，如图 7.21 ～图 7.23 所示。与中等干旱条件下结果类似，极度干旱条件下干旱特征变量重现期在中国空间上分布亦不均匀。

图 7.21 为干旱历时在等于或大于 6 个月时的干旱重现期的空间分布状况。据统计，干旱历时重现期最短为 4.4a，最长为 22.1a，平均为 9.2a。短重现期区域主要分布在中国南部和西部，尤其是湖北湖南交界处、青海西部和新疆北部。长重现期区域主要分布在中国东北地区、陕西中部以及福建沿海地区。这些区域趋于平均 12a 以上才会发生一次相应程度的干旱。

图 7.22 为干旱烈度在等于或小于 −9 时的干旱重现期的空间分布状况。据统计，干旱烈度重现期最短为 9.3a，最长为 36.5a，平均为 15.9a。短重现期区域主要分布在中国的西北部、云贵高原到浙江一线。长烈度重现期区域主要分布在东北地区、陕西、河南以及青海东北地区。

图 7.23 为干旱峰值在小于等于 −2 时的干旱重现期的空间分布状况。据统计，干旱峰值重现期最短为 5.0a，最长为 45.7a，平均为 14.2a。短峰值重现期区域主要分布在中国东部，大概接近 10a。极为严重的区域主要分布在长江流域、广东、广西以及湖南西部，而峰值重现期在中国的西部地区较长（除新疆北部外）。

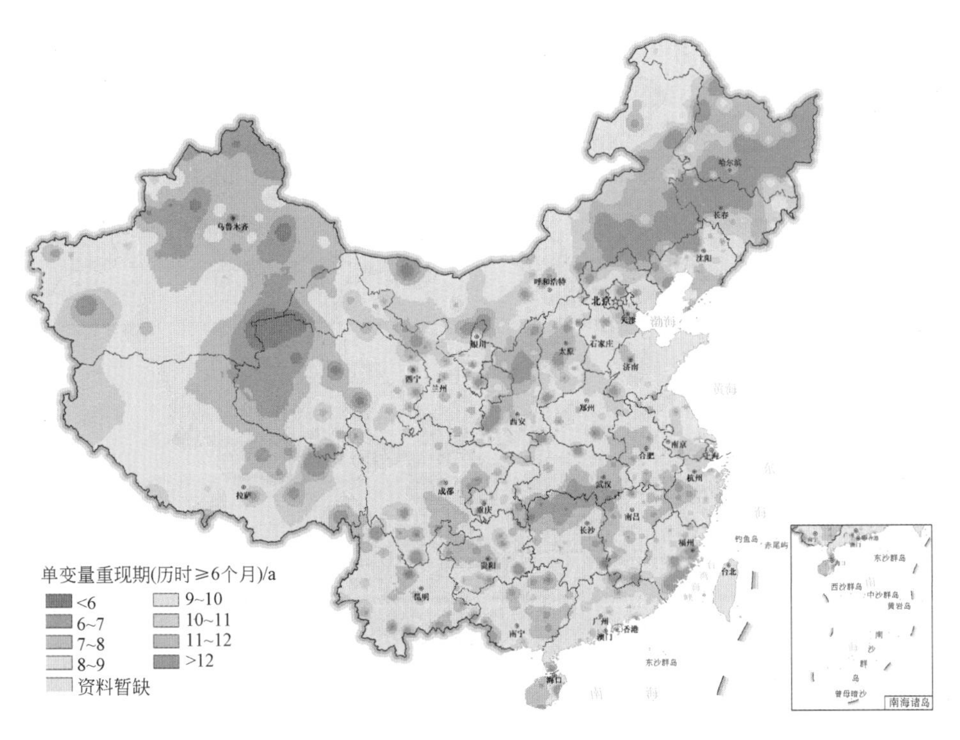

图 7.21　极端干旱下单变量重现期——历时

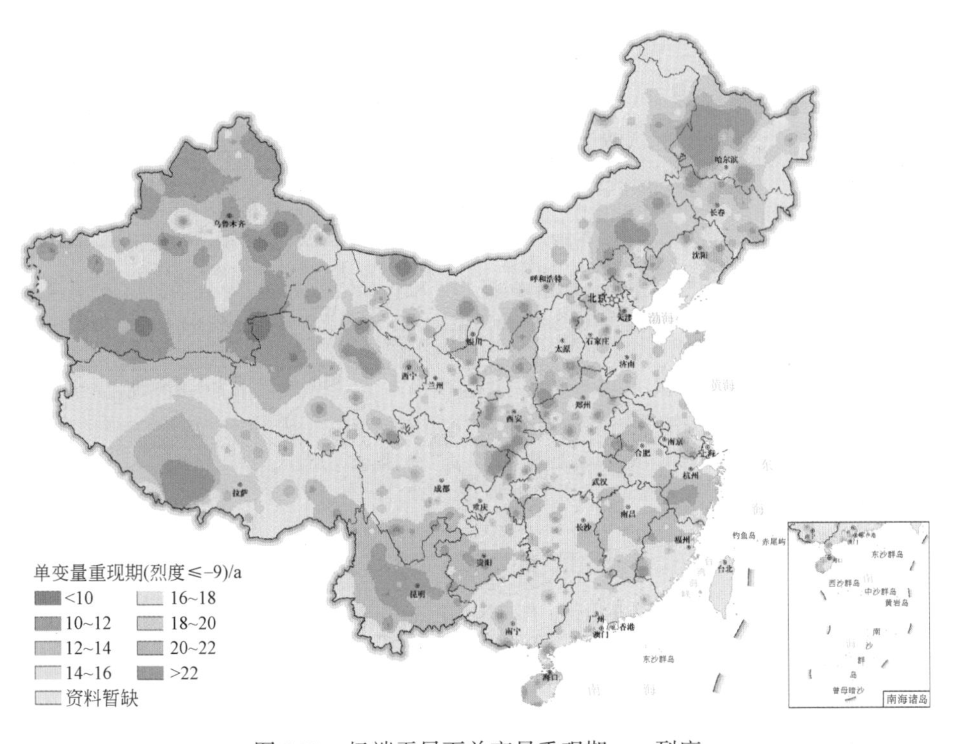

图 7.22　极端干旱下单变量重现期——烈度

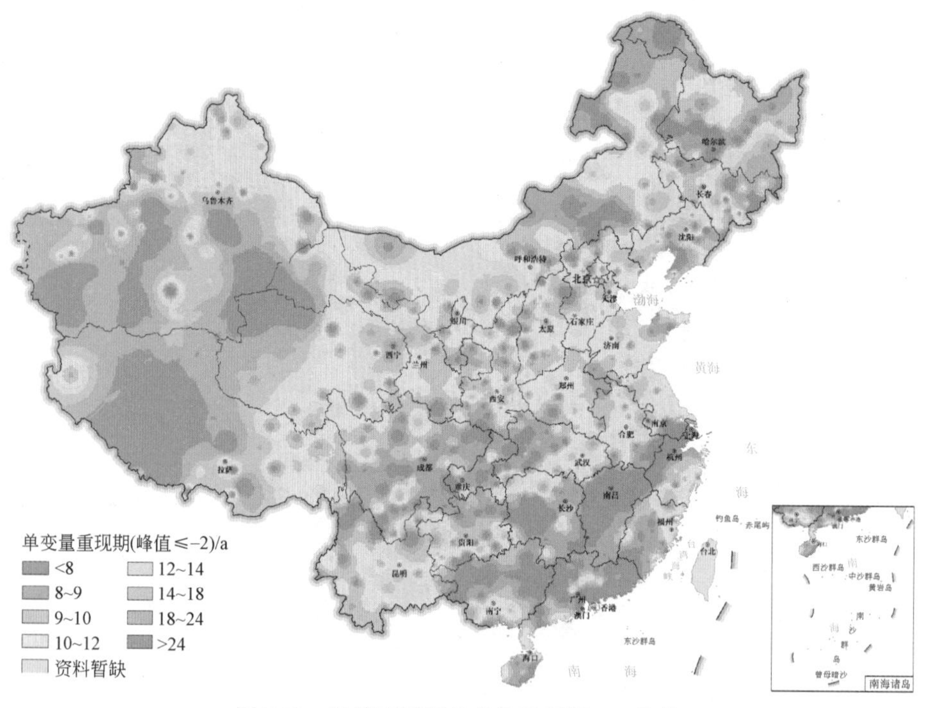

图 7.23　极端干旱下单变量重现期——峰值

7.4　干旱事件多变量的重现期

7.4.1　分 析 方 法

一个复杂的气象事件通常包含多个属性特征，且属性间通常具有一定的相依性。传统的单变量研究主要针对单变量频率分析的方法对事件的概率特征进行分析，这仅仅提供了有限角度的事件评价，难以全面反映复杂事件的整体特征。单个变量的极值行为未必代表整个随机向量的联合极值行为，进而影响到了极端事件的分析。因此多变量联合概率分布在研究中逐渐受到重视，成为解释复杂事件整体概率特征的研究手段。

1. 多变量联合概率分布

目前常见的多变量概率分布函数有多元正态分布、多元 t 分布、二维指数分布、二维 Gamma 分布、二维 Gumbel Mixed 分布、二维 Gumble Logistic 分布和二维 Nagao-Kadoya 分布等。不同的分布函数形式不同，并且同一种分布形式也存在多种子模型，包含不同的参数。此外不同的分布函数对于数据的表达能力存在较大的不同，必须结合自身数据的特征，选择适当的函数形式。

一个 n 维的多变量联合概率分布可以采用如下定义：

$$F_{X_1X_2\ldots X_n}(x_1, x_2,\cdots,x_n)=P(X_1 \leqslant x_1, X_1 \leqslant x_1, X_n \leqslant x_n)$$

$$=\int_{-\infty}^{x_1}\int_{-\infty}^{x_2}\int_{-\infty}^{x_n} f_{X_1X_2\ldots X_n}(w_1, w_2, \cdots,w_n)\mathrm{d}w_1\,\mathrm{d}w_2\cdots\mathrm{d}w_n$$

$$\cdots$$

$$\lim_{x_k\to-\infty} F_{X_1X_2\ldots X_n}(x_1, x_2,\cdots,x_n)=0,\ k=1,2,\cdots,n$$

$$\lim_{x_k\to+\infty} F_{X_1X_2\ldots X_n}(x_1, x_2,\cdots,x_n)=1,\ k=1,2,\cdots,n$$

其中，$F_{X_1X_2\ldots X_n}(x_1, x_2,\cdots,x_n)$ 为随机变量 $X_1, X_2,\cdots,X_n$ 的密度函数。X_k 的边际密度函数和分布函数分别为 $f_{X_1}(x_1)$ 和 $F_{X_1}(x_1)=P(X_1 \leqslant x_1)$。并且 n 维多维变量联合概率分布满足以下的条件：

根据多变量联合概率分布计算公式，可以计算相应的多变量条件分布计算公式：

$$F_{X_k|X_1\cdots X_{k-1}}(x_1, x_2,\cdots,x_k)=\int_{-\infty}^{x_k} f_{X_k|X_1\cdots X_{k-1}}(x_1, x_2, \cdots,x_{k-1},w_k)\mathrm{d}w_k$$

$$=\frac{\dfrac{\partial^{k-1}F_{X_1\cdots X_k}(x_1, x_2,\cdots,x_k)}{\partial x_1\cdots\partial x_{k-1}}}{\dfrac{\partial^{k-1}F_{X_1\cdots X_k}(x_1, x_2,\cdots,x_{k-1})}{\partial x_1\cdots\partial x_{k-1}}}$$

式中，$k=2,\cdots, n$。

2. Copula 函数

Copula 函数最初是作为一种连接一维分布函数，并构建多维分布函数的统计工具。Copula 函数在构造多维随机变量的联合概率分布时，无需对变量边缘分布做出任何假设，同时可以将随机变量的边缘分布和相关结构拆开进行分析，有效的简化多元概率分布的研究（Gräler et al.，2013）。目前单变量极值理论研究的比较详尽，但是在多元变量情况下将产生很大的变化。Copula 函数的多元极值理论可以对多元极值进行描述。从前人的研究成果中可以得到更加详细的介绍（Nelsen,1999；Sklar，1959）。Copula 函数对于证券市场中的股票暴涨暴跌现象、保险中的巨额索赔、自然界中的重大灾害等可以进行很好的描述。目前，大量的研究主要集中于两变量的联合概率分布研究。

Copula 函数的定义为：设随机变量 $X_1,X_2,\cdots, X_n$ 的边缘分布概率函数为

$F_{x_i}(x)=P_{x_i}(X_i \leqslant x_i)$，其中 n 为随机变量的个数，$x_i(i=1,2,\cdots,n)$ 为随机变量 X_i 的样本观测值，则随机变量 $X_1, X_2,\cdots, X_d$ 的联合概率分布函数可表达为

$$H_{x_1,x_2,\cdots,x_n}(x_1,x_2,\cdots,x_n)=P[X_1 \leqslant x_1, X_2 \leqslant x_2, \cdots, X_n \leqslant x_n]$$

Copula 函数是连接多变量联合概率分布与单变量边缘分布的一类函数。多变量分布函数 H 可写为 $C(F_{x_1}(x_1), F_{x_2}(x_2),\cdots, F_{x_n}(x_n))=H_{x_1,x_2,\cdots,x_n}(x_1,x_2,\cdots,x_n)$，其中 C 称为 Copula。通过 Sklar 对 Copula 函数的证明，可以得出 Copula 函数能够独立于随机变量的边缘分布函数来表征变量间的相依性关系，从而可以将联合概率分布分解为变量的边缘概率分布和变量间的相依性结构两个独立的部分来分别处理。边缘概率分布通过边缘分布函数进行表达；相依性结构可以用 Copula 函数来描述。这样做就可以不必要求所有变量具有相同的边缘分布。任意类型的边缘分布经过 Copula 函数连接后，都能够构造多变量间的联合概率分布。同时由于变量的各项特征都包含在边缘分布函数之中，而无需对变量进行转换，能够最大限度地减小转换过程中产生的信息缺失。这为求解多变量联合概率分布问题提供了一种新的思路和手段。

目前常见的 Copula 函数类型有 Archimedean 型（例如：Gumbel-Hougaard Copula，Frank Copula，Clayton Copula）、椭圆型（例如：Gaussian Copula 和 T Copula）、二次型和极值型等。目前仅含有一个参数的 Archimedean Copula 研究最多，且在水文分析中常用。不同的 Copula 函数形式有着各自的特性，从前人的研究中可以得到更多的描述信息（宋松柏等，2012；Joe，1997）。常用二元 Copula 函数具体表达式如下表 7.5。其中，椭圆 Copula 函数可以实现多维变量联合概率分布的构造，但 Archimedean Copula 函数则对于多维变量的联合概率分布受到了一定的限制。Archimedean Copula 函数要求变量为对称相依，从而可以仅采用一个生成函数描述正的相依性。而实际中，极端事件变量间可能是正、负相依性或者是独立的。它们之间的相依性也可能是不对称的，不能够通过单一参数进行描述。所以 Archimedean Copula 函数在三维以上的联合概率分布的应用上就受到了较大的限制（Grimaldi and Serinaldi，2006）。为了解决这个问题，目前人们已经研究出了嵌套 Copula、层次 Copula 以及 Vine Copula。由于本书中使用的数据量大，为了减少处理的复杂程度，增快计算速度，最终选取了嵌套 Copula 来对三维联合概率分布进行了拟合。

表 7.5　常用二元 Copula 函数表达式

Copula 名称	表达式
Gusssion	$C(u_1,u_2)=\int_{-\infty}^{\Phi^{-1}(u_2)}\int_{-\infty}^{\Phi^{-1}(u_2)}\frac{1}{2\pi(1-p^2)^{1/2}}\exp\left(-\frac{x^2-2pxy+y^2}{2(1-p^2)}\right)\mathrm{d}x\mathrm{d}y$
T	$C(u_1,u_2)=\int_{-\infty}^{t_v^{-1}(u_1)}\int_{-\infty}^{t_v^{-1}(u_2)}\frac{1}{2\pi(1-p^2)^{1/2}}\left[1+\frac{x^2-2pxy+y^2}{v(1-p^2)}\right]^{-\frac{(v+2)}{2}}\mathrm{d}x\mathrm{d}y$

续表

Copula 名称	表达式
Gumbel Hougaard	$C(u_1,u_2)=\exp\left\{-\left[(-\ln u_1)^{\theta}+(-\ln u_2)^{\theta}\right]^{1/\theta}\right\}, \theta\in[1,\infty)$
Frank	$C(u_1,u_2)=-\dfrac{1}{\theta}\ln\left[1+\dfrac{(e^{-\theta u_1}-1)(e^{-\theta u_2}-1)}{e^{-\theta}-1}\right], \theta\in R$
Clayton	$C(u_1,u_2)=(u_1^{-\theta}+u_2^{-\theta}-1)^{-1/\theta}, \theta\in(0,\infty)$

嵌套 Copula 函数通过由二维 Copula 函数逐渐扩展为高维 Copula 函数。具体的结构见图 7.24。首先利用特征 1 和特征 2 连接形成 Copula1，而后利用 Copula1 与特征 3 连接构成 Copula2。最终通过 Copula2 来最终描述三变量下的高维联合概率分布。其中 Copula1 的参数来描述特征 1 与特征 2 的相依性，Copula2 的参数被用来描述 Copula1 与特征 3 的相依性。

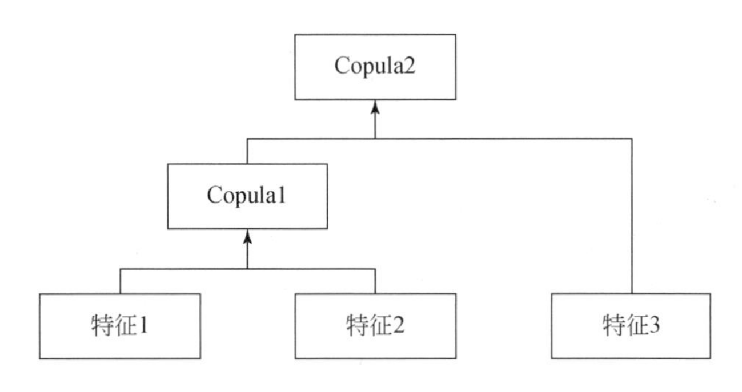

图 7.24　嵌套 Copula 函数结构

目前研究可以采用多种的评价方式来评价 Copula 函数拟合的有效性。目前最为常用的有 AIC、BIC 和 RMSE 等。同边缘分布函数拟合选择一样，选择 AIC 作为 Copula 函数选取的评价准则。

3. 多变量联合重现期

多变量联合重现期能够从整体上为干旱预防和管理提供有效的决策支持。多变量联合重现期的计算是基于单变量边缘分布和多变量联合概率分布函数的。Gräler（2013）对多变量联合概率分布的定义和实际应用给出了一个概览。

与单变量联合概率分布函数类似，应用 Copula 函数下的两变量联合概率分布为

$$F(u, v)=C(F(u), F(v))$$

两变量下的联合不超越概率计算公式为

$$P(U \geqslant u \cap V \geqslant v)=1-F(u)-F(v)+C(F(u), F(v))$$

相应的联合重现期计算公式为

$$T_{(U \geqslant u \cap V \geqslant v)}=\frac{N}{n} \cdot \frac{1}{P(U \geqslant u \cap V \geqslant v)}=\frac{N}{n} \cdot \frac{1}{1-F(u)-F(v)+C(F(u), F(v))}$$

$$T_{(U \geqslant u \cap V \geqslant v)}=\frac{N}{n} \cdot \frac{1}{P(U \geqslant u \cup V \geqslant v)}=\frac{N}{n} \cdot \frac{1}{1-C(F(u), F(v))}$$

两变量下的条件概率分布计算公式为

$$P(U \leqslant u \cup V \geqslant v)=\frac{F(u)-C(F(u), F(v))}{1-F(v)}$$

三维变量联合概率分布的重现期同二维变量联合概率分布的重现期计算方法类似。具体公式为

$$T_{(U \geqslant u \cap V \geqslant v \cap W \geqslant w)}=\frac{N}{n} \cdot \frac{1}{P(U \geqslant u \cap V \geqslant v \cap W \geqslant w)}$$

$$=\frac{N}{n} \cdot \frac{1}{1-F(u)-F(v)-F(w)+C(F(u), F(v))+C(F(w), F(v))+C(F(u), F(w))-C(F(u), F(w), F(v))}$$

$$T(U \geqslant u \cup V \geqslant v \cup W \geqslant w)=\frac{N}{n} \cdot \frac{1}{P(U \geqslant u \cup V \geqslant v \cup W \geqslant w)}$$

$$=\frac{N}{n} \cdot \frac{1}{1-C(F(u), F(v), F(w))}$$

通过对求得的不同条件下的多变量联合重现期进行时空分布分析，进一步揭示出中国干旱状况在时空分布上的特征。

7.4.2 干旱事件变量相关性分析

Kendall 相关性检验是干旱特征变量间的相关性进行检验的主要方法，表 7.6，图 7.25 ～图 7.27 是历时、烈度和峰值 3 个干旱时间变量两两之间相关性分析的结果。从整体上来看，历时—峰值的相关性较差，而历时—烈度和烈度—峰值的相关性明显要高。这些结果表明，干旱特征间存在着明显的相关性，在进行多变量研究的时候，必须对多变量间的相关性进行考虑，无法使用变量间相互独立假设的多变量联合概率分布函数进行拟合。

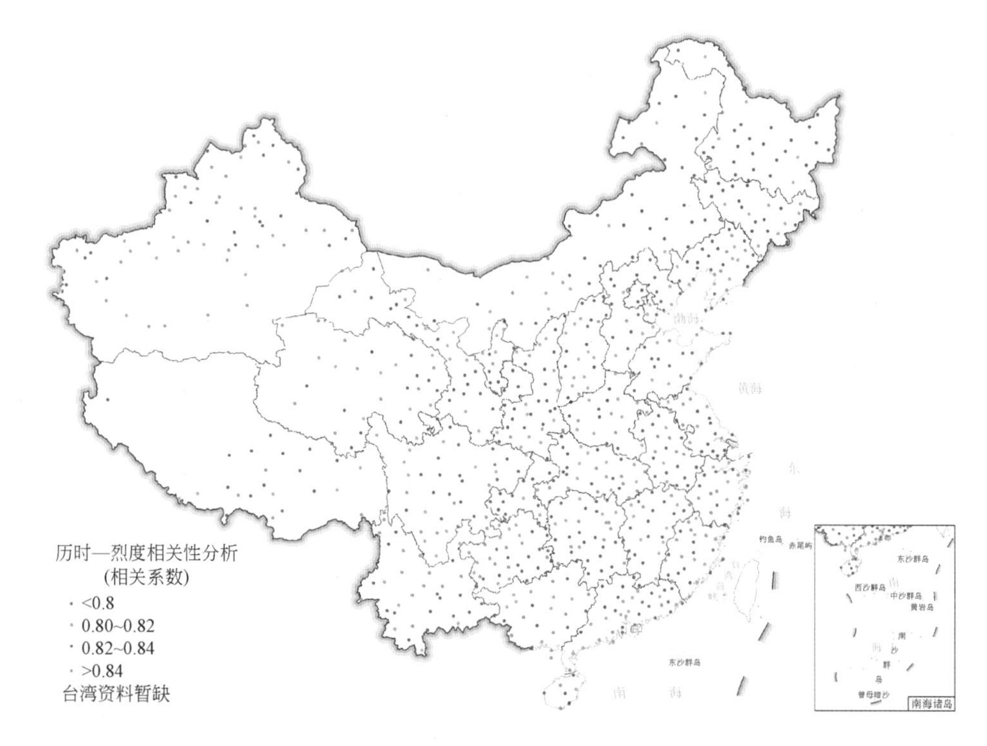

图 7.25　中国干旱特征变量相关性分析（历时—烈度）

表 7.6　相关性统计结果

相关性	历时—烈度	历时—峰值	烈度—峰值
全国平均	0.82	0.54	0.73
全国最小	0.71	0.34	0.57
全国最大	0.90	0.83	0.91

此外，从局部上看，历时、烈度和峰值 3 个干旱时间变量之间的相关性在空间分布上有着较大的差异。历时—烈度之间的相关性主要在中国东南地区和新疆地区较高，而在中国东北地区、陕西、山西等地区的相关性相对较低。历时—峰值的相关性在中国南部相对较高，而在中国的北部地区、江西以及广东地区的相关性较低。烈度—峰值的相关性在河南、新疆、东北的南部地区，以及湖北、湖南交界地区最差。在相关性差说明相应的变量在分布情况上出现了分离，即一个变量的极值，并不代表着其他变量一定出现极值。

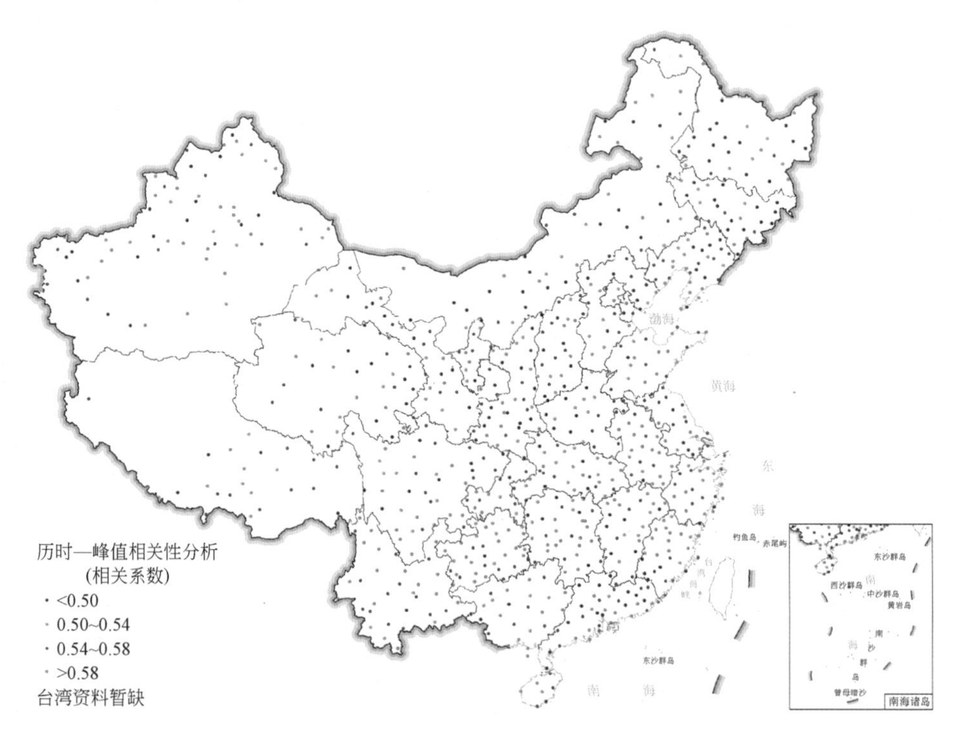

图 7.26　中国干旱特征变量相关性分析（历时—峰值）

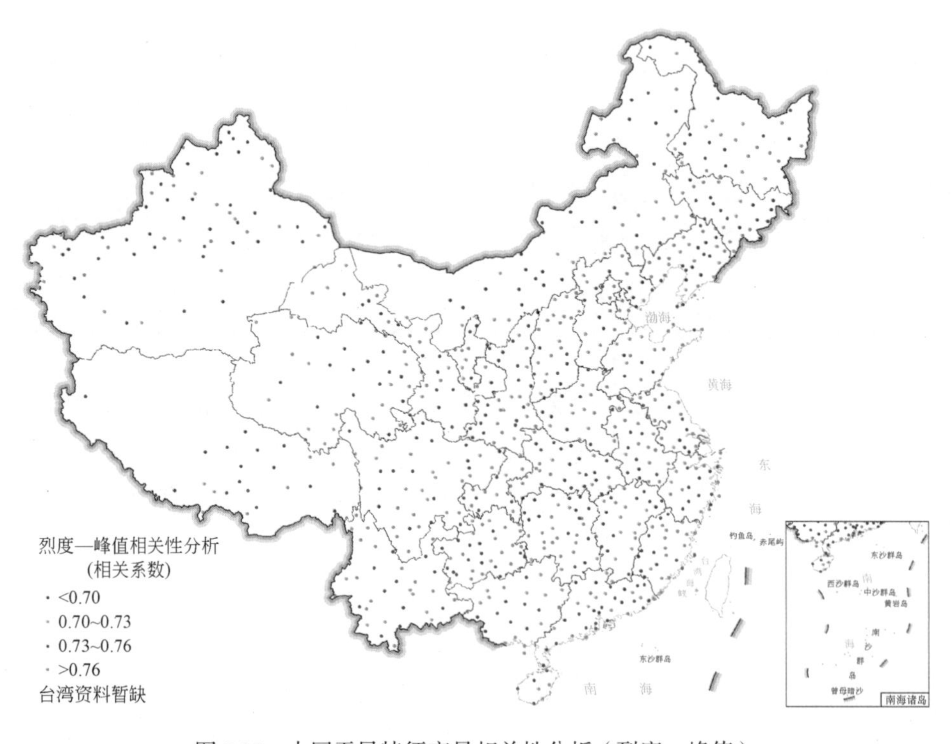

图 7.27　中国干旱特征变量相关性分析（烈度—峰值）

7.4.3　干旱事件多变量边缘分布函数最佳拟合

1. 两变量 Copula 函数拟合

以北京气象台站为例，利用包括 Gaussian Copula、T Copula、Gumbel-Hougaard Copula、Frank Copula 和 Clayton Copula 5 种常用的 Copula 函数对干旱特征两变量（历时—烈度，历时—峰值和烈度—峰值）的联合概率分布分别进行了拟合。

5 种常用的 Copula 函数针对历时—烈度、历时—峰值和烈度—峰值的函数拟合效果如图 7.28 ～图 7.30 所示，X、Y 轴分别为两个干旱特征变量，Z 轴为两变量联合概率分布拟合结果。下部分 5 幅图为经验频率与理论频率的对比，其中黑色的线为对角线，红色的点为理论概率—经验概率的点位。最佳的拟合效果应该是红色的点位完全分布在对角线上。红色点位距离对角线越远，说明拟合出的二元概率分布结果的拟合效果越差。

从图 7.28 ～图 7.30 中可以看出，不同的 Copula 函数对于相同的二元变量的联合概率分布的表达能力差别不大。需要从拟合精度的角度进一步对 Copula 函数拟合结果进一步对比。对北京站的干旱特征变量边缘分布拟合 AIC 结果进行了统计，如表 7.7 所示。对于北京站的历时—烈度，Gaussian Copula 拟合效果最好；对于历时—峰值，Gumbel-Hougaard Copula 拟合效果最好；对于烈度—峰值，五种 Copula 函数的拟合效果接近，Clayton Copula 拟合效果最好。

表 7.7　北京站干旱特征两变量 Copula 拟合 AIC 结果

两变量	Gaussian	T	Gumbel-Hougaard	Frank	Clayton
历时—烈度	−603.16	−579.54	−583.43	−555.69	−496.62
历时—峰值	−635.06	−637.45	−652.69	−599.59	−522.50
烈度—峰值	−556.30	−559.66	−536.21	−532.56	−567.40

按照上述思路，分别提取出了各个站点的最佳 Copula 函数（图 7.31 ～图 7.33）。从图 7.31 ～图 7.33 可知，历时—烈度和历时—峰值的最佳 Copula 函数均是 Gumbel-Hougaard Copula。最佳 Copula 函数为 Gumbel-Hougaard Copula 的站点数据分别是 593 个和 526 个。其他的 Copula 函数作为最佳 Copula 函数在空间上没有一定的聚集性。拟合最差的选择为 Frank Copula。烈度—峰值的最佳 Copula 函数是 Clayton Copula。仅有

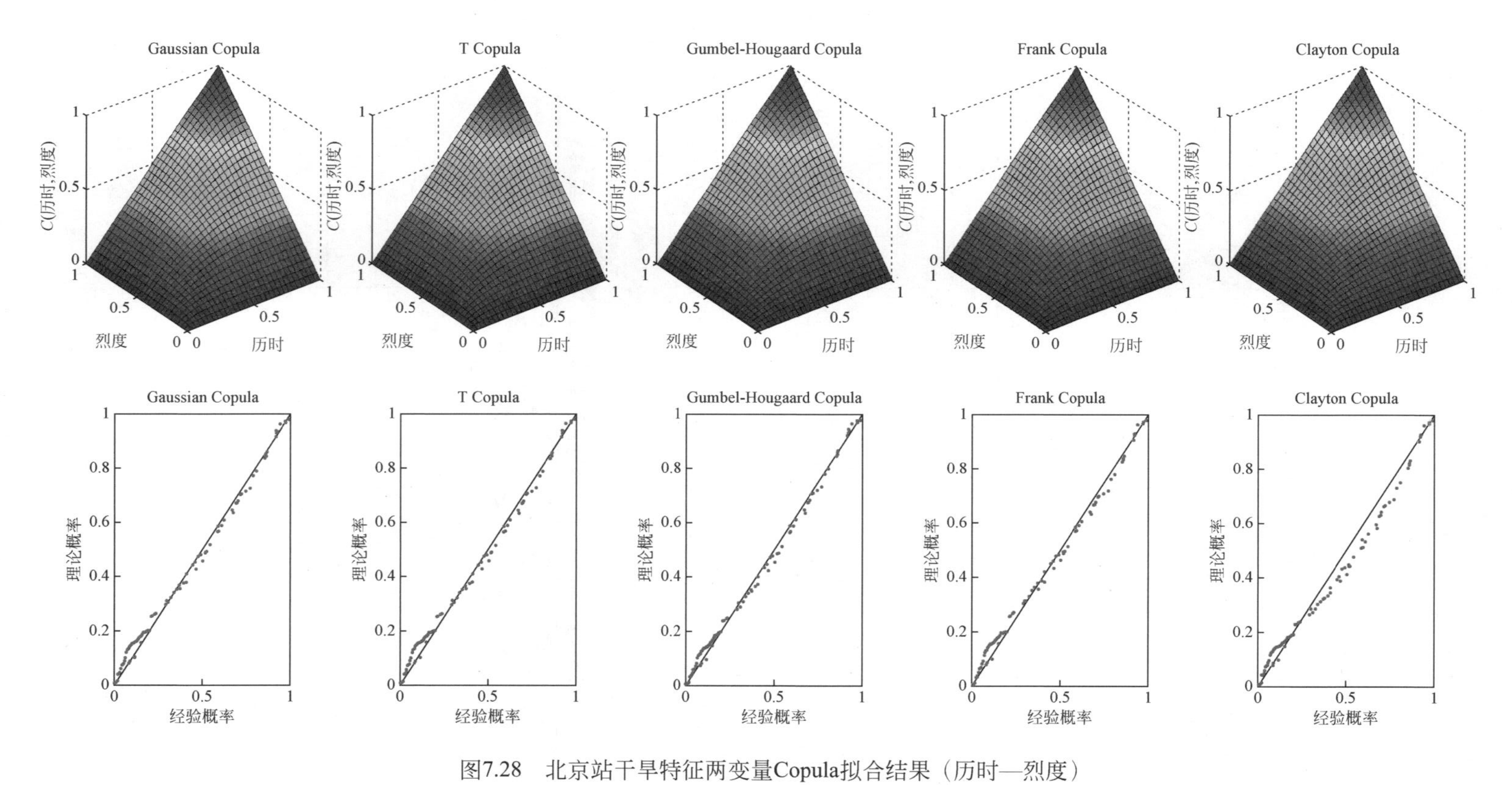

图7.28　北京站干旱特征两变量Copula拟合结果（历时—烈度）

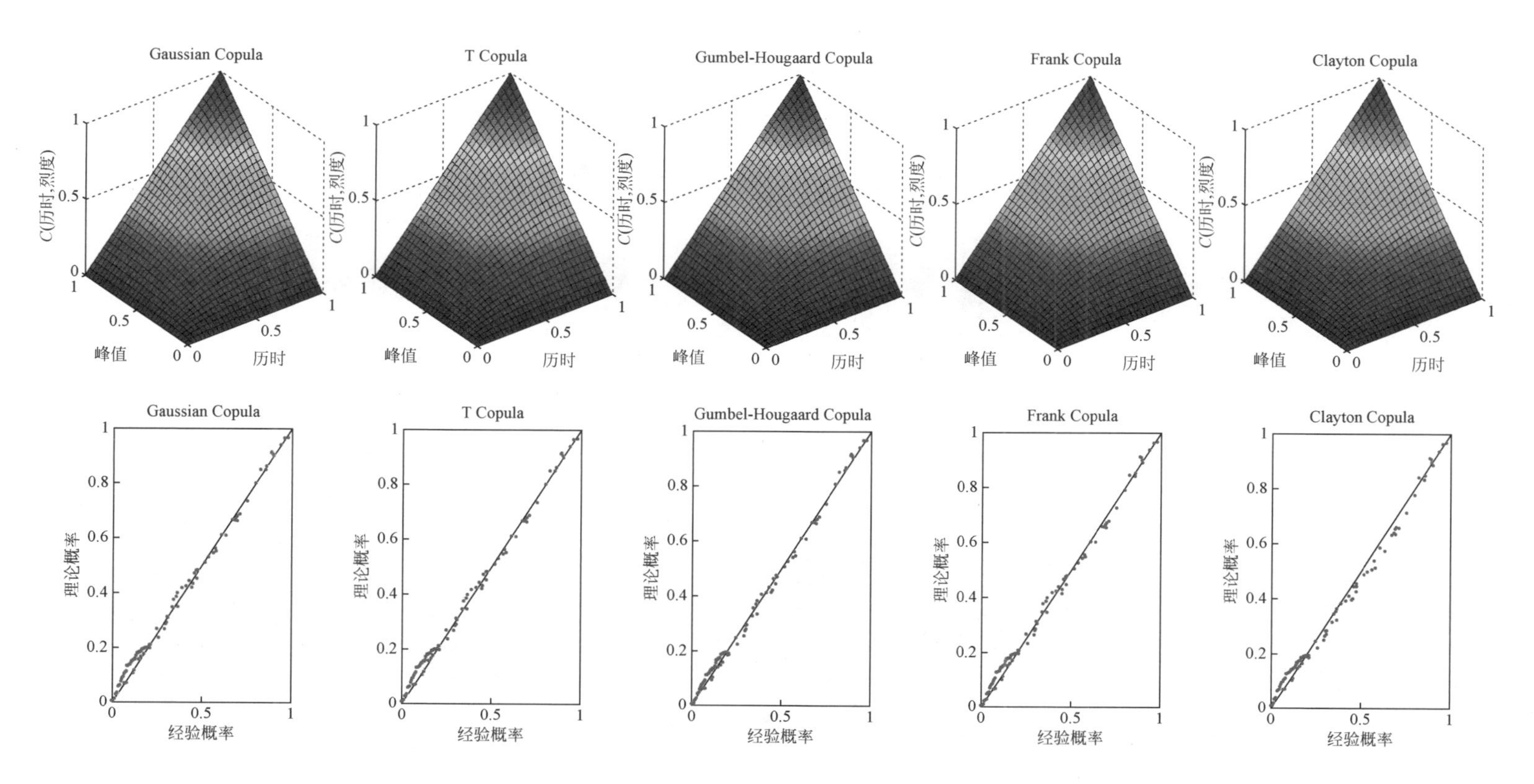

图7.29　北京站干旱特征两变量Copula拟合结果（历时—峰值）

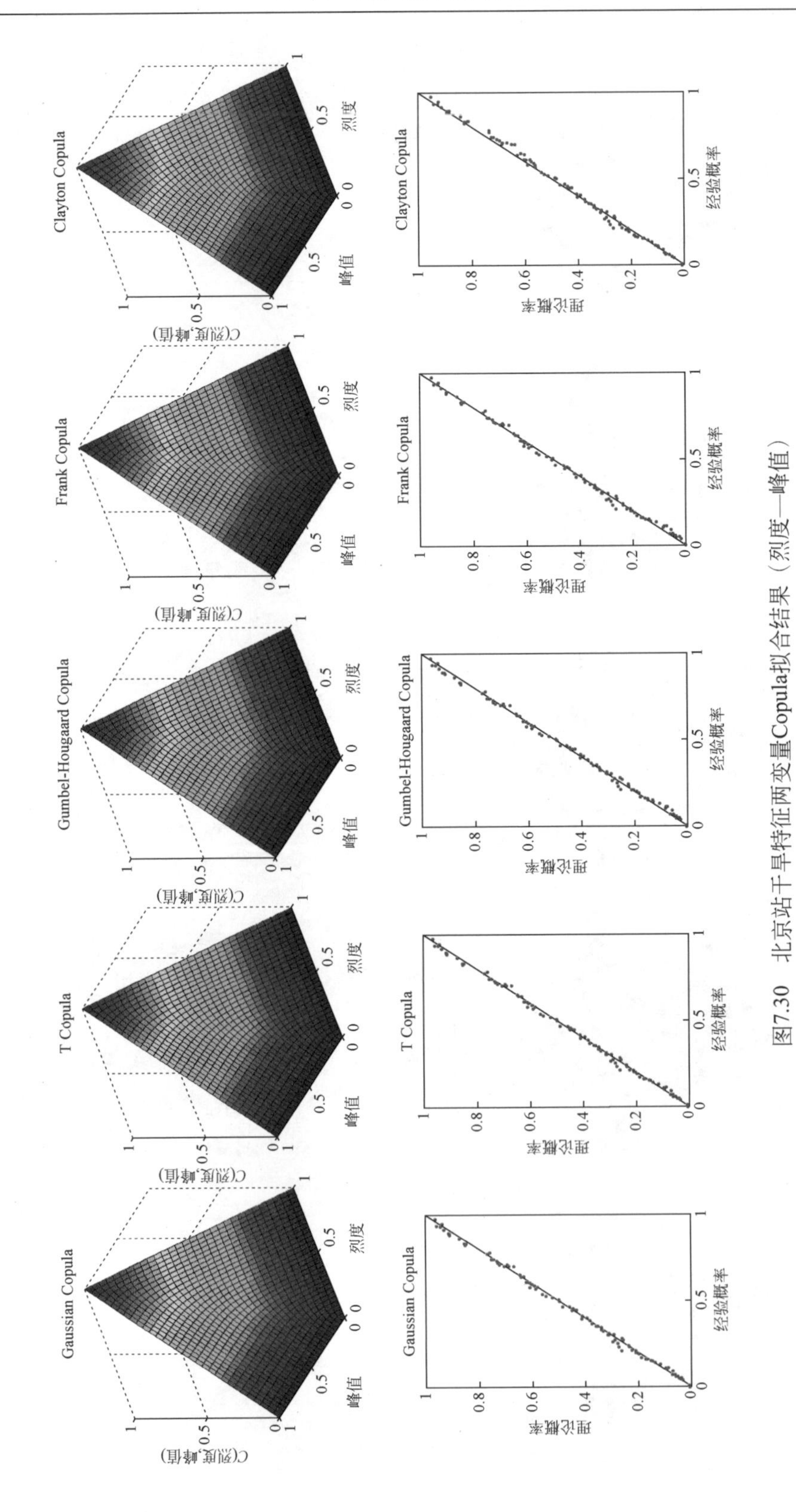

图7.30　北京站干旱特征两变量Copula拟合结果（烈度—峰值）

少量的站点的最佳 Copula 形式为其他 Copula 类型，但具有一定的聚集性。

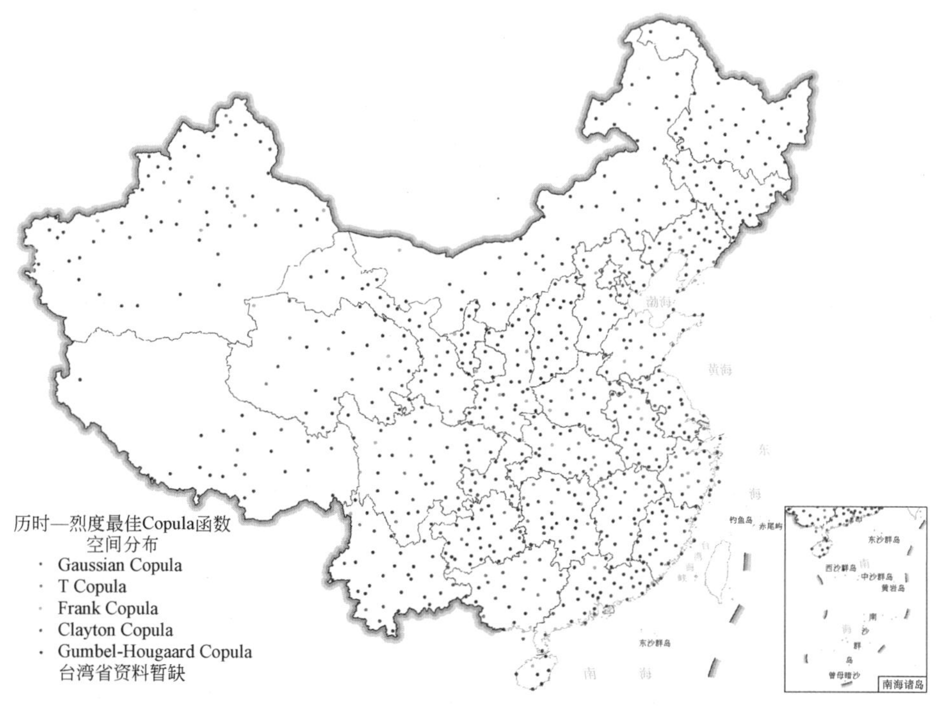

图 7.31　最佳 Copula 函数空间分布（历时—烈度）

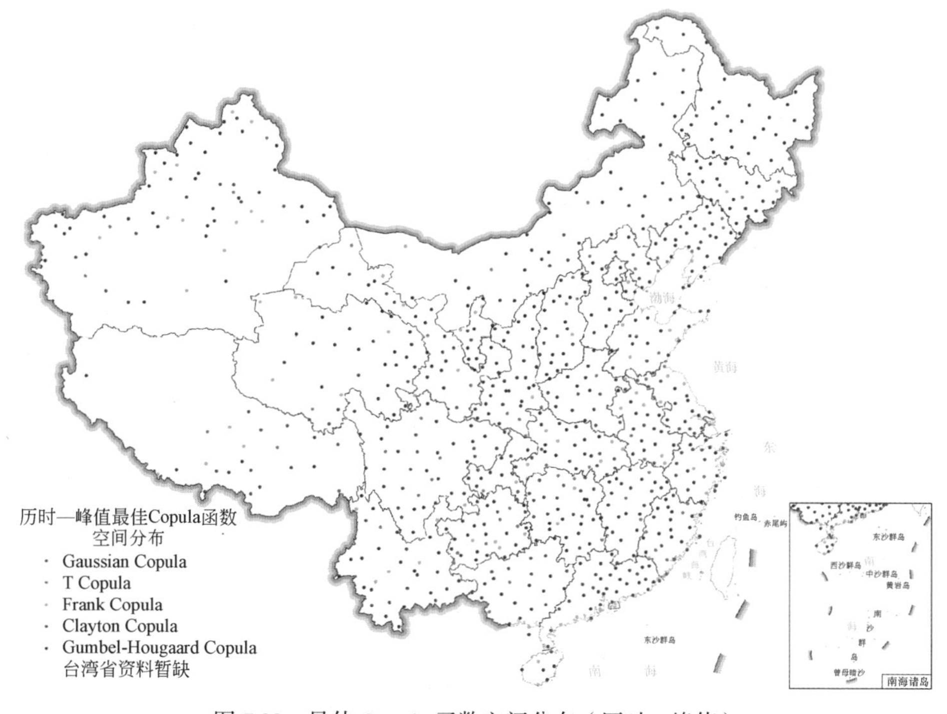

图 7.32　最佳 Copula 函数空间分布（历时—峰值）

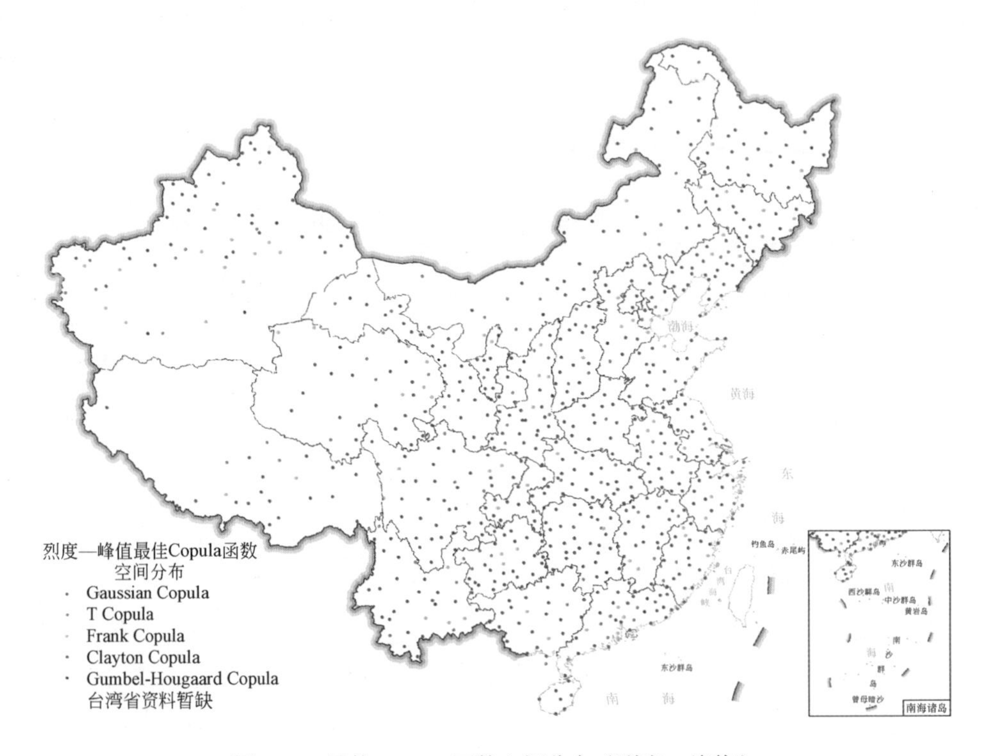

图 7.33　最佳 Copula 函数空间分布（烈度—峰值）

2. 三变量 Copula 函数拟合

利用 Gaussian Copula、T Copula、Gumbel-Hougaard Copula、Frank Copula 和 Clayton Copula 5 种常用的 Copula 函数对干旱特征三变量（历时—烈度，历时—峰值和烈度—峰值）的联合概率分布分别进行了拟合。

以北京市为例，对北京站点的历时—烈度—峰值的 Copula 函数拟合效果如图 7.34 所示，其中 *X*、*Y*、*Z* 轴分别为 3 个干旱特征变量，图中颜色为三变量联合概率分布拟合结果，黑色的线为对角线，红色的点为理论概率—经验概率的点位。最佳的拟合效果应该是红色的点位完全分布在对角线上。红色点位距离对角线越远，说明拟合出的三元概率分布结果的拟合效果越差。

从图 7.35 中可以看出，不同的 Copula 函数对于三元变量的联合概率分布的表达能力差别不大。需要从拟合精度的角度进一步对 Copula 函数拟合结果进一步对比，对北京站的干旱特征变量边缘分布拟合 AIC 结果进行了统计，如表 7.8 所示，对于北京站的历时—烈度—峰值，Gumbel-Hougaard Copula、T Copula 和 Gaussian Copula 效果较好。

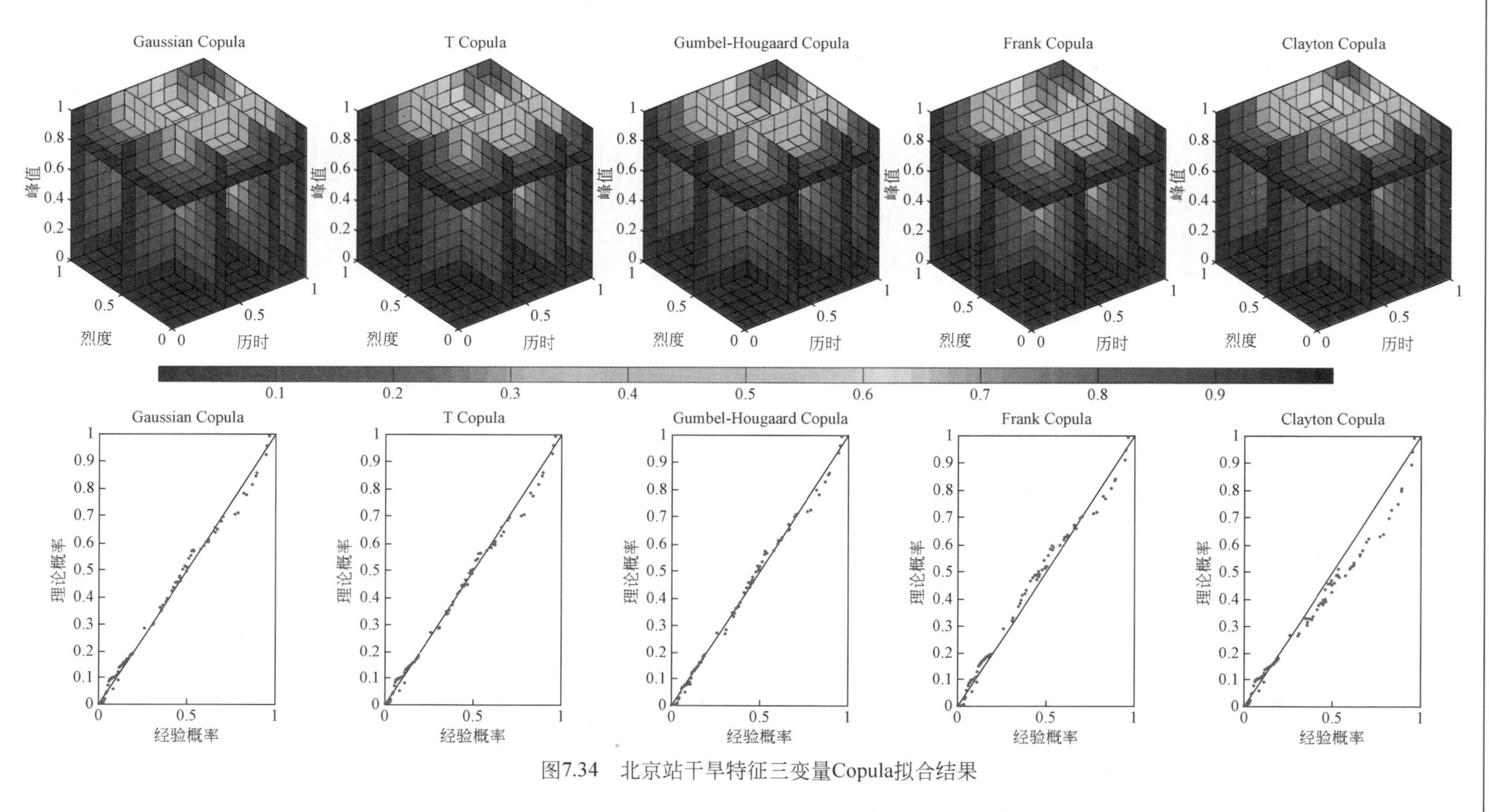

图7.34　北京站干旱特征三变量Copula拟合结果

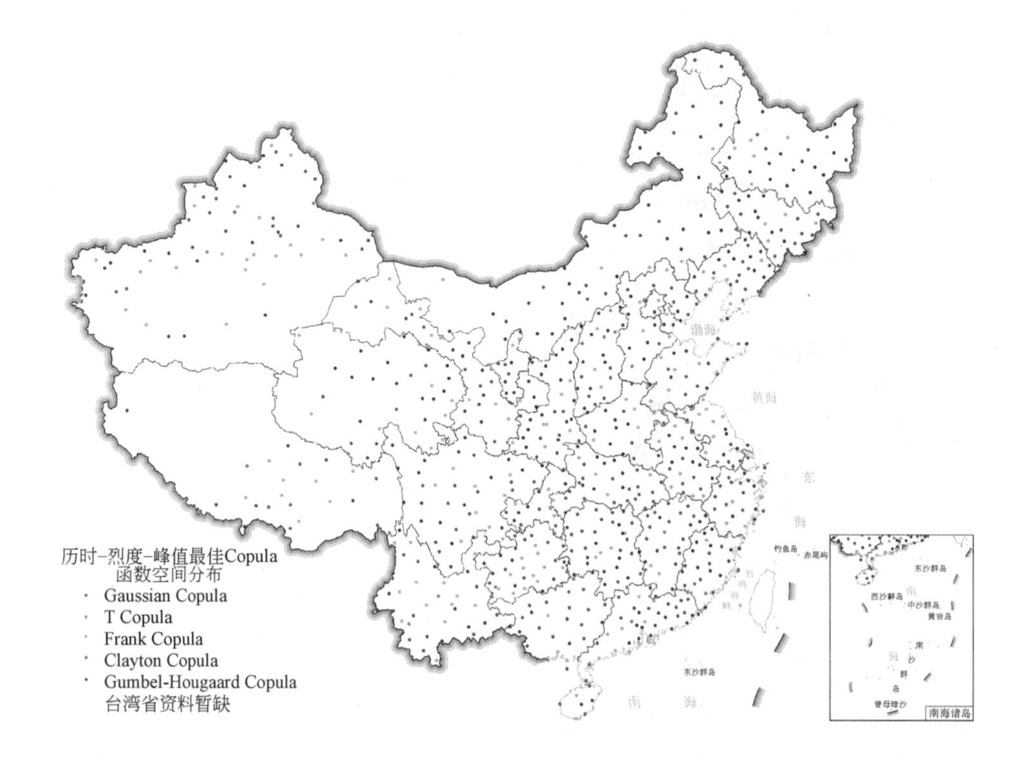

图 7.35　最佳 Copula 函数空间分布（历时—烈度—峰值）

表 7.8　北京站干旱特征三变量 Copula 拟合 AIC 结果

三变量	Gaussian	T	Gumbel-Hougaard	Frank	Clayton
历时—烈度—峰值	−641.13	−644.96	−655.69	−578.33	−485.57

对于三元特征变量，Gaussian Copula、Clayton Copula 和 Gumbel-Hougaard Copula 均有着不错的结果。T Copula 和 Frank Copula 的数目明显较少；Gaussian Copula 主要分布在中国的东北地区南部、长江下游地区、广西、以及新疆北部地区；Gaussian Copula 的全国平均 AIC 是 5 个 Copula 函数中最小的；Clayton Copula 在新疆南部地区有着聚集，但是在中国中部、广西和内蒙古地区的分布极少。在长江下游地区、云贵高原、广西和新疆地区，仅仅有少量的站点的最佳 Copula 为 Gumbel-Hougaard Copula。综合考虑，选择 Gaussian Copula 进行三元变量间连接函数。

选择全国站点平均 AIC 最小的 Gumbel-Hougaard Copula 分别对历时—烈度和历时—峰值进行拟合。Clayton Copula 和 Gaussian Copula 分别被选择对烈度—峰值和历时—烈度—峰值进行拟合，拟合结果如表 7.9。

表 7.9　全国干旱特征变量 Copula 函数拟合 AIC 平均结果

多变量	Gaussian	T	Gumbel-Hougaard	Frank	Clayton
历时—烈度	−553.3	−550.0	−560.4	−542.0	−494.6
历时—峰值	−587.5	−581.0	−598.0	−575.0	−528.4
烈度—峰值	−530.6	−532.9	−499.0	−525.8	−546.2
历时—烈度—峰值	−597.4	−541.9	−591.5	−588.6	−479.1

7.4.4　干旱事件多变量重现期

1. 中等干旱条件

依据 3 种不同干旱特征变量的边缘分布函数和多变量联合概率分布，根据多变量重现期计算公式，计算了中国 810 个站点在不同干旱条件下的干旱多变量重现期。与单变量重现期相似，通过全国 810 个站点多变量重现期的插值得到了中国区域的干旱多变量重现期分布图。计算了中等干旱条件（历时 ≥ 3，烈度 ≤ −3，峰值 ≤ −1）相应的干旱多变量重现期，如图 7.36 ～图 7.39 所示。

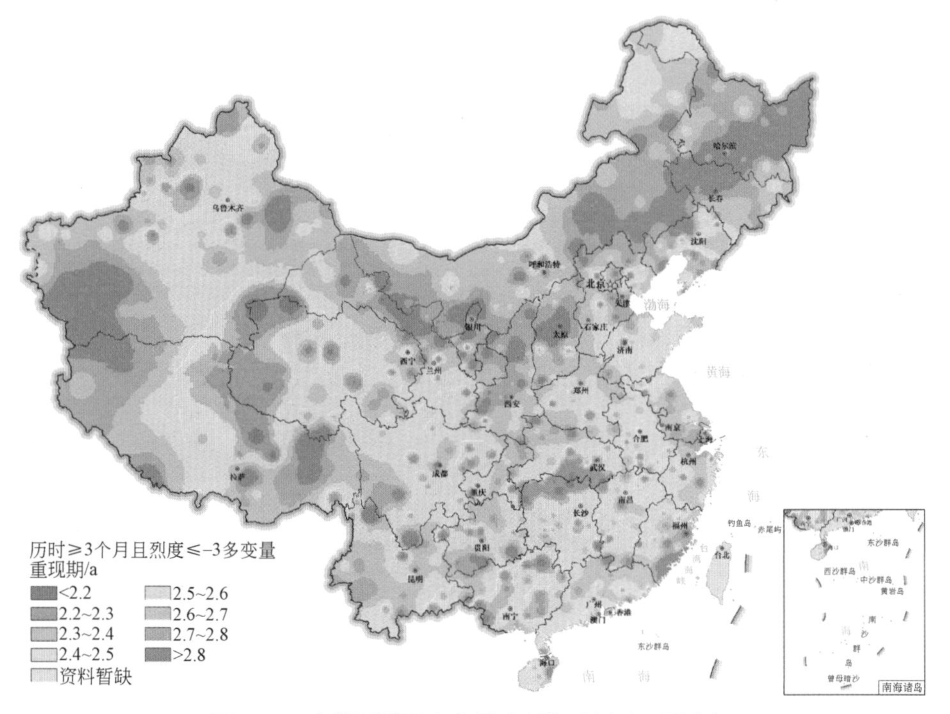

图 7.36　中等干旱下多变量重现期（历时—烈度）

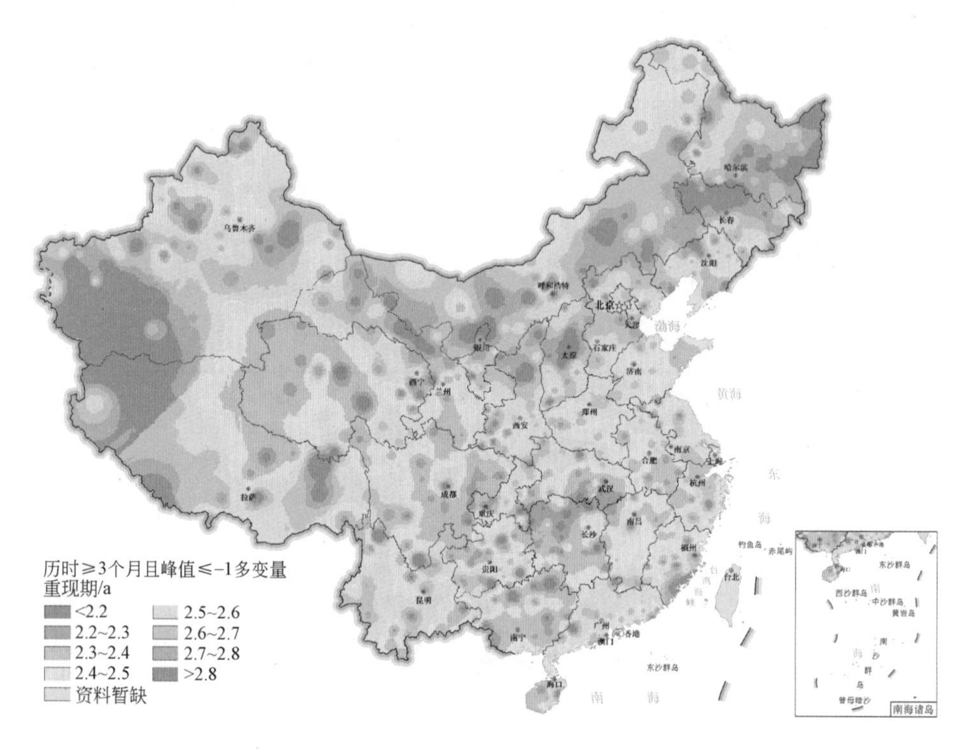

图 7.37　中等干旱下多变量重现期（历时—峰值）

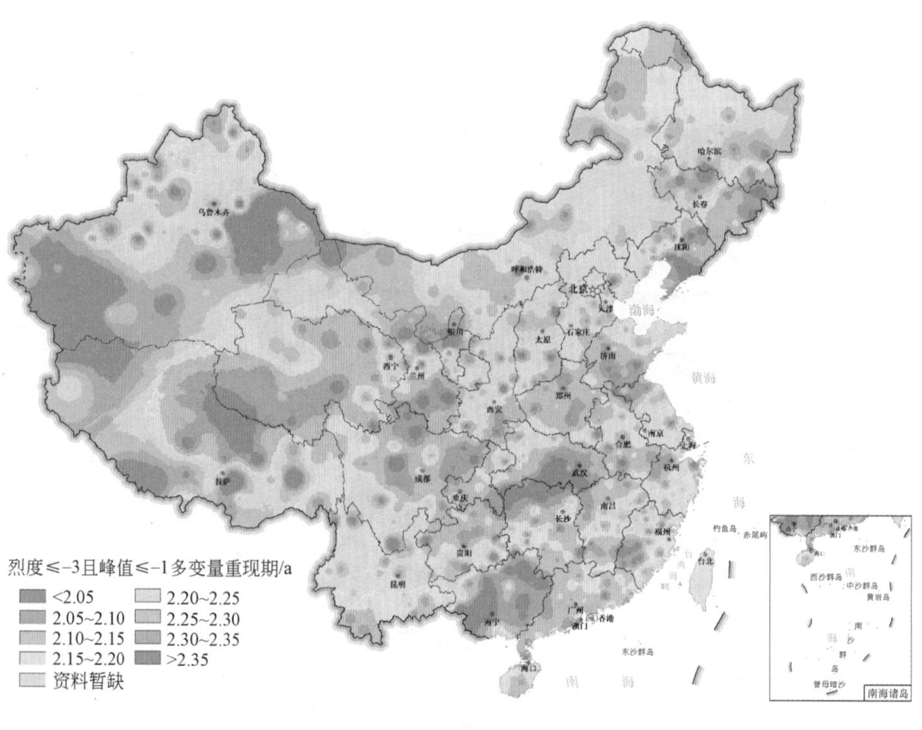

图 7.38　中等干旱下多变量重现期（烈度—峰值）

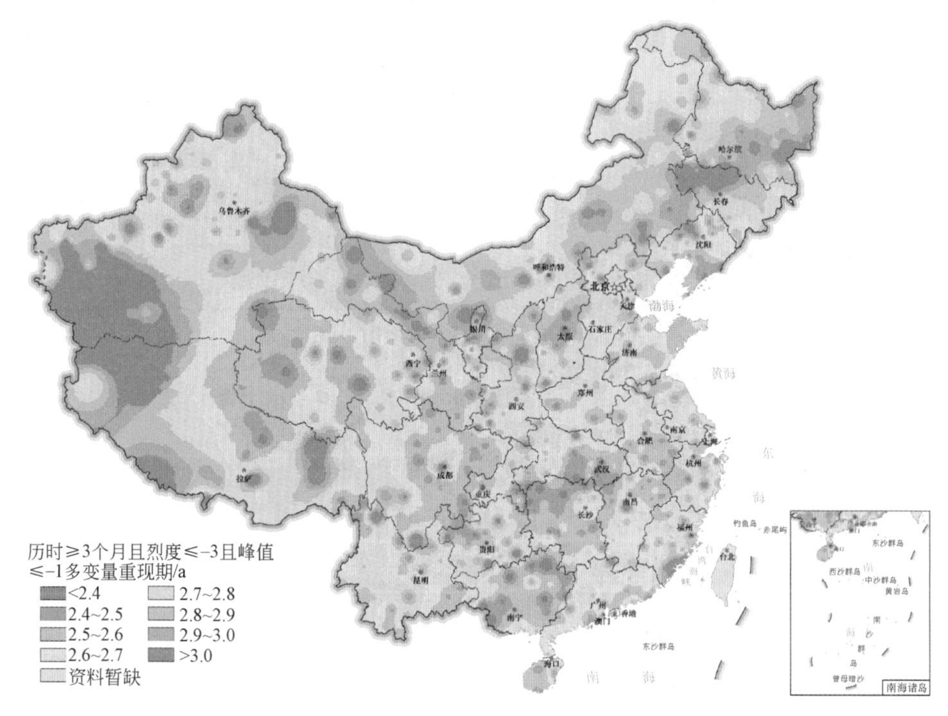

图 7.39　中等干旱下多变量重现期（历时—烈度—峰值）

历时—烈度的重现期分布在 2.0 ～ 3.6a，平均来说 2.5a。短重现期区域主要分布在湖北湖南交界处、青海西部、广西等地区。在东北地区、陕西、山西等地区重现期较长。历时—峰值的重现期分布在 1.9 ～ 5.3a，平均上 2.2a。短重现期区域的主要分布与历时—烈度大致相同。烈度—峰值的重现期分布在 1.9 ～ 3.3a，平均上 2.2a。除中国东北部分地区、西北部分地区外，其他地方的重现期均较短。历时—烈度—峰值的重现期最短 2.1a，最长 5.7a，平均上 2.75a。短重现期主要分布在广西、湖南、湖北、安徽等地。在山东、河南、青海省西部、四川大部等地区也较短。

通过将干旱多变量重现期与单变量重现期进行对比，可以看出在中等干旱条件下，干旱 3 个变量中历时起到了主导的作用。

2. 极度干旱条件

在极度干旱条件下，如图 7.40 ～图 7.43 所示，历时—烈度的重现期分布在 7.3 ～ 37a，平均来说 16.8a。短重现期区域主要分布在中国西北地区、云贵高原和长江中下游地区。在山东东部，河北中部以及广东沿海地区的重现期也较短，在 15a 左右。而在中国东北地区、陕西、和山西南部的重现期长于 20a。历时—峰值的重现期分布在 8.4 ～ 40.3a，

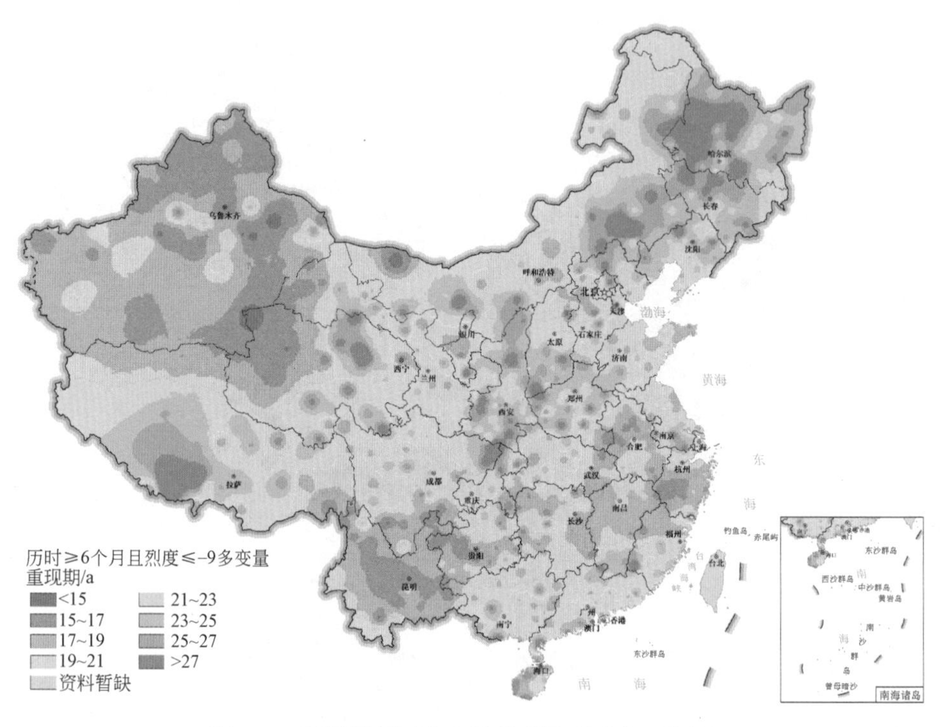

图 7.40　极端干旱下多变量重现期（历时—烈度）

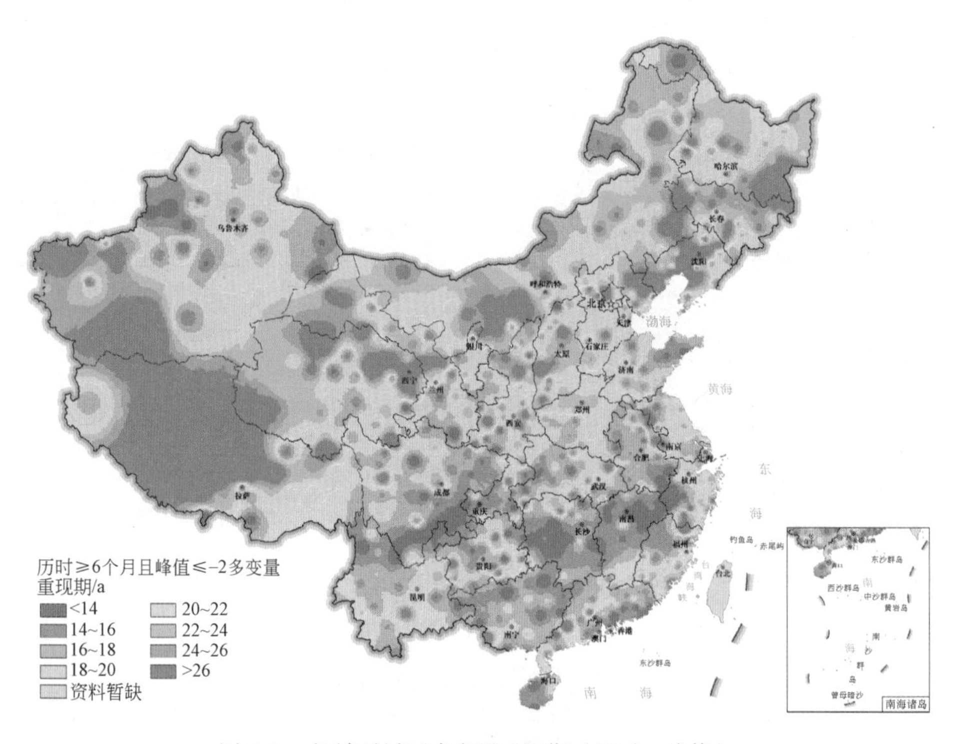

图 7.41　极端干旱下多变量重现期（历时—峰值）

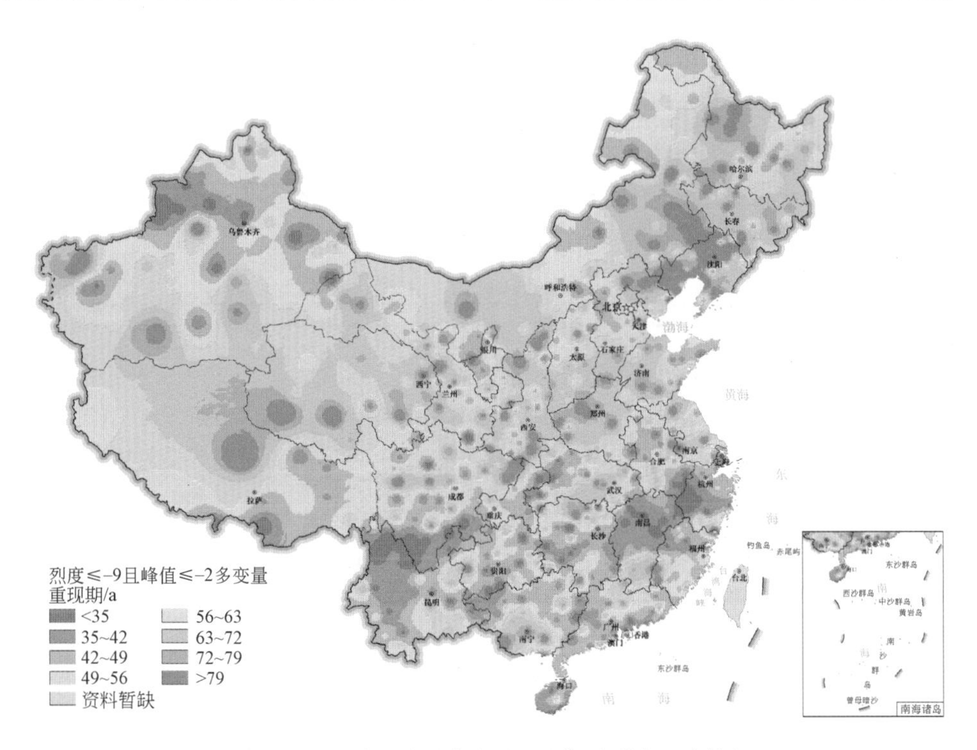

图 7.42　极端干旱下多变量重现期（烈度—峰值）

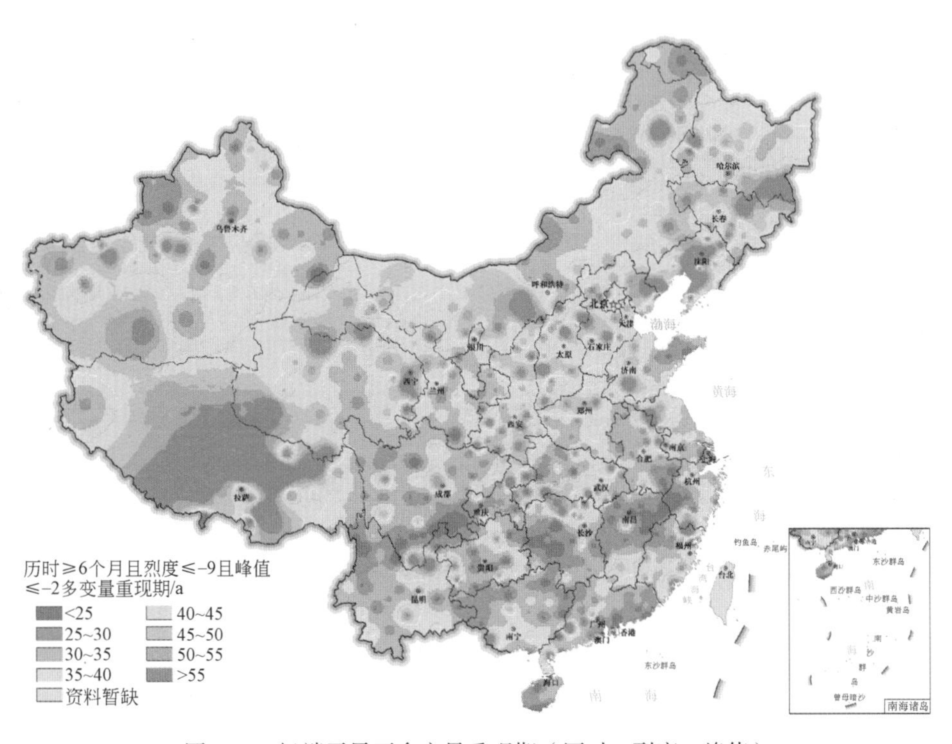

图 7.43　极端干旱下多变量重现期（历时—烈度—峰值）

平均为 24.1a。短重现期主要分布在江西北部、湖南中部以及四川云南交界地区。烈度—峰值的重现期分布在 11.1 ~ 66.0a，平均 31.2a。短重现期主要分布在浙江江西交界处、湖南西部，四川、云南、贵州交界处，以及广东沿海地区。三元变量重现期的分布在 14.5 ～ 93.5a，平均 42.1a。短重现期主要分布在中国南部，尤其是在四川、云南交界处，广东沿海，湖南西部，以及江西北部。

第 8 章 近 50a 我国干旱灾害时空演化

干旱事件的时空演化，是基于面状的干旱栅格数据集，对三维空间上（经度、纬度和时间）连续干旱事件的演化过程进行识别，从而分析干旱事件持续时间、空间影响范围以及强度峰值等参数对社会经济的影响程度。

8.1 干旱事件的提取

干旱灾害对于社会经济影响的强弱，往往与干旱事件的持续时间、空间影响范围以及影响强度等参数有着很强的相关性，尤其是长历时的干旱事件，在事件过程中通常会存在强度、范围等参数的变化，并且在时空上表现出一定的迁移变化规律。研究历史干旱事件时空演化规律能够克服以往对于干旱事件的研究中，由于数据源、处理能力以及研究方法的限制，主要针对单一台站和逐日逐月观测资料进行定义和检测，较难反映出干旱事件的空间分布、强度变化和迁移轨迹等状况的缺点，从而正确评判干旱事件对社会经济的影响程度。

8.1.1 分 析 方 法

Andreadis 等（2005）认为干旱是一系列空间上相互叠盖、时间上相互连续的斑块。而后，一些研究者针对这个方法提出了一定的改进，引入了一定的边界限制条件等参数。这个方法的主要目标是识别出在三维上（经度、纬度和时间）连续的干旱事件。干旱事件的提取是基于栅格数据的，粗略的处理流程如图 8.1 所示。提取方法有着以下的 3 个主要步骤。

（1）斑块提取。识别出每个时间单元下研究区域内的干旱斑块。首先，判断每个时间单元下，栅格数据中所有干旱指数小于给定阈值的栅格。然后，将所有在空间上连贯的栅格认为是同一个干旱斑块，并给予一定的标识。最后，对提取出的干旱斑块的日期、面积、烈度以及中心位置等参数特征进行获取、统计和记录。

（2）叠置分析。判别相邻时间单元斑块的空间连贯情况。通常认为一次干旱事件在相邻的两个时间单元内空间区域的变化较小，从而会存在一定的空间重叠。所以如

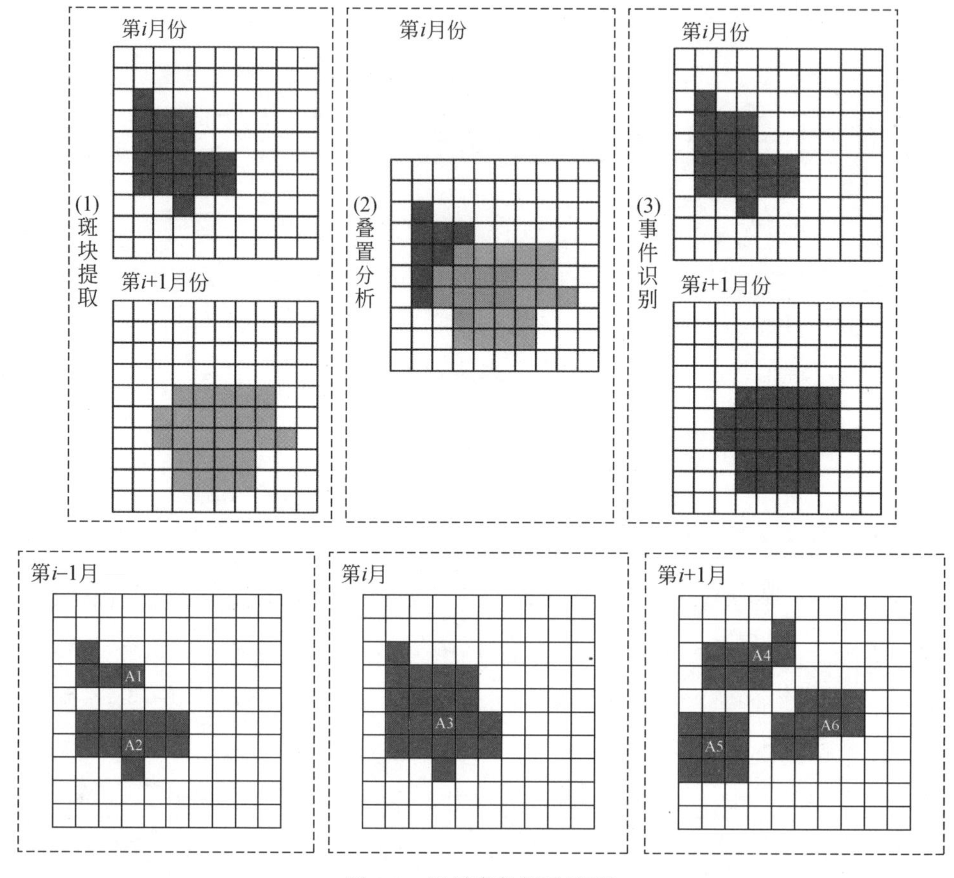

图 8.1　干旱事件提取流程

果分属两个时间单元的斑块存在一定空间叠加，并且叠加范围的面积高于给定的阈值，则认为两个斑块属于同一个干旱事件，并给予一定的标识。

（3）事件识别。识别整个研究时间段内的干旱事件。扫描整个研究时间段内的干旱斑块标识，对于同一标识的所有斑块认为是同一个干旱事件。统计所有干旱事件的特征值，如历时、烈度、峰值、峰值月份、面积、中心位置等参数。

为了更好地对干旱板块和干旱事件数据进行存储和处理，分别设计了两张表来分别存储相应的信息。其中表 8.1、表 8.2 分别为干旱斑块表、干旱事件表的数据字典。两张表通过 Label 标识进行联系。

表 8.1　干旱斑块属性表

字段名称	类型	说明
Sid	Int	编号，主键，自动加 1
Name	Text	斑块名称

续表

字段名称	类型	说明
Month	Int	斑块月份
Lon	Double	重心经度
Lat	Double	重心维度
Area	Double	斑块面积
Severity	Double	斑块强度
Label	text	斑块标识

表 8.2　干旱事件属性表

字段名称	类型	说明
Sid	Int	编号，主键，自动加 1
Label	Text	事件标识
Start	Int	起始月份
End	Int	终止月份
Duration	Int	持续时间
Area	Double	面积
Severity	Double	烈度
Peak	Double	峰值
Peakmonth	Int	峰值月份

在对干旱事件进行提取的基础上，进行以下干旱事件特征变量的提取与分析。

（1）历时。干旱事件持续的时间，即干旱起始 时间和终结时间之间经历的时间单元数目。

（2）面积。一次干旱事件扫过的所有地表面积总和，即干旱事件所有单个斑块面积总和。

（3）烈度。代表干旱严重的程度，是一次干旱事件所有斑块内栅格低于提取阈值的总和。

（4）峰值。代表了最大的干旱影响程度，在该月份内，干旱事件在单个时间单元所有斑块烈度总值的最小值。

（5）峰值月份。即干旱事件峰值所在的月份。

（6）重心位置。干旱事件的重心，代表干旱事件在空间上的位置，每一个干旱斑块均存在一个干旱重心，单个时间单元内可以存在多个重心位置。重心位置以经纬度形式进行表达。

8.1.2　干旱事件的提取

在干旱时空一体化提取的过程中，干旱识别过程中的阈值设定和干旱事件内斑块分裂与合并的问题是非常关键的问题。干旱识别过程中的阈值设定主要存在于斑块提取和叠置分析两个步骤中。干旱指数阈值的设定需要适宜，干旱指数阈值设定过大会导致识别出的干旱斑块面积过大，干旱斑块间的连贯性过强，存在大量的仅有少量栅格相连的大片区域，从而导致后续出现大量的分裂与合并的问题，并且干旱灾情较弱的区域亦被提取出来。干旱指数阈值设定过小，则会导致识别出的干旱斑块的面积过小，不同时间单元内斑块间的叠置性减小。出现的大量单月份或短历时的干旱事件，不利于对干旱事件的长时间变化进行分析。Andreadis 等（2005）将降水量低于平均状态下的 20% 作为受到了干旱的胁迫。Wang 等（2011）提出将 PDSI 小于 –1 作为提取的阈值。Xu 等（2015）对于 SPI、RDI 以及 SPEI 以 –1 作为了干旱事件提取的阈值。本书在综合考虑的前提下，将 SPEI=–1 作为干旱斑块提取的阈值设定。此外，在对干旱斑块提取中需要对干旱斑块的最小面积进行设定，从而有效地对覆盖面积过小的斑块进行过滤。Sheffield 等（2009）认为对于全球尺度的干旱，500000 km^2 是一个比较理想的阈值，Lloyd-Hughes（2012）使用了 500000 km^2 对欧洲地区的干旱状况进行了提取。Wang 等（2011）检验了干旱阈值的敏感程度，认为 150000 km^2 适合中国区域的干旱识别。Xu 等（2015）在只考虑了中国非干旱区的情况下，选取了 100000 km^2 来作为阈值。本书将以中国整体作为研究区域，本书选取了 150000 km^2 作为干旱斑块识别的最小面积阈值。最后叠置分析中需要对相邻时间单元内斑块的叠置面积设定阈值。当叠置面积设定过大时，导致干旱事件的整体性难以保持。如叠置面积过小，则会导致不同干旱事件也被归为同一个事件，导致干旱事件的持续时间过长，分裂与合并现象更加频繁和复杂。本书选取了斑块阈值面积的 2/3，即 100000 km^2，作为干旱斑块间叠置分析的阈值面积。

另一方面，在干旱发展变化过程中会出现干旱事件分裂为多个干旱斑块，或者是多个干旱斑块合并为一个干旱斑块的现象。如何对这些情况进行处理直接影响到了干旱事件的提取以及干旱特征参数的计算。Andreadis 等（2005）研究认为，多个干旱斑块合并为一个干旱斑块，认为它们属于相同的干旱事件，但是它们的特征值要分别进行计算。对于多个干旱斑块合并为一个斑块的，通常认为它们是同一个干旱事件。本书在研究中认为只要相邻时间单元内，干旱斑块的提取和叠置情况满足条件，就认为干旱无论合并、分裂都归属于同一个干旱事件。如图 8.1 所示，在第 i-1 月，存在 A1 和 A2 2 个干旱斑块，而后在第 i 月合并为了 A3。A3 在第 i+1 月，又分别分裂成了 A4、A5 和 A6 3 个干旱斑块。由于 6 个斑块的叠盖情况满足前文设定的条件，所以我们认为这 3 个月份六个斑块均属于干旱事件 A，然后据此对干旱事件 A 的属性进行统计。

根据上述设定的提取规则和条件，对中国 1961 ～ 2013 年的干旱事件进行了分析，共识别出 946 条干旱斑块记录。通过叠置分析和事件识别，共识别出 374 条干旱事件记录。干旱事件多以短历时事件为主。干旱历时大于等于 3 个月的事件数目有 98 条记录，历时大于等于 6 个月的干旱时间有 22 条记录。表 8.3 为所有历时大于等于 6 个月的干旱事件的详细参数信息，包括起始时间、结束时间、历时、面积、烈度、峰值、峰值月份、峰值中心以及斑块数目。峰值中心数据以经度在前，纬度在后。其中，峰值中心为多个值的，说明此峰值月份存在多个干旱斑块。若斑块数目多于历时，则说明此次干旱事件存在分裂、合并的情况。

从表 8.3 可以看出，历时大于等于 6 个月的干旱事件在各个年代均有发生，其中 20 世纪 60 年代 3 次，70 年代 1 次，80 年代 2 次，90 年代 4 次，2000 ～ 2010 年 10 次，2010 年以来 2 次。干旱历时长于等于 6 个月的事件中的峰值月份通常具有多个干旱斑块，也有多个干旱重心。多数的事件包含多于历时数目的干旱斑块，意味着这些干旱事件存在干旱斑块分裂与合并。尤其以 2006 年 5 月～ 2007 年 10 月干旱事件的峰值月份干旱斑块数目最多，达到了 7 个。

表 8.3　历时大于等于 6 个月的干旱事件

序号	起始时间	结束时间	历时 /月	面积 /（万 km²）	烈度 /mm	峰值 /mm	峰值月份	峰值中心 /（°）	斑块数 /个
1	1962.12	1963.10	11	1126.69	−53186.8	−13480.2	1963.2	110.0,34.2；85.0,43.9	16
2	1967.6	1967.11	6	21072	−10027.7	−2923.4	1967.10	118.5,29.2	6
3	1969.2	1969.8	7	37915	−14043.0	−4413.4	1969.5	99.9,28.7	7
4	1978.4	1978.10	7	32271	−13863.9	−3457.0	1978.10	113.7,31.7	7
5	1987.1	1989.7	7	41002	−14655.7	−5545.9	1987.2	109.9,27.5	8
6	1989.7	1989.12	6	23486	−8182.31	−3151.1	1989.8	109.4,24.4	6
7	1994.7	1994.12	6	31686	−10800.2	−4778.1	1994.9	92.3,31.2；107.6,34.0	7

续表

序号	起始时间	结束时间	历时/月	面积/（万 km²）	烈度 /mm	峰值 /mm	峰值月份	峰值中心/（°）	斑块数/个
8	1997.2	1997.12	11	113315	−48417.8	−8792.5	1997.6	110.9,34.6；88.8,44.4；123.3,43.8	18
9	1998.9	1999.4	8	163171	−83700.8	−18143.5	1999.2	111.1,31.9	17
10	1999.6	1999.12	7	71692	−21520.2	−5116.8	1999.9	117.439.1；94.1,39.4	13
11	2000.3	2000.9	7	66612	−33064.6	−9372.8	2000.5	110.6,34.7	7
12	2001.4	2001.12	9	202776	−83605.4	−15072.7	2001.7	97.3,39.3；112.2,30.9；125.5,46.0	23
13	2003.7	2004.1	7	42209	−15378.5	−3903.1	2003.9	114.3,27.0；100.9,25.5	10
14	2004.3	2004.9	7	89098	−40838.7	−18969.0	2004.4	99.8,37.2	9
15	2004.4	2004.9	6	26205	−12258.2	−3816.2	2004.6	122.4,45.3	6
16	2005.6	2006.1	8	63718	−27388.6	−6069.7	2005.11	119.4,44.1	10
17	2006.5	2007.10	18	258423	−125675.3	−23878.4	2006.10	87.5,39.4；102.3,30.0；123.5,49.0；114.5,40.7；118.9,31.4；106.2,37.8；90.6,29.3	29
18	2007.6	2007.11	6	56921	−27995.6	−5923.0	2007.8	122.0,46.0	6
19	2008.4	2008.10	7	96931	−46147.8	−15101.1	2008.7	88.7,39.8	9
20	2009.3	2010.6	16	208418	−87932.3	−12405.0	2009.4	92.5,38.9	32
21	2010.11	2011.12	14	253724	−112028.0	−16117.6	2011.10	86.5,37.7；121.4,45.4；100.3,28.1	32
22	2012.12	2013.12	13	175063	−83358.9	−24514.3	2013.3	106.6,33.2；83.1,38.8	18

8.2 干旱事件时空演变规律

8.2.1 干旱事件时空特征

1. 干旱事件的空间分布特征

对所有的干旱斑块的面积特征按照其重心所在位置进行可视化，得到了图 8.2。越大的点符号代表了越大的干旱斑块面积。从图 8.2 中可以看出，大面积的干旱斑块在空间上存在聚集区域，如黄淮地区、东北地区、华南地区以及西北地区，而在沿海和边境区域，干旱斑块的面积均较小。

图 8.2　中国干旱面积空间分布

按照春（3 月～5 月）、夏（6 月～8 月）、秋（9 月～11 月）、冬（12 月～次年 2 月）4 个季节分别对干旱斑块的面积统计统计。从图 8.3 可以看出，气象干旱在中国一年四季均有可能发生。但是不同季节的主要干旱斑块集中区域有所不同。

春旱在黄淮流域发生最为广泛。这是由于北方地区春季升温迅速，蒸发量增加，但雨季尚未到达，导致干旱旱情较为频繁。在东北地区以及华南地区也存在一定量的小面积的干旱斑块聚集。

夏旱相对其他季节，夏旱在中国东部地区干旱斑块的面积较小。干旱斑块在西部地区的面积较大。在北方以初夏发生干旱为主，而在南方主要以伏旱为主。

秋季干旱在 4 个干旱易发区域发生均较为频繁。如果秋季副热带高压较弱，迅速向南向东撤退，雨带将迅速南移，导致华北与东北地区的降水量显著偏少，产生秋旱。而如果西太平洋副热带高压较强，则南方大部分地区直接受到它的控制，较难形成降水条件，形成高温少雨的天气，且内陆地区由于无法受到台风的影响，导致更易发生秋旱。

冬旱主要在黄淮地区发生。此时黄淮地区主要种植的冬小麦处于休眠状态。冬旱

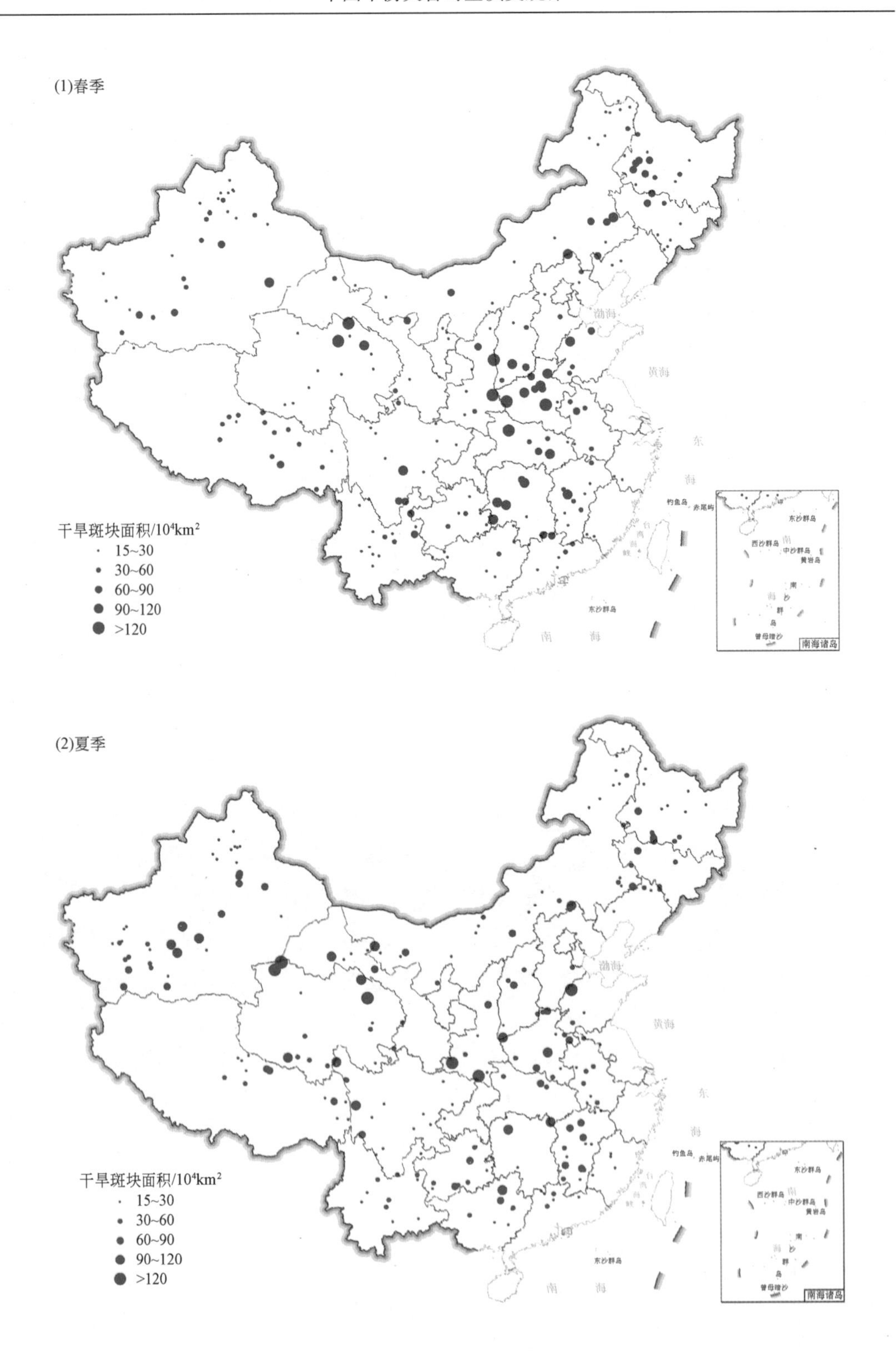
(1)春季
渤海
黄海
东
海
钓鱼岛
赤尾屿
台
湾
岛
东沙群岛
南
海
干旱斑块面积/10⁴km²
15~30
30~60
60~90
90~120
>120
东沙群岛
西沙群岛
中沙群岛
黄岩岛
南
沙
群
岛
曾母暗沙
南海诸岛
(2)夏季
渤海
黄海
东
海
钓鱼岛
赤尾屿
东沙群岛
南
海
干旱斑块面积/10⁴km²
15~30
30~60
60~90
90~120
>120
东沙群岛
西沙群岛
中沙群岛
黄岩岛
南
沙
群
岛
曾母暗沙
南海诸岛

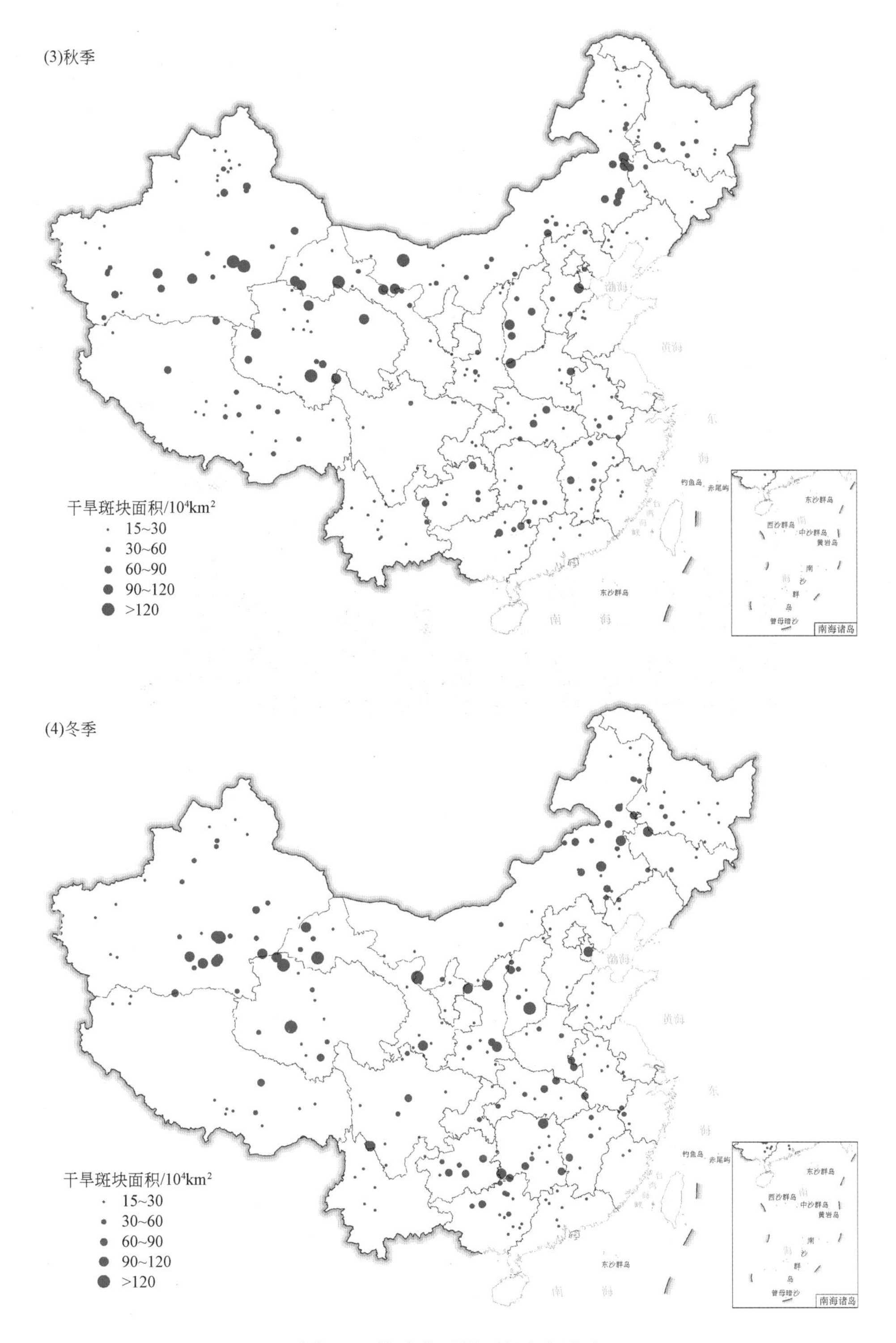

图 8.3　分季节干旱面积空间分布

对于此时农作物的危害较轻。但是仍需要密切关注，以防出现冬春连旱，造成较大的危害。此外在华南地区，仍有作物生产。如果此时发生冬旱，其影响危害仍然较重。

2. 干旱特征时间变化

将短于3个月的干旱事件认为是短历时事件，对于历时大于等于3个月的干旱事件认为是长历时事件，研究、分析长历时干旱事件的特征月份对于理解干旱事件变化过程十分重要。对干旱事件的起始月份、干旱事件的结束月份和干旱事件的峰值月份这3个变量的逐月统计，如图8.4～图8.6所示。

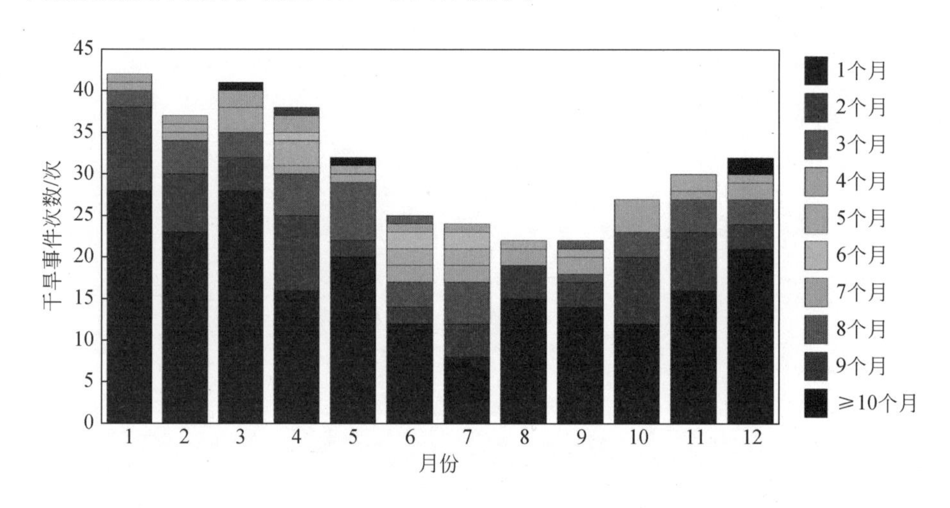

图8.4　干旱事件起始月份时间分布

图8.4为干旱起始月份时间分布图，由图8.4可知，干旱事件较多开始于冬季和春季。短历时干旱事件多发生在冬春季节，尤其是在1月和3月最为集中。在夏季，短历时干旱事件数目较少，以6月和7月为最少。较长历时的干旱事件在春季和夏初最易发生，而在秋冬季发生的数目较少。这些干旱的持续时间较长，甚至会一直延续到秋季，对农业生产的影响尤为严重。

图8.5为干旱终止月份时间分布图。由图8.5可知，对于终止月份，长历时干旱事件在夏季和冬季的结束的数目较多。大量的长历时事件在夏季或者冬季结束，而在春季结束的数目较少。这意味着干旱在冬春季节发生后，很有可能在后续的时间内不断发展。

图8.6为干旱峰值月份时间分布图。长历时干旱事件的峰值分布最多的月份为2月、5月、7月和10月。要特别注意这些月份的干旱发展情况。

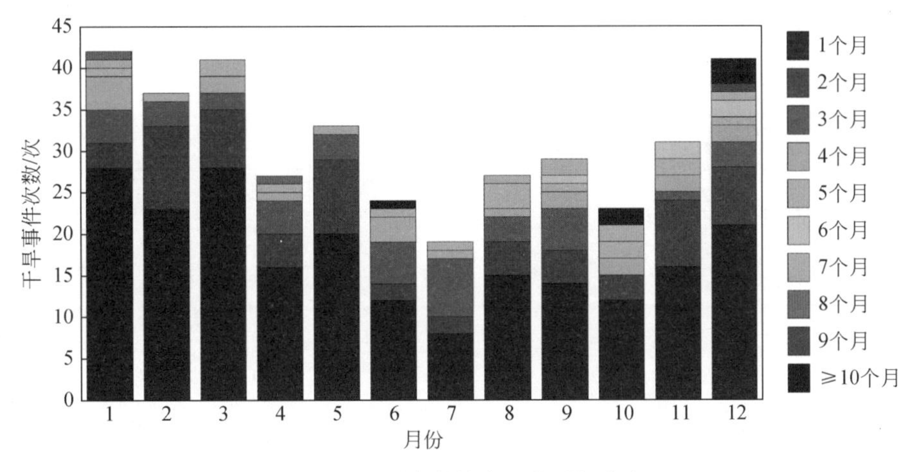

图 8.5　干旱事件结束月份时间分布

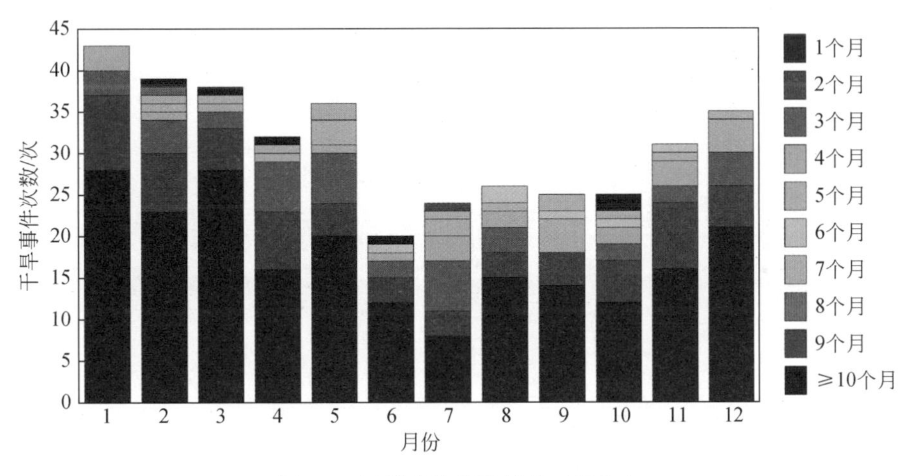

图 8.6　干旱事件峰值月份时间分布

8.2.2　干旱事件演变轨迹特征

为了分析干旱事件在时空上的迁移轨迹特征，选取了历时大于等于 3 个月的所有干旱事件。将干旱事件的前半部分的干旱斑块重心、后半部分的干旱斑块中心分别进行了统计。将前半部分中心作为迁移轨迹的起始点，将后半部分重心作为终止点，并利用不同的颜色对干旱历时进行区分，得到了历时大于等于3个月干旱事件迁移轨迹图，如图 8.7 所示。以东经 110° 、北纬 30° 将中国划分为了 3 个区域，分别为北部、西部、南部。分别统计 3 个区域干旱的移动方向和移动距离，制作了迁移方向的极坐标图，如图 8.8 所示。其中，（1）图为北部区域，（2）图为南部区域，（3）图为西部区域。

从图 8.7 和图 8.8 可以看出，中国东部季风区呈现出明显的南北差异。在东经

110° 以东、北纬 30° 以北的地区，干旱迁移轨迹整体呈现出南北迁移的趋势，这与夏季风在南北方向上的异常移动有关。在北部，移动距离短于 500 km 的干旱事件多为东西方向为主，而移动距离长于 500 km 的干旱事件多以东南—西北方向为主。

在北纬 30° 以南的地区，干旱事件呈现出东西方向移动的特点。在东经 110° 以西、北纬 30° 以北的西部地区，干旱呈现出东西迁移的特征，并且呈现出大距离的迁移特征。在方向上，干旱事件以向西北方向迁移为主，但在新疆北部，干旱事件以小距离移动为主。

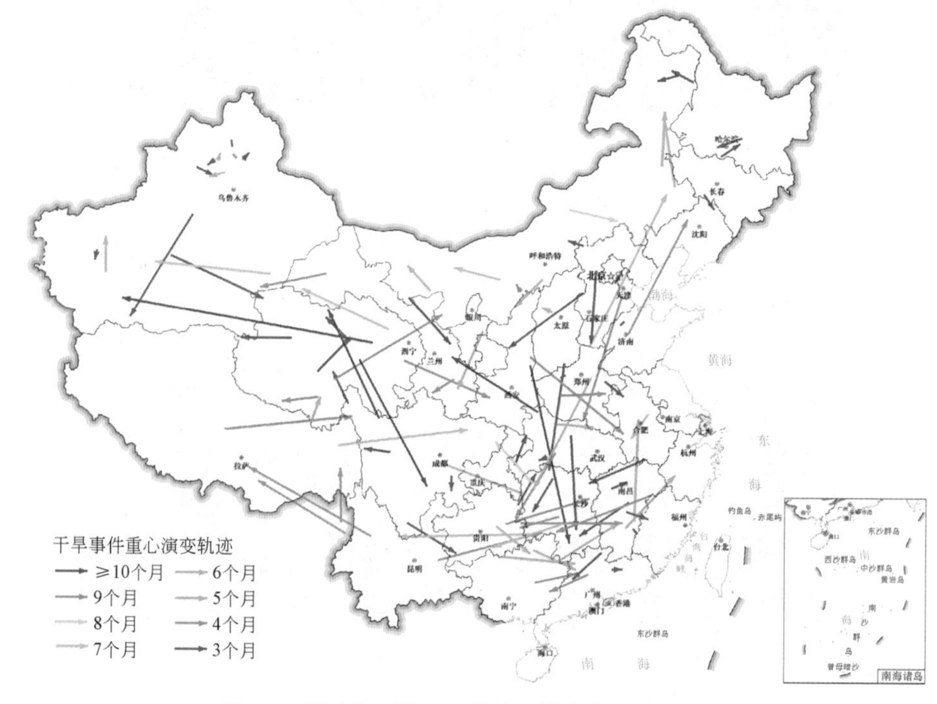

图 8.7 历时大于等于 3 个月干旱事件迁移轨迹图

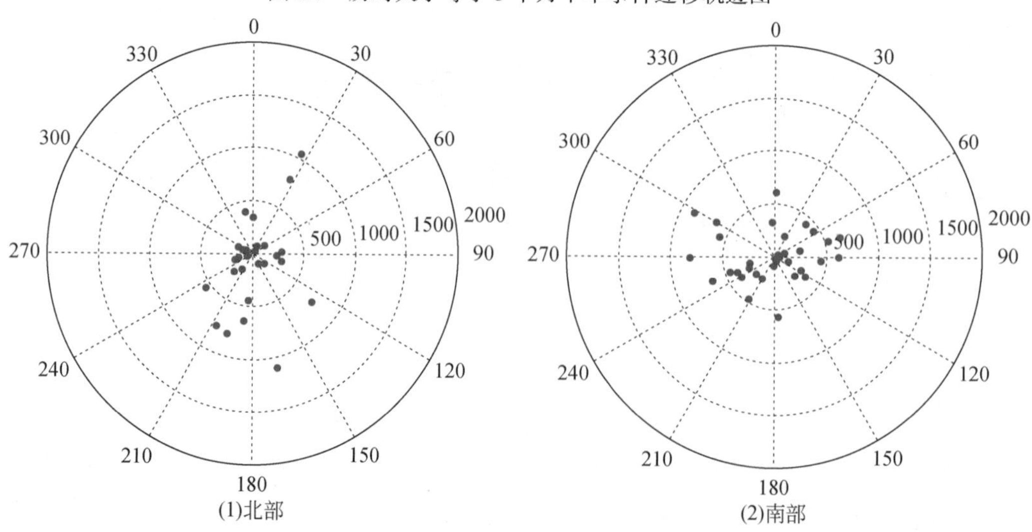

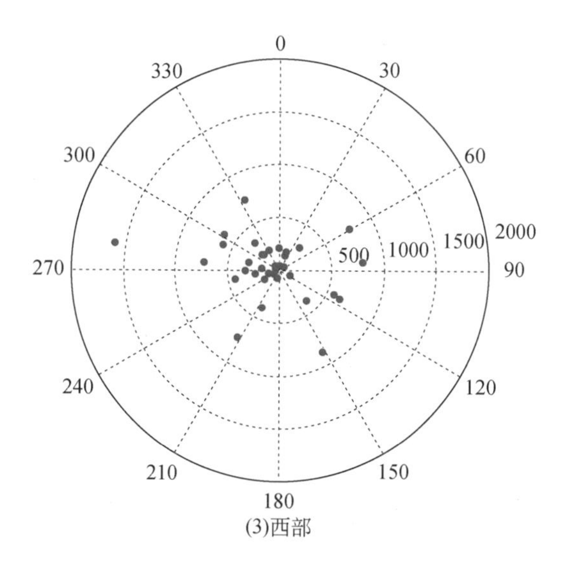

(3)西部

图 8.8　干旱事件迁移方向图

8.3　干旱事件单变量重现期

在干旱事件的研究中，干旱面积与烈度具有极强的相关性。为此在进行多变量重现期研究中，舍弃了面积参数，仅考虑了历时、烈度和峰值 3 个特征参数。此外由于识别出的小于 3 个月历时的干旱事件数目过多，如果加入到边缘分布计算中，将影响到干旱事件在极端数值区域的拟合效果，不利于后续的重现期分析。所以进行重现期计算的干旱事件，仅仅选取了历时大于等于 3 个月的 98 条干旱记录。

8.3.1　干旱事件单变量边缘分布函数最佳拟合

采用前文使用的 6 种边缘分布拟合函数对 3 种干旱特征变量进行拟合，拟合结果如图 8.9 ～图 8.11 所示。需要注意的是，离散的干旱历时是当作连续变量进行边缘分布拟合的。所有边缘分布函数的参数都是利用最大似然估计得出的。

可以看出，不同边缘分布函数对于相同特征变量的表达能力存在着较大的差异。对于历时，指数分布和广义 Pareto 分布的拟合效果整体较好。对于烈度和峰值，广义极值分布的拟合效果最好。由于烈度和峰值的数据分布较为广泛，加上指数分布自身的函数限制等原因，指数分布不能够对干旱烈度和峰值数据进行有效的拟合。

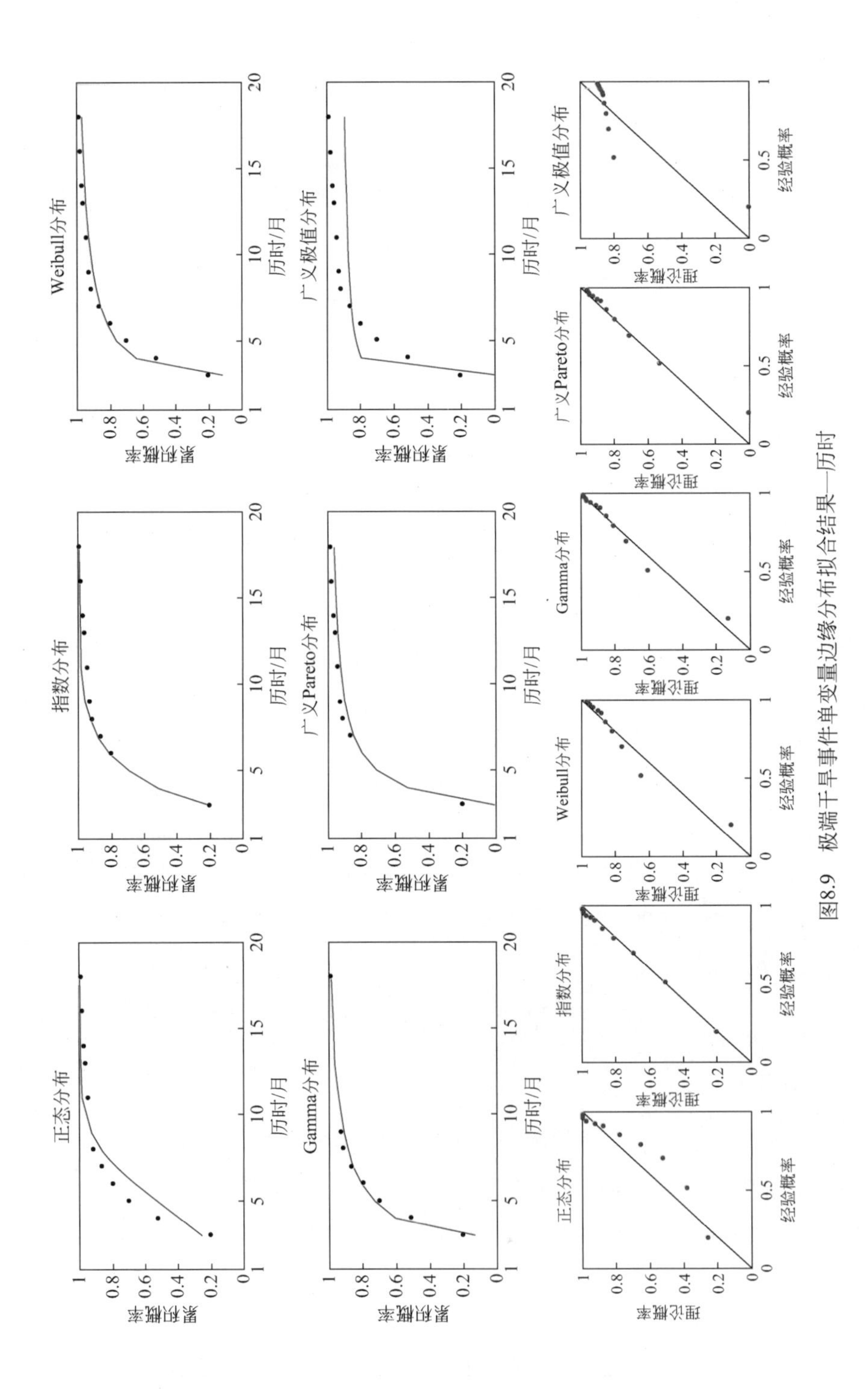

图8.9 极端干旱事件单变量边缘分布拟合结果—历时

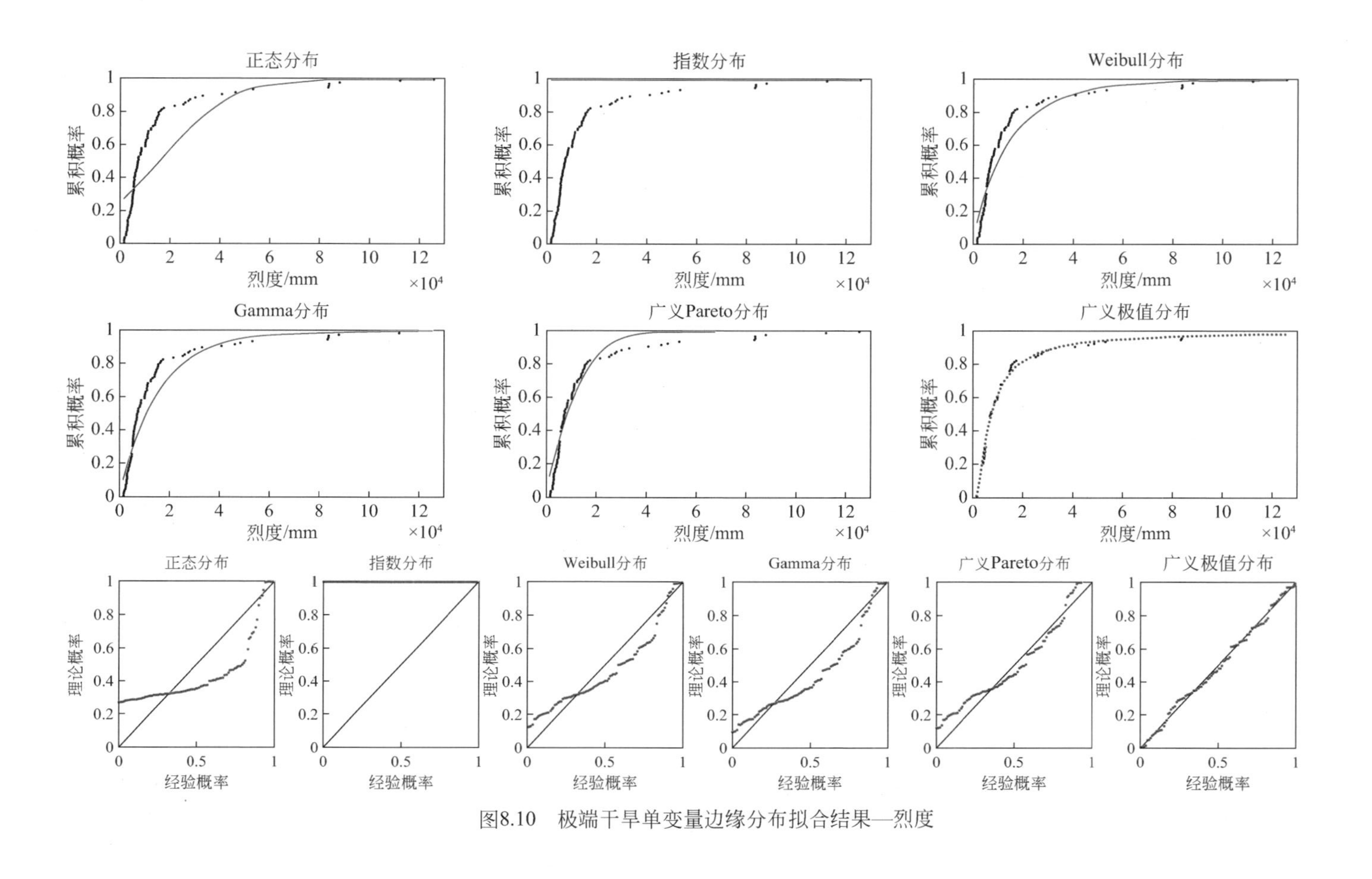

图8.10　极端干旱单变量边缘分布拟合结果—烈度

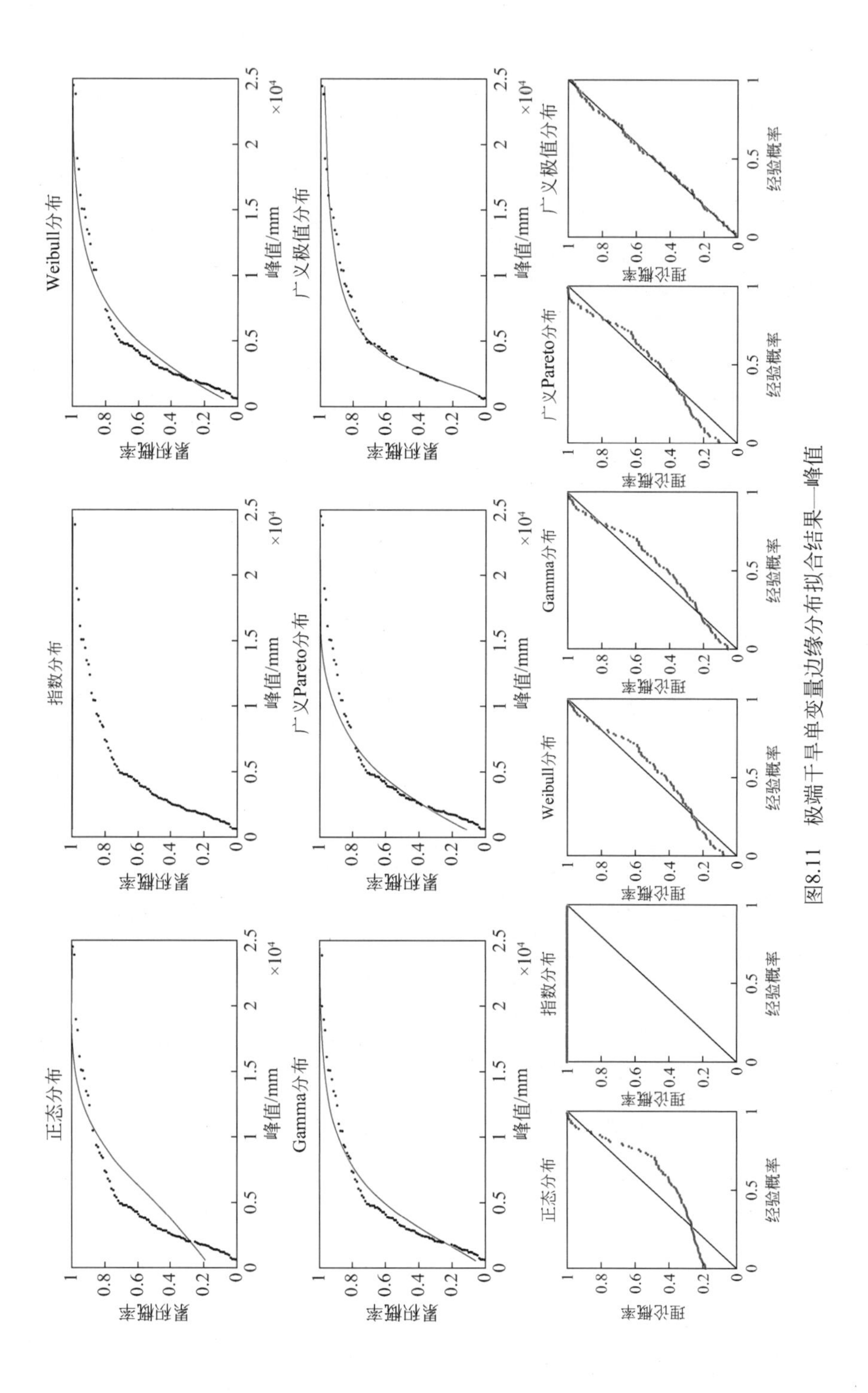

图8.11 极端干旱单变量边缘分布拟合结果—峰值

为了更好定量化地对比各个边缘分布函数的拟合效果，分别计算各个边缘分布拟合结果的 AIC，如表 8.4 所示。越小的 AIC 数值代表了越好的拟合效果。对表 5.5 中最佳的拟合函数进行了加粗处理，对比数据，可以得出与上文相同的结论。统计出的各最佳边缘分布函数的参数，如表 8.5 所示。

表 8.4　中国干旱特征变量边缘分布拟合 AIC 结果

特征变量	正态分布	指数分布	Weibull 分布	Gamma 分布	广义 Pareto 分布	广义极值分布
历时 / 月	−432.1	−887.0	−477.5	−539.0	−402.2	−315.1
烈度 /mm	−337.2	−101.6	−469.0	−445.1	−519.6	−762.1
峰值 /mm	−404.4	−101.6	−541.9	−540.1	−549.2	−818.5

表 8.5　中国干旱特征变量边缘分布函数参数数值

特征变量	参数 1	参数 2	参数 3
历时 / 月	2.0606	−0.4669	—
烈度 /mm	0.8	4459.8	5674.0
峰值 /mm	0.6	1846.0	2493.8

8.3.2　干旱事件单变量重现期

依据不同干旱特征变量的边缘分布函数和多变量间的联合概率分布，依据重现期计算公式，计算了中国单变量重现期分布情况，如图 8.12 所示，图 8.12 中 X 轴为特征

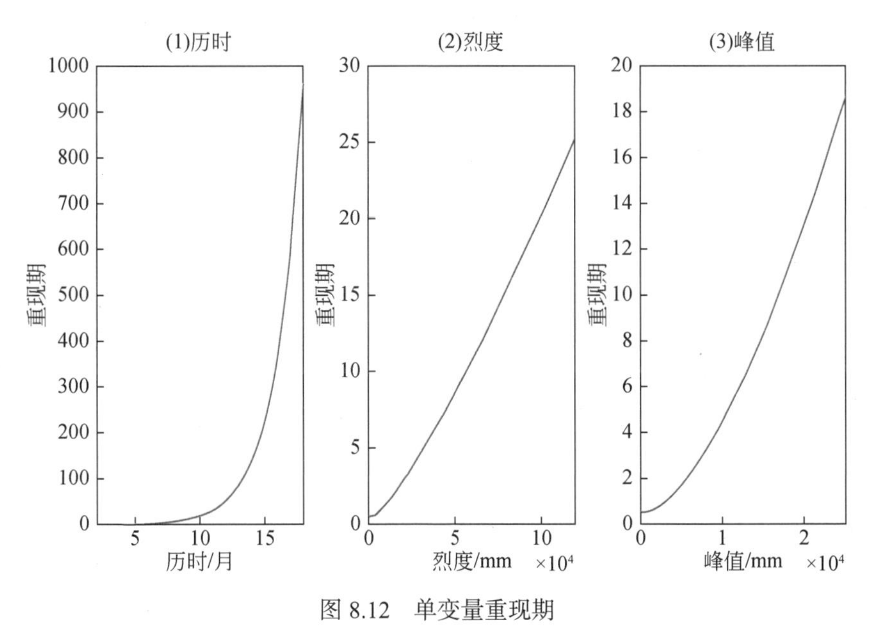

图 8.12　单变量重现期

变量的变化，Y 轴为重现期分布情况，曲线即为固定特征变量下对应的重现期的连线。通过这个连线，即可以快速地通过给定的单变量特征获得相应的单变量重现期。从图 8.12 中可以看出不同变量的重现期曲线相差较大。由于利用指数分布对干旱历时进行拟合，导致在高值区域，重现期特长。而烈度和峰值的重现期在最大值的情况下分别为 25a 左右和 20a 左右。由于原始数据的长度为 53a，对于重现期长于 50a 的重现期的可用性较差，仅供多个事件之间进行横向对比。

8.4　干旱事件多变量重现期

8.4.1　干旱事件多变量边缘分布函数最佳拟合

利用前文提到的 5 种常用的 Copula 函数对干旱多变量的联合概率分布分别进行了拟合。所有的 Copula 函数的参数均是通过最大似然估计得到的。通过计算，干旱特征多变量的 Copula 函数拟合效果如图 8.13 ～图 8.16 所示。

从图中看出，不同的 Copula 函数对于相同的多变量的联合概率分布的表达能力差别不大，均能够很好地构建相应的联合概率分布。为了选择最佳的 Copula 函数，需要从拟合精度进一步对 Copula 函数的拟合结果进行对比。对中国干旱特征变量 Copula 拟合 AIC 结果进行了计算，得到了表 8.6。每个特征变量的最小 AIC 进行了加粗标识。可以看出历时—烈度和历时—峰值的拟合效果最好的 Copula 函数为 Gumbel-Hougaard Copula。烈度—峰值的最佳拟合函数为 Gaussian Copula。三元历时—烈度—峰值的最佳拟合函数为 T Copula。相应的 Copula 函数的计算参数见表 8.7。

表 8.6　中国干旱特征多变量 Copula 拟合 AIC 结果

特征参数	Gaussian	T	Frank	Clayton	Gumbel-Hougaard
历时—烈度	−698.8	−699.6	−703.3	−616.0	−754.1
历时—峰值	−743.6	−743.4	−753.5	−691.3	−787.1
烈度—峰值	−827.1	−826.9	−807.0	−757.1	−807.6
历时—烈度—峰值	−732.5	−751.5	−668.4	−578.3	−687.0

表 8.7　中国干旱特征多变量 Copula 拟合参数

	参数 1	参数 2	参数 3	参数 4
历时—烈度	1.8934	—	—	—
历时—峰值	1.4313	—	—	—
烈度—峰值	0.9421	—	—	—
历时—烈度—峰值	0.7234	0.5531	0.9416	34365000

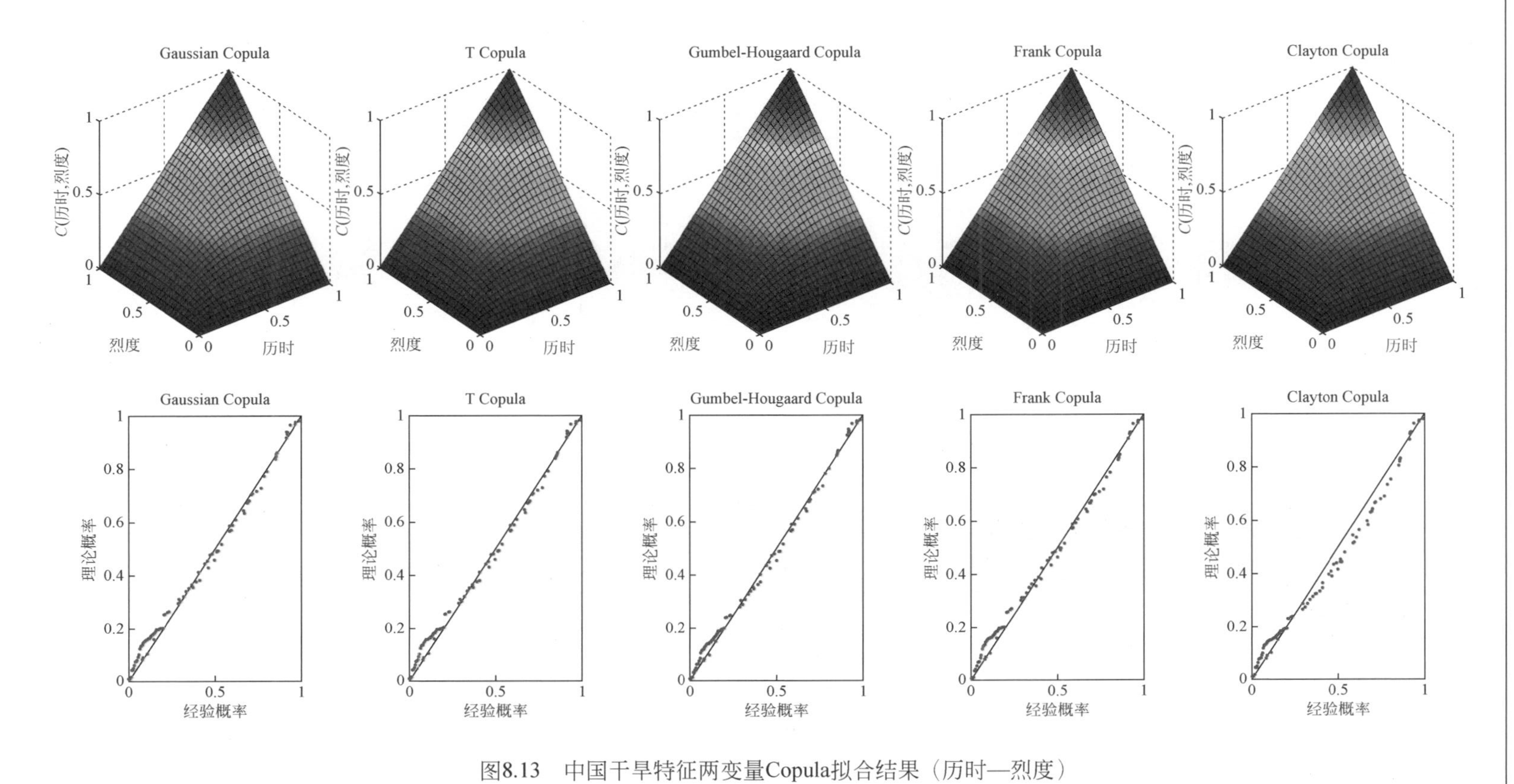

图8.13　中国干旱特征两变量Copula拟合结果（历时—烈度）

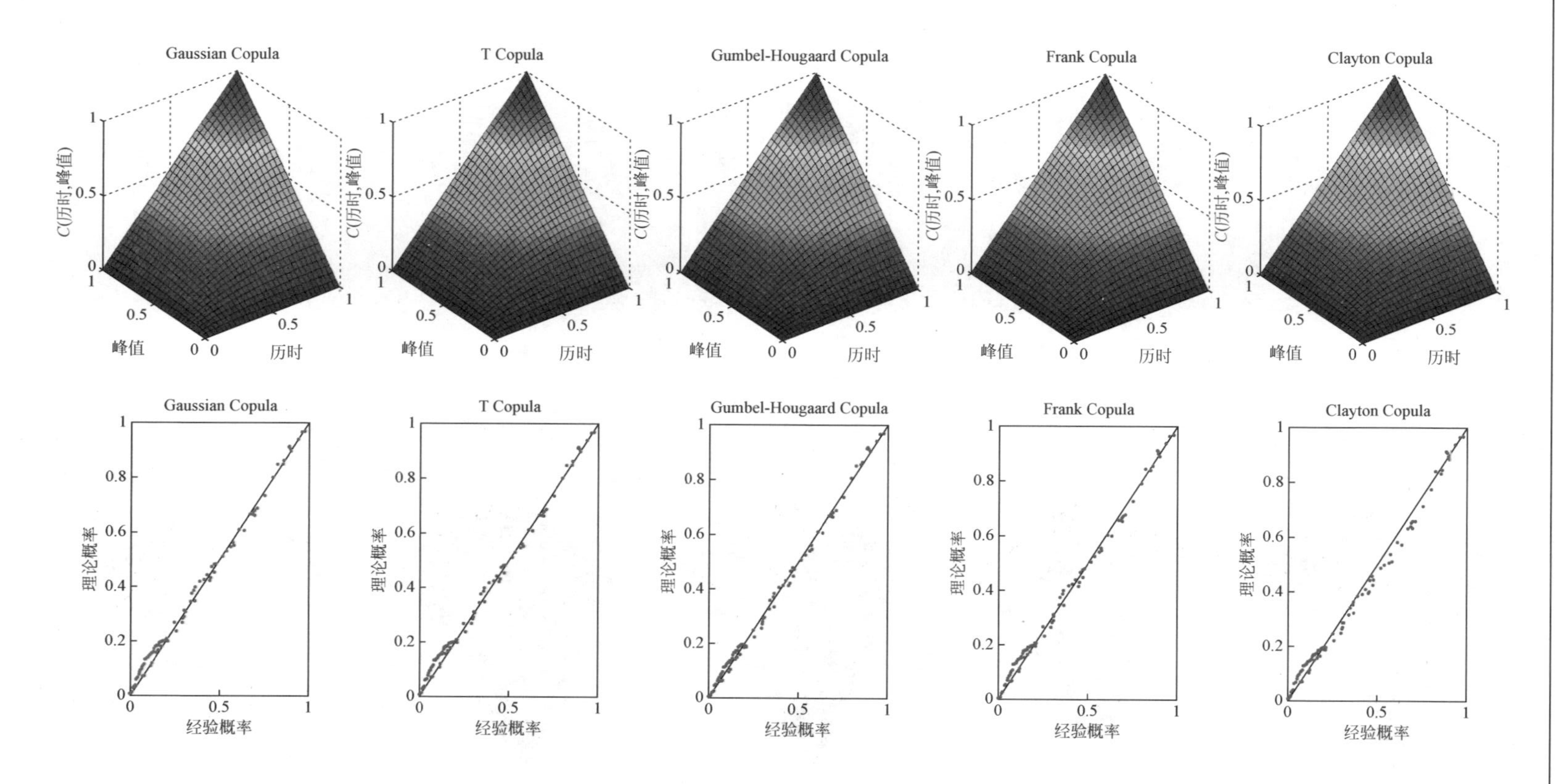

图8.14 中国干旱特征两变量Copula拟合结果（历时—峰值）

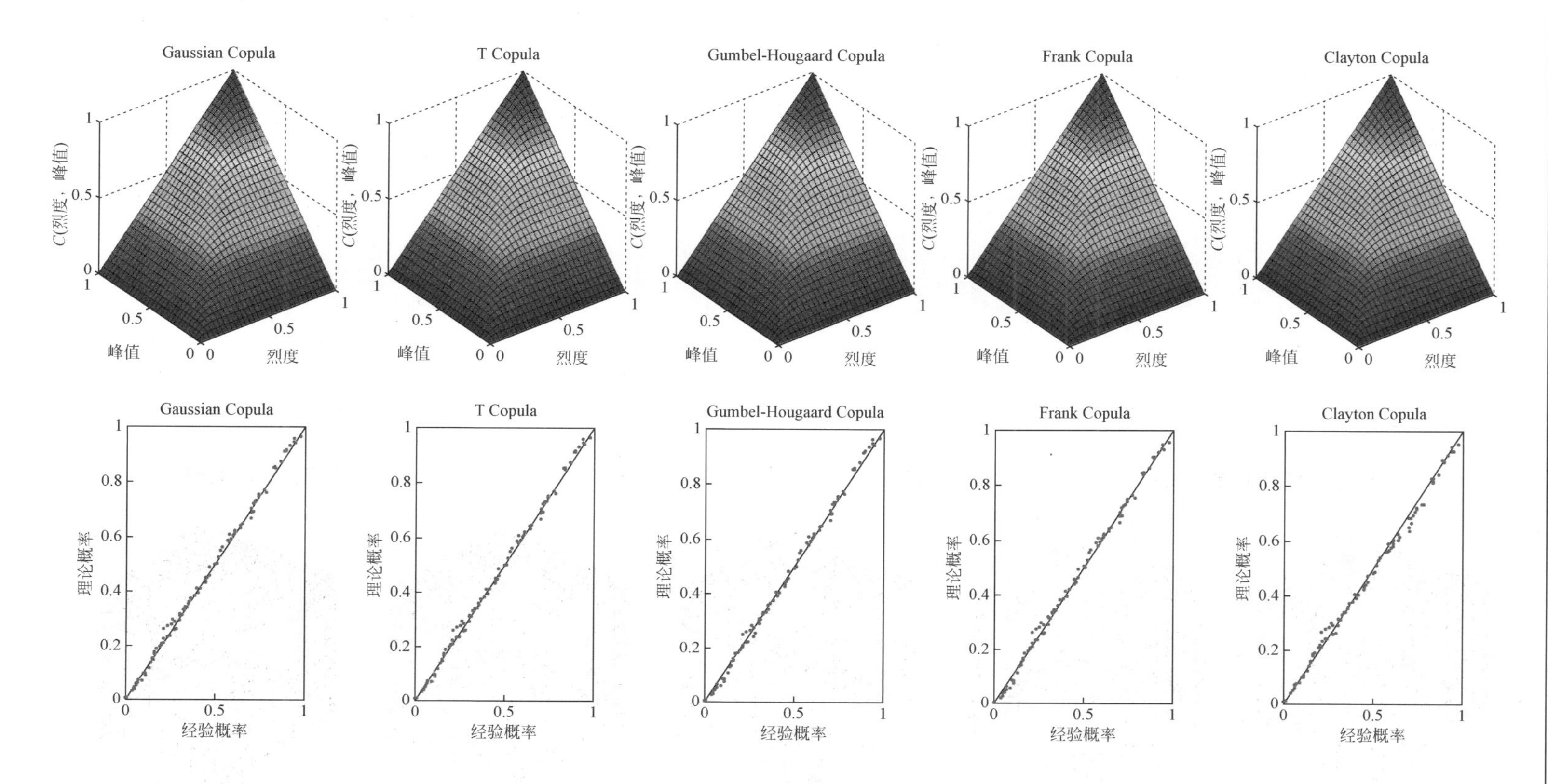

图8.15　中国干旱特征两变量Copula拟合结果（烈度—峰值）

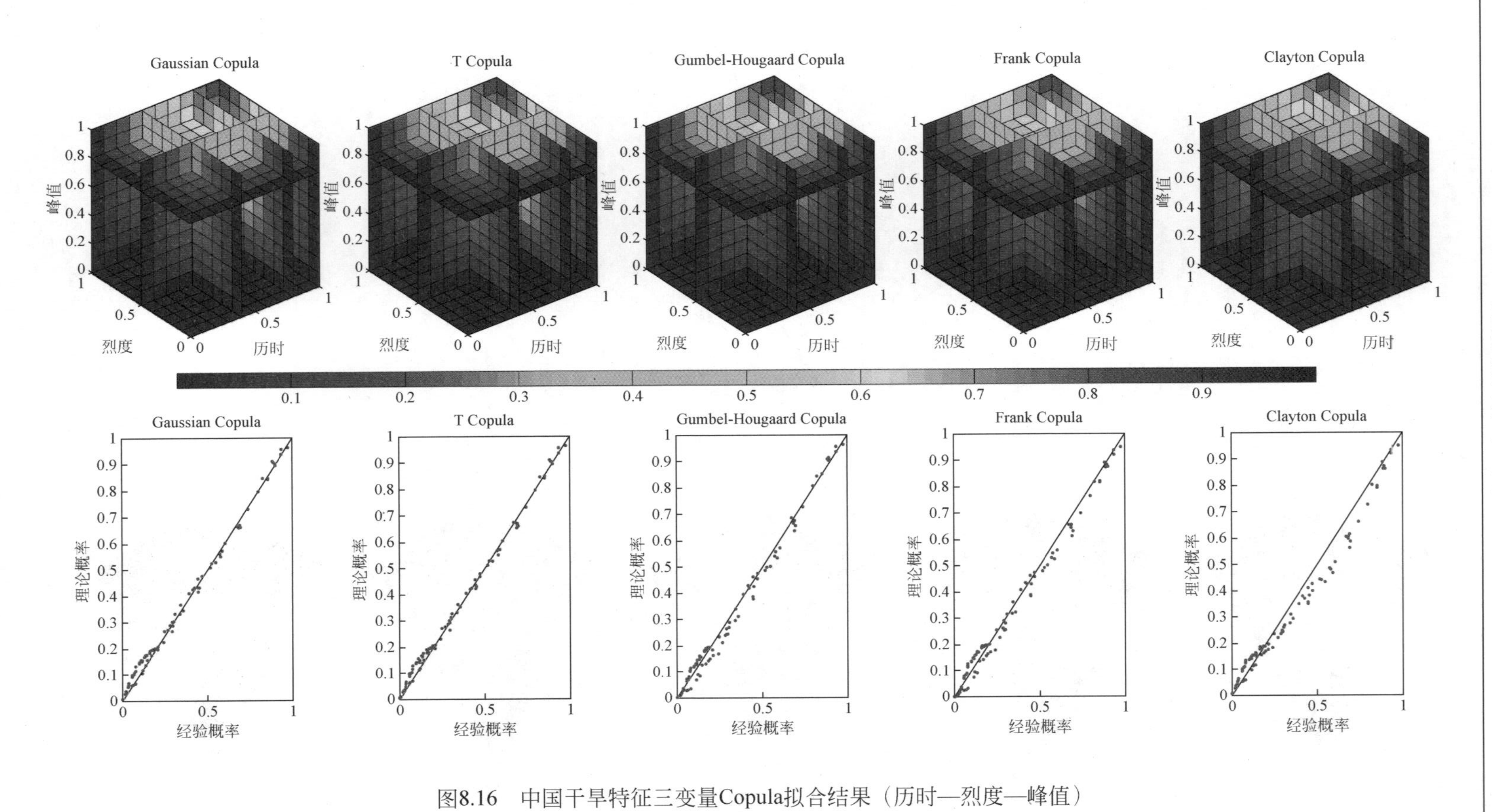

图8.16 中国干旱特征三变量Copula拟合结果（历时—烈度—峰值）

8.4.2　干旱事件多变量重现期特征

依据不同干旱特征变量的边缘分布函数和多变量间的联合概率分布，依据重现期计算公式，计算了两变量联合重现期分布情况（图 8.17）以及三变量联合重现期分布情况（图 8.18）。在图 8.17 中，X 轴和 Y 轴为需要进行联合分析的 3 个特征变量，曲面分别为 1a、2a、5a、10a、20a、50a 和 100a 的重现期等值面。对于同一个重现期，可以存在无数的特征变量对与之相对应。从图中等值线的分布可知，两个特征变量对于干旱重现期的影响并不是完全一致的。通过观察所有等值线的拐点可知对于本数据来说，历时较其他两个变量对于重现期的影响起到了主导的作用。同时烈度的影响大于峰值。

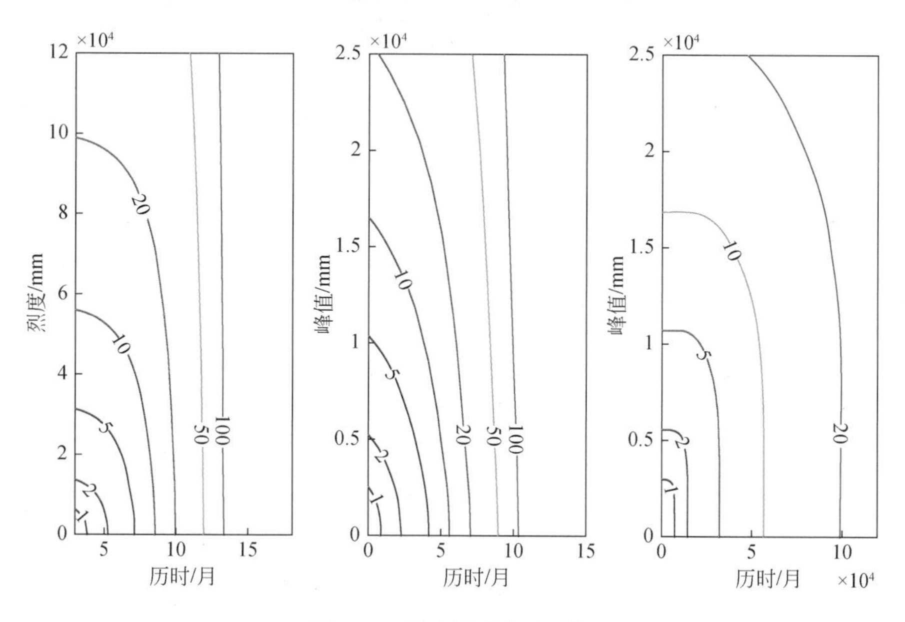

图 8.17　两变量联合重现期

图 8.18 为干旱三变量的重现期分布情况。图中 X 轴、Y 轴和 Z 轴为需要进行联合分析的三个特征变量。图中的曲面分别为 1a、2a、5a、10a 和 20a 的重现期等值面。在理想状态下的情况下，等值面应该是平滑的。在计算三变量重现期时，使用到了单变量边缘分布结果、两变量联合概率分布和三变量联合概率分布等多个分布拟合结果。这些拟合函数对于真实数据的模拟并不能够达到 100% 的精度。对于特征变量高值区域，可供拟合的数据数量少，拟合效果更差，精度更低。而这些失真都会在三变量重现期

计算中，对最终的结果产生不良的影响，最终导致高重现期等值面在部分区域存在着一定的凹凸。

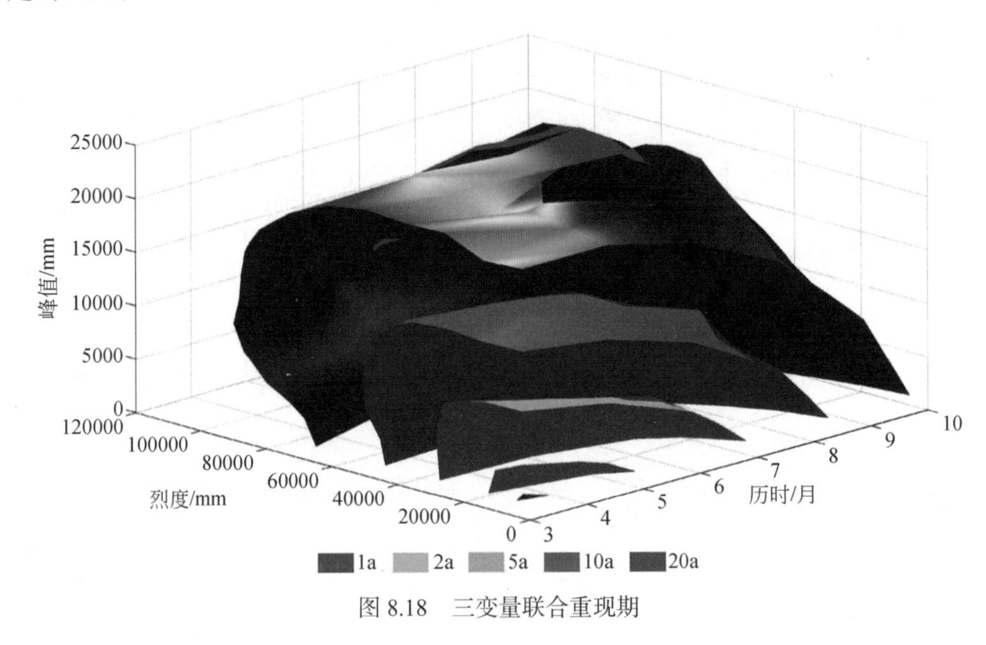

图 8.18　三变量联合重现期

第 9 章　干旱灾害风险评估

干旱灾害影响着人民正常生产生活与国家经济可持续发展。对干旱灾害风险进行综合评估，实现干旱灾害风险的定量化分析和评估，编制相应的干旱灾害风险分布图，对做好防灾减灾工作有着重要的意义，同时也可以为保险等灾害风险转移方法提供科学依据。

9.1　干旱灾害风险评估理论

干旱灾害风险并不是干旱灾害自身，而是指干旱灾害活动对人类的经济、社会以及所依赖的自然生态环境所造成的影响和危害的可能性。干旱自身时空规律的研究并不能直接应用于干旱灾害的防治，而是需要与人类活动相结合，开展干旱灾害风险综合评估，然后对相应的灾情编预案，在增强防灾抗灾能力的同时，避免出现资源的浪费。干旱灾害风险评估可以从评价指标和评价方法两个方面进行描述。

9.1.1　评 估 指 标

从自然灾害的形成机制角度出发，前人将干旱灾害风险概括为一个受到多种因素控制的综合性指标。从大的方面来说主要包含了干旱致灾因子、干旱承灾体、干旱孕灾环境以及防旱抗旱能力等主要因素。

1. 干旱致灾因子

干旱致灾因子是干旱灾害风险的决定因素，直接控制了干旱灾害风险的空间分布与发展趋势。致灾因子受到自然因素的控制，展现出变化迅速、波动性强的特征。通常从干旱的规模、强度、频率、历时和面积等方面来描述致灾因子。这些因素越大，对人类活动的影响也就越大，相应的干旱灾害风险就越高。目前研究中多是利用干旱的频率与干旱强度两个角度对致灾因子的危险性进行衡量。这些参数仅仅能够反映干旱某一方面的特性，而无法表达在多个特定条件下，干旱事件的影响程度。本书利用 Copula 函数构建了多变量联合概率分布，很好的对干旱多变量特征进行刻画，反映出在不同干旱参数强度下，干旱事件的影响能力。

2. 干旱承灾体

干旱承灾体是干旱灾害风险的主要作用对象。通常是指暴露在干旱环境下的经济、社会以及人类必需的生存环境。即只有干旱作用于承灾体时，才能够形成干旱灾害。在没有人类活动的地区，干旱即使再严重，也不能称为灾害。

不同学者对承灾体的认知各有不同。但是均认为承灾体的主要对象是人类以及人类活动所依赖的经济社会因素。现实中，经济社会因素丰富多样，可以从多个角度进行描述，如农业、牧业、林业、生态系统、经济发展、人口数目等。常用的参数有人口密度、耕地面积、经济密度等参数。目前对于选取何种参数能够更好地对承灾体进行刻画还没有统一的标准。通常来说，指标参数的选取应该能够全面具体的反映出干旱承灾体易损性的特点。

3. 孕灾环境

干旱孕灾环境是指干旱灾害形成的环境条件。它能够对干旱灾害风险起到放大或者缩小的作用。通常认为，孕灾环境包含当地的植被状态、地形条件、水文条件以及土壤条件等。一般来说，环境条件差、不稳定，并且易于受到影响并进行发展传递的区域的干旱灾害风险性将会放大。所以自然条件恶劣，生态环境脆弱的区域的孕灾环境更好。一般来说，干旱承灾体和运载环境是较为固定的因素。

4. 防旱抗旱能力

防旱抗旱能力是人类主动对干旱进行应对的能力。它与地区对于抗旱防旱的资金投入、防旱抗旱水平、受教育程度以及物资预备能力有关。防旱抗旱能力越高，在受到相同干旱灾害影响下，经济社会所受到的损失就越小，干旱灾害风险也就越小。

这些因素都会对干旱灾害风险造成影响，同时它们彼此之间也存在一定的相互作用。

9.1.2 评估方法

通过定量化地对干旱灾害风险进行评估，可以使结果更加直观和准确。目前最常用的数学方法有叠加分析法、层次分析法、模糊数学以及主成分分析等方法。本书将使用叠加分析法对干旱灾害风险评估指标进行叠加分析。

叠加分析法是 GIS 空间分析中运用广泛的分析方法，它通过对多个影响指标进行叠加，来获取最终的评估结果。如果在分析中各个指标的重要程度各不相同，可以通过加入权重的方式来进行区分。具体的计算公式如下：

$$S=\sum_{i=1}^{n} P_i W_i$$

式中，S 为评价结果，i 为第 i 种影响指标，n 为指标总数，P 为影响指标，W 为相应影响指标的权重。需要注意的是，W 的总和为 1。

9.1.3　指标归一化

干旱灾害风险评估的各个因素包含多个不同的指标。这些指标间的单位、数量级等方面差别很大。为了消除这些差别，更好的实现指标间的可比性，需要对所有的指标进行归一化处理。具体的计算公式如下：

$$P=(\max-D)/(\max-\min)$$

式中，D 为归一化前的原始数值，max 为 D 的所有数值的最大值，min 为 D 中所有数值的最小值。P 为 D 数据归一化后的数据，其数值分布为 0 ～ 1 之间。对有助于增加干旱灾害风险的指标直接采用了 P 作为使用数据，对有助于减少干旱灾害风险的指标采用了 $1-P$ 作为使用数据。

9.2　干旱灾害风险评估指标体系

9.2.1　干旱灾害风险评估指标选择与量化

在参考了前人研究的基础上，同时考虑了数据的可用性、可获取性，以及数据是否易于表达和处理，对干旱灾害风险评估指标中的 4 个因子中的子指标进行了挑选，如表 9.1 所示，其中，选取中等干旱条件以及极端干旱条件下的重现期作为致灾因子，以反映出各地区在中等干旱条件以及极端干旱条件下的干旱特征。承灾体具体包括人口密度、经济密度、农林牧渔总产值 3 个参数。人口密度和经济密度分别代表干旱对人以及人活动所依赖的经济的影响能力。同时由于农林牧渔等第一产业在经济中对干旱事件的影响最敏感，所以将其单独列出。孕灾环境包括降水量、水域密度以及植被指数 3 个参数。其中，降水量和河网密度分别代表地区本身汇水以及其他地区来水两个方面的能力。植被指数代表地区的植被生长状况，能够很好地表示该地区土壤等环境因素。防旱抗旱能力包括农民纯收入以及财政支出两个方面。农民纯收入代表受干旱最严重的农民群体自身对干旱的抵抗能力。财政指出代表地区政府能够对干旱受灾群体的支持力度。

表 9.1　干旱灾害风险评估指标参数

评价因子	因子权重	具体指标	权重	数据来源	数据类型
致灾因子	0.35	中等干旱重现期	0.5	本书计算得出	10km 栅格
		极端干旱重现期	0.5	本书计算得出	10km 栅格
承灾体	0.3	人口密度	0.4	人口千米格网数据，曾垂卿	1km 栅格
		经济密度	0.3	GDP 千米格网数据，韩向娣	1km 栅格
		农林牧渔	0.3	2014 年各省统计年鉴	分市统计
孕灾环境	0.25	降水量	0.4	气象站点数据	10km 栅格
		水域密度	0.3	土地利用数据，张增祥	1km 栅格
		植被指数	0.3	MODIS MOD13A3	1km 栅格
防旱抗旱	0.1	农民纯收入	0.5	2014 年各省统计年鉴	分市统计
		财政支出	0.5	2014 年各省统计年鉴	分市统计

对选择出的干旱灾害风险评估指标间的一致性进行分析，得到指标间的相关矩阵，如表 9.2 所示。表 9.2 中的参数名称为各参数在表 9.1 中的序列号。从表中可见，大部分参数间的相关性较差，低于 0.3。仅人口密度与经济密度，降水量与植被指数之间的相关性较强。这说明选取出的参数之间整体上的相关性较弱，能够较为全面地反映需要表达的指标。

表 9.2　干旱灾害风险评估参数间相关性

相关性	P1	P2	P3	P4	P5	P6	P7	P8	P9	P10
P1	1	0.28	0.11	0.06	0.20	0.36	−0.00	0.32	0.08	0.09
P2	—	1	0.09	0.06	0.13	−0.32	−0.06	−0.25	0.08	0.09
P3	—	—	1	0.68	0.45	−0.28	0.06	−0.22	0.18	0.35
P4	—	—	—	1	0.40	−0.21	0.09	−0.14	0.32	0.47
P5	—	—	—	—	1	−0.46	0.12	−0.46	0.35	0.47
P6	—	—	—	—	—	1	−0.08	0.72	−0.03	−0.27
P7	—	—	—	—	—	—	1	0.01	0.05	0.10
P8	—	—	—	—	—	—	—	1	−0.02	−0.22
P9	—	—	—	—	—	—	—	—	1	0.41
P10	—	—	—	—	—	—	—	—	—	1

目前在干旱灾害风险评估中用来对指标确定权重的方法多样，主要有专家打分法、

层次分析法、统计分析法、因子分析法等。其中专家打分法以及层次分析法是目前最为常用的权重确定方法。本书在参照前人研究成果的基础上，选取了专家打分法，确定各个评价因子及指标的权重系数。具体指标与权重分布如表 9.1 所示。

9.2.2　干旱灾害风险评估指标处理

在进行干旱灾害风险评估计算前，需要对所有的数据进行预处理。下面对所有数据的详细预处理流程进行介绍。

（1）中等干旱重现期与极端干旱重现期。对中等条件下和极端条件下的干旱三变量重现期结果分别进行归一化。

（2）人口密度数据、经济密度数据。对人口千米格网数据、GDP 千米格网数据的坐标系转换为 Albers Area Conic。然后将数据重采样为 10 km 栅格大小。采样方式为取 10 km 内所有栅格的平均值。最后对结果进行归一化处理，作为人口密度数据。

（3）农林牧渔总产值、农民纯收入、财政支出。将分市的统计数据做为矢量化的分市的属性数据。为使各市的统计数据具有可比性，将农林牧渔总产值和财政收入除以各市的土地面积，得到各市每平方千米上的农林牧渔总产值和财政收入。然后将矢量数据转换为 10 km 的栅格。采样方式同上。最后对结果进行归一化，作为农林牧渔总产值数据、农民纯收入数据和财政支出数据。

（4）降水量。采用 1961 ～ 2013 年中国 810 个站点的月降水量计算年降水量，然后计算了所有站点的平均年降水量。最后对数据利用克里格插值方法插值为 Albers Area Conic 坐标系下，栅格大小为 10 km 的栅格数据。

（5）水域密度。采用了中国土地利用分类体系中水域一级类型下对农业生产有益的水体，具体包含河渠、湖泊以及水库坑塘，其代码分别为 41、42 和 43。首先对 3 个数据进行了加和处理，然后重采样为 10 km 栅格大小。采样方式同人口密度。最后对结果进行了归一化，作为水域密度。

（6）植被指数。对收集的 2013 年 5 ～ 11 月的 MODIS MDO13A3 数据进行拼接。然后将 SIN 坐标系统转换为 Albers Area Conic 坐标系。最后对结果进行了拼接和裁剪。将结果重采样为 10 km 栅格大小，采样方式同上。

9.3　干旱灾害风险评估

依据干旱灾害风险评估子指标以及权重分别计算干旱致灾因子危险性、承灾体暴露性、孕灾环境敏感性以及防旱抗旱能力 4 个子指标。其计算结果的空间分布图如图 9.1 所示。

从图 9.1 中可以看出，干旱致灾因子的高危险区域主要位于中国的南方地区。本书研究的干旱致灾因子与部分前人的研究结果存在一定差异。这主要是以下几点原因：①本书得到的致灾因子危险性主要是基于气象数据的，且主要反映了严重干旱的分布情况。而前人的部分研究主要是基于气象灾害统计数据。数据源和数据源反映的本质存在一定的差异性。②本书主要考虑了较为严重的气象干旱分布情况，未能够对轻微的干旱分布纳入考虑。③承灾体暴露性较高的地区主要集中在经济发达的东部地区，尤其是各项指标均较高的黄淮海地区。此外，长三角和珠三角地区经济发达程度高，承灾体暴露性也较高。而其他地区暴露于干旱灾害危险因素中的社会经济的价值密度均较低，所以承灾体暴露性也较低。④孕灾环境脆弱性与我国自然环境的分布特征较为类似。呈现出由东南向西北逐渐增强的趋势。⑤防旱抗旱能力较高的区域主要集中在经济发达的地区，以京津地区、珠三角以及苏南浙北地区最佳。

依照干旱灾害风险评估计算权重，对干旱灾害风险子指标进行处理，图 9.2 为干旱灾害风险评估结果。从图 9.2 中可以看出，我国黄淮海地区是干旱灾害风险最高的地区。

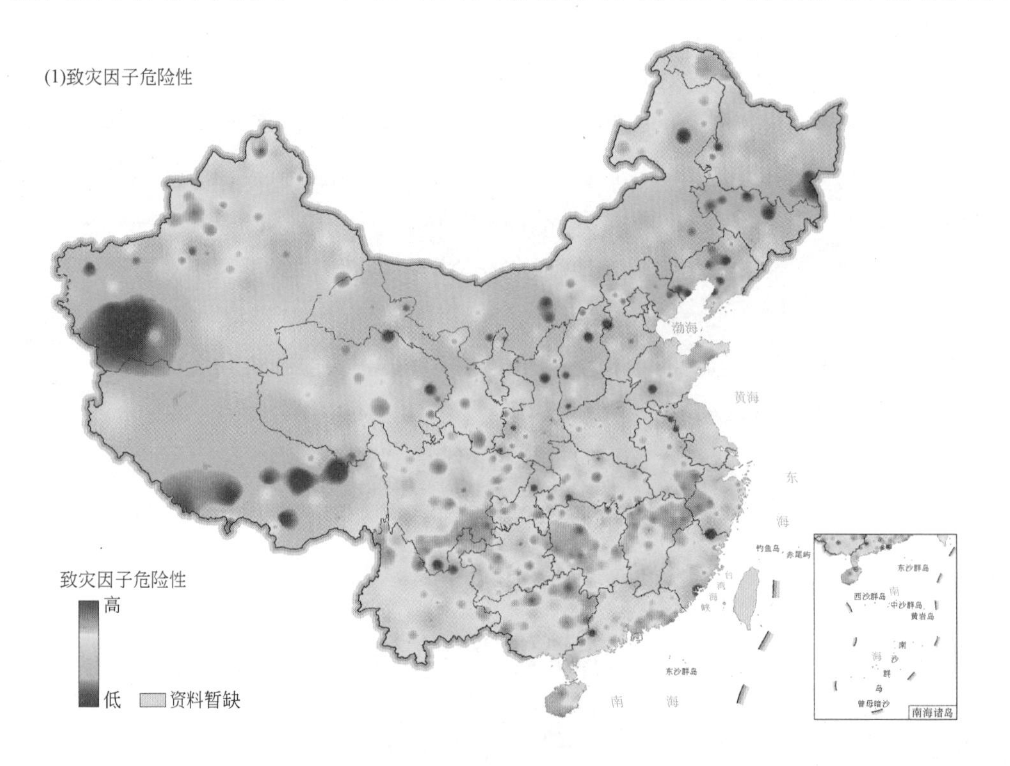

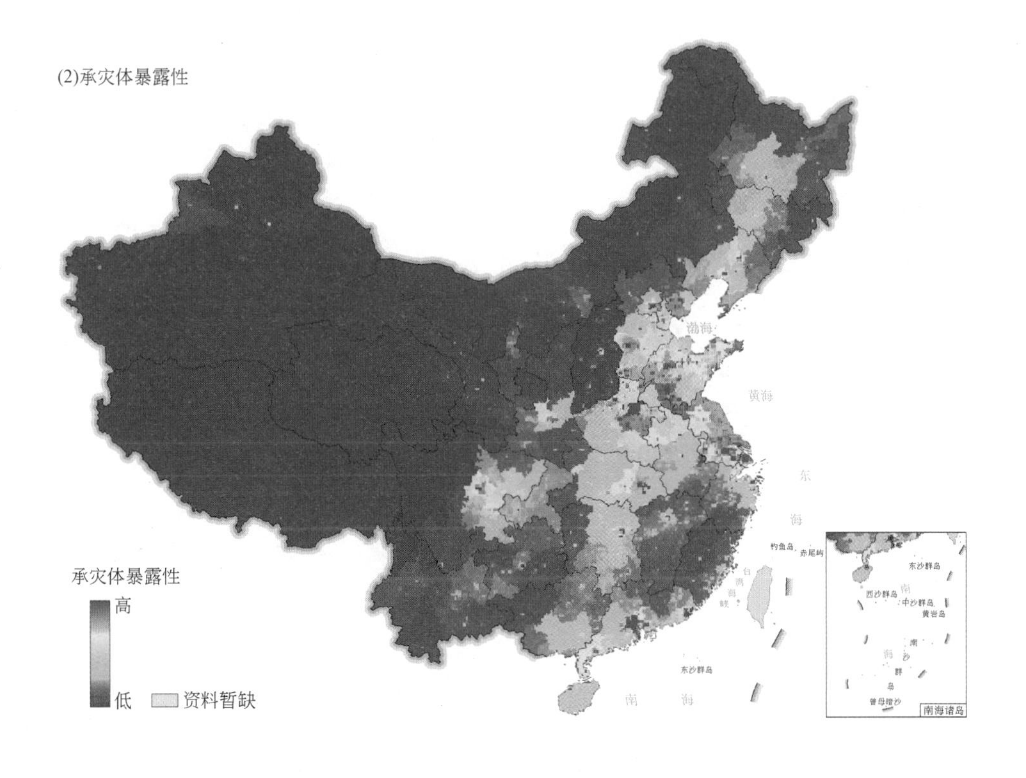
(2)承灾体暴露性
渤海
黄海
东
海
钓鱼岛
赤尾屿
承灾体暴露性
高
低
资料暂缺
东沙群岛
南
海
南海诸岛

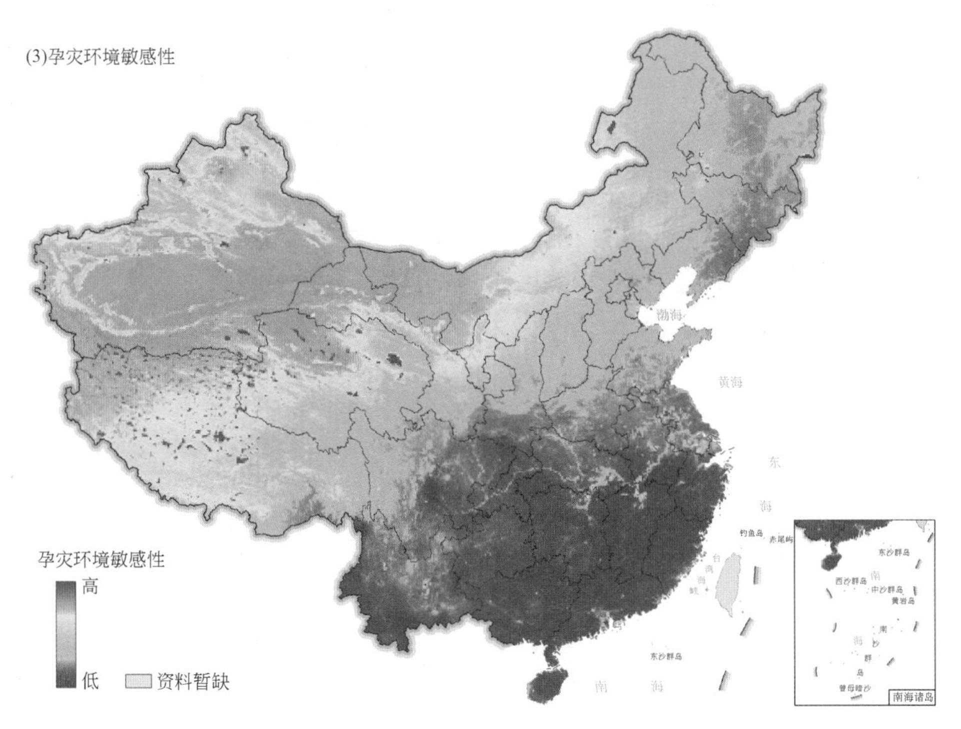
(3)孕灾环境敏感性
渤海
黄海
东
海
钓鱼岛
赤尾屿
孕灾环境敏感性
高
低
资料暂缺
东沙群岛
南
海
南海诸岛

(4)防旱抗旱能力

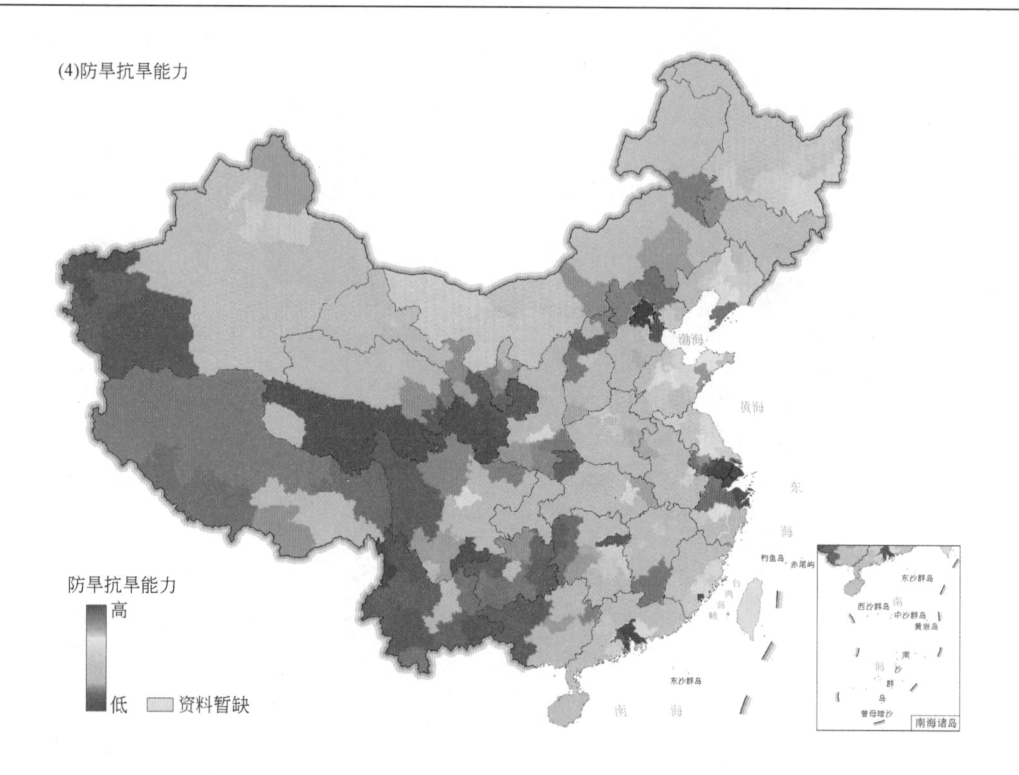

图 9.1　干旱风险评估子指标

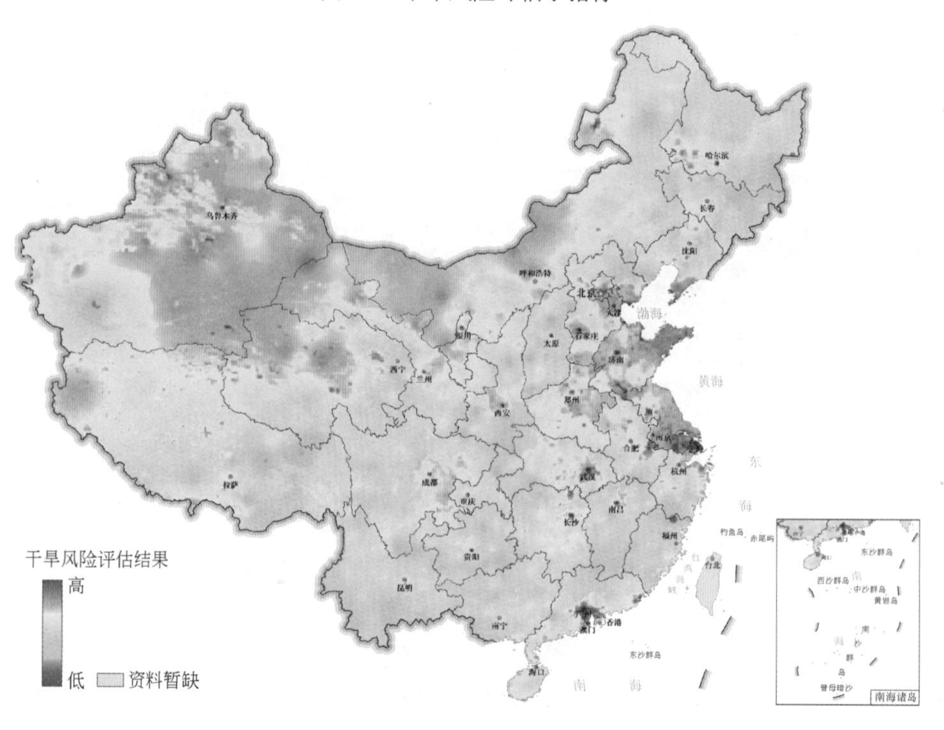

图 9.2　干旱灾害风险评估结果

此外在珠三角、湖北湖南中部等地区干旱灾害风险亦较高，不同地区干旱灾害风险评估结果的主导因素有着显著的差别。湖南地区的干旱灾害风险较高是由于致灾因子危险性较高。黄淮海地区东北地区、长三角以及珠三角等地区的干旱灾害风险较高是由于这些地区的承灾体暴露度较高。西北地区的干旱灾害风险较高是由于自身孕灾环境脆弱性差，防旱抗旱能力差。各地区需要根据自身条件，因地制宜地制定相应的措施，以期望最大限度地减少干旱灾害所带来的风险。

参考文献

Burroughs W J. 2010. 气候变化—多学科方法 . 李宁译 . 北京 : 高等教育出版社 .

白虎志, 董安祥, 郑广芬 . 2010. 中国西北地区近500年旱涝分布图集(1470 ~ 2008) . 北京: 气象出版社 .

曹永强 , 张兰霞 , 张岳军 , 等 . 2012. 基于 CI 指数的辽宁省气象干旱特征分析 . 资源科学 , 34(2): 265 ~ 272.

柴彦威 , 赵莹 . 2009. 时间地理学研究最新进展 . 地理科学 , 29 (4): 593 ~ 600.

陈素华 , 闫伟兄 , 乌兰巴特尔 . 2009. 干旱对内蒙古草原牧草生物量损失的评估方法研究 . 草业科学 , 26(5): 32 ~ 37.

邓北胜 . 2010. 极端气候事件研究规律 . 兰州 : 兰州大学博士学位论文 .

方伟华 , 史培军 , 王静爱 . 2000. 洪涝灾害灾情时间变化特性分析—以中国 1736 ~ 1911 年主要大江大河流域变化序列分析为例 . 自然灾害学报 , 9(2): 39 ~ 44.

冯新灵 , 冯自立 , 罗隆诚 , 等 . 2008. 青藏高原冷暖气候变化趋势的 R/S 分析及 Hurst 指数试验研究 . 干旱区地理 , 31(2): 175 ~ 181.

冯宗宪 , 黄建山 . 2006. 1978—2003 年中国经济重心与产业重心的动态轨迹及其对比研究 . 经济地理 , 26(2): 249 ~ 269.

葛全胜 , 郑景云 , 郝志新 , 等 . 2012. 过去 2000 年中国气候变化的若干重要特征 . 中国科学 : 地球科学 , 42(6): 934 ~ 942.

韩向娣 . 2012. 中国 GDP 空间化遥感模型研究 . 北京 : 中国科学院遥感应用研究所硕士学位论文 .

胡焕庸 . 1935. 中国人口之分布 . 地理学报 , 2(2): 33 ~ 74.

黄嘉佑 . 1995. 气候状态变化趋势与突变分析 . 气象 , 21(7):54 ~ 57.

黄勇 , 周志芳 , 王锦国 , 等 . 2002. R/S 分析法在地下水动态分析中的应用 . 河海大学学报 (自然科学版), 30(1): 83 ~ 87.

贾慧聪 , 王静爱 , 潘东华 , 等 . 2011. 基于 EPIC 模型的黄淮海夏玉米旱灾风险评价 . 地理学报 , 66(5): 643 ~ 652.

李斌 , 李丽娟 , 李海滨 , 等 . 2011. 1960—2005 年澜沧江流域极端降水变化特征 . 地理科学进展 , 30(3):290 ~ 298.

李秀彬 . 1999. 地区发展均衡性的可视化测度 . 地理科学 , 19(3): 63 ~ 66.

林祥 . 2007. 近 500 年中国气候多代用序列整合与干湿变化研究 . 北京 : 北京大学博士学位论文 .

刘冰, 薛澜 . 2012. "管理极端气候事件和灾害风险特别报告" 对我国的启示 . 中国行政管理, (3):92 ~ 95.

刘向文 , 孙照渤 , 倪东鸿 . 2008. 中国东部 531a 夏季旱涝型的划分 . 南京气象学院学报 , 31(5): 679 ~ 687.

刘义花 , 李林 , 颜亮东 , 等 . 2013. 基于灾损评估的青海省牧草干旱风险区划研究 . 冰川冻土 , 35(3): 681 ~ 686.

罗珍胄 . 2010. 空间统计学方法在某市淋病疫情时空聚集性特征研究中的应用 . 湖南 : 中南大学硕士学位论文 .

钱维宏 , 朱亚芬 , 汤帅奇 . 2011. 重建千年东亚夏季风干湿分布型指数 . 科学通报 , 56(25): 2075 ~ 2082.

秦大河 . 2002. 中国西部环境演变评估 : 中国西部环境演变评估综合报告 . 北京 : 科学出版社 .

石界 , 姚玉璧 , 雷俊 . 2014. 基于 GIS 的定西市干旱灾害风险评估及区划 . 干旱气象 , 32(2): 305 ~ 309.

史培军 . 2003. 中国自然灾害系统地图集 . 北京 : 科学出版社 .
宋松柏 , 蔡焕杰 , 金菊良 , 等 . 2012. Copulas 函数及其在水文中的应用 . 北京 : 科学出版社 .
孙卫国 , 程炳岩 . 2008. 交叉小波变换在区域气候分析中的应用 . 应用气象学报 , 19(4): 479 ～ 488.
唐建波 , 邓敏 , 刘启亮 . 2013. 时空事件聚类分析方法研究 . 地理信息世界 ,(01): 38 ～ 45.
王海起 , 王劲峰 . 2005. 空间数据挖掘技术研究进展 . 地理与地理信息科学 , 21(4): 6 ～ 10.
王静爱 , 毛佳 , 贾慧聪 . 2008. 中国水旱灾害危险性的时空格局研究 . 自然灾害学报 , 17(1): 115 ～ 122.
王静爱 , 史培军 , 王平 . 2006. 中国自然灾害时空格局 . 北京 : 科学出版社 .
王静爱 , 孙恒 , 徐伟 . 2002. 近 50 年中国旱灾的时空变化 . 自然灾害学报 , 11(2): 1 ～ 8.
王绍武 , 蔡静宁 , 朱锦红 , 等 . 2002. 中国气候变化的研究 . 气候与环境研究 , 7(2): 137 ～ 145.
王绍武 , 黄朝迎 . 1993. 长江黄河旱涝灾害发生规律及其经济影响的诊断研究 . 北京 : 气象出版社 .
王绍武 , 王日昇 . 1990. 中国的小冰河期 . 科学通报 , (10): 769 ～ 772.
王绍武 , 闻新宇 , 罗勇 , 等 . 2007. 近千年中国温度序列的建立 . 科学通报 , 52(8): 958 ～ 964.
王思远 , 刘纪远 , 张增祥 , 等 . 2001. 中国土地利用时空特征分析 . 地理学报 , 56 (6): 631 ～ 639.
王伟 . 2009. 中国三大城市群经济空间重心轨迹特征比较 . 城市规划学刊 , (3): 20 ～ 28.
王文圣 , 丁晶 , 李跃清 . 2005. 水文小波分析 . 北京 : 化学工业出版社 .
尉英华 , 郭品文 , 刘洪滨 . 2007. 利用插值法建立历史旱涝格点资料的可行性 . 气象与减灾研究 , 30(3): 1 ～ 6.
徐建华 , 岳文泽 . 2001. 近 20 年来中国人口重心与经济重心的演变及其对比分析 . 地理科学 , 21(5): 385 ～ 389.
晏红明 , 肖子牛 . 2000. 印度洋海温异常对亚洲季风区天气气候影响的数值模拟研究 . 热带气象学报 , 16(1): 18 ～ 27.
杨煜达 , 王美苏 , 满志敏 . 2009. 近三十年来中国历史气候研究方法的进展——以文献资料为中心 . 中国历史地理论丛 , 24(2): 5 ～ 13.
姚玉璧 , 张强 , 李耀辉 , 等 . 2013. 干旱灾害风险评估技术及其科学问题与展望 . 资源科学 , 35(9): 1884 ～ 1897.
叶笃正 , 陈泮勤 . 1992. 中国的全球变化预研究 . 北京 : 地震出版社 .
尹姗 , 孙诚 , 李建平 . 2012. 灾害风险的决定因素及其管理 . 气候变化研究进展 , 8(2):84 ～ 89
郁科科 , 赵景波 , 罗大成 . 2011. 河西走廊明清时期旱灾与干旱气候事件初步研究 . 干旱区研究 , 28(2): 288 ～ 293.
曾垂卿 . 2010. 中国人口密度时空分布遥感研究 . 北京 : 中国科学院遥感应用研究所硕士学位论文 .
翟家齐 , 蒋桂芹 , 裴源生 , 等 . 2015. 基于标准水资源指数 (SWRI) 的流域水文干旱评估——以海河北系为例 . 水利学报， 46（6）：687 ~ 698.
张德二 . 2004. 中国三千年气象记录总集 . 南京 : 凤凰出版社 .
张德二 , 李小泉 , 梁有叶 . 2003.《中国近五百年旱涝分布图集》的再续补 (1993 ～ 2000 年). 应用气象学报 , 14(3): 379 ～ 388.
张德二 , 刘传志 . 1993.《中国近五百年旱涝分布图集》续补 (1980 ～ 1992 年). 气象 , 19(11): 41 ～ 45.
张文兴 . 2001. 沈阳地区近 500 年旱涝演变规律分析和气候预测 . 辽宁气象 , 2001 (4): 16 ～ 20.
张增祥 , 赵晓丽 , 汪潇 . 2012. 中国土地利用遥感监测图集 . 北京 : 星球地图出版社 .
章诞武 , 丛振涛 , 倪广恒 . 2013. 基于中国气象资料的趋势检验方法对比分析 . 水科学进展 , 24(4): 490 ～ 496.
章国材 . 2012. 气象灾害风险评估与区划方法 . 北京 : 气象出版社 .

赵志龙，张镱锂，刘峰贵，等. 2013. 青藏高原农牧区干旱灾害风险分析. 山地学报，31(6): 672 ～ 684.
郑景云，王绍武. 2005. 中国过去 2000 年气候变化的评估. 地理学报，60(1): 21 ～ 31.
郑艳. 2012. 将灾害风险管理和适应气候变化纳入可持续发展. 气候变化研究进展，8(2): 103 ～ 109.
中央气象局气象科学研究所，华北东北十省（市、区）气象局. 1975. 华北、东北近五百年旱涝史料（合订本）. 北京：北京大学地球物理系.
中央气象局气象科学研究院. 1981. 中国近五百年旱涝分布图集. 北京：地图出版社.
周成虎，裴韬等. 2011. 地理信息系统空间分析原理. 北京：科学出版社.
周书灿. 2007. 20 世纪中国历史气候研究述论. 史学理论研究，(4): 127 ～ 135.
朱良燕. 2010. 基于 M-K 法的安徽省气候变化趋势特征 R/S 分析及预测. 安徽：安徽大学硕士学位论文.
朱亚芬. 2003. 530 年来中国东部旱涝分区及北方旱涝演变. 地理学报，58(SI): 100 ～ 107.
朱益民，孙旭光，陈晓颖. 2003. 小波分析在长江中下游旱涝气候预测中的应用. 解放军理工大学学报（自然科学版），4(6): 90 ～ 93.
Akaike H. 1974. A new look at the statistical model identification. Automatic Control, 19(6): 716 ～ 723.
Andreadis K M, Clark E A, Wood A W, et al. 2005. Twentieth—century drought in the conterminous United States. Journal of Hydrometeorology, 6(6): 985 ～ 1001.
Beckers, J M, Rixen M. 2003. EOF calculations and data filling from incomplete oceanographic datasets. Journal of Atmospheric and oceanic technology, 20(12): 1839 ～ 1856.
Bender S. 2002. Development and use of natural hazard vulnerability assessment techniques in the Americas. Natural Hazards Review, 3(4):136 ～ 138.
Bradley R S. 1991. Pre-Instrumental Climate: How Has Climate Varied During the Past 500 years?. Developments in Atmospheric Science, (19): 391 ～ 410.
Brázdil R P, Dobrovolný J, Luterbacher, et al. 2010. European climate of the past 500 years: new challenges for historical climatology. Climatic Change, 101(1-2): 7 ～ 40.
Braun H, Christl M. Rahmstorf S, et al. 2005. Possible solar origin of the 1470—year glacial climate cycle demonstrated in a coupled model. Nature, 438(7065): 208 ～ 211.
Carrera-Hernández J J, Gaskin S J. 2007. Spatio temporal analysis of daily precipitation and temperature in the Basin of Mexico. Journal of Hydrology, 336(3-4): 231 ～ 249.
Changon S A, Pielke R A, Changnon D, et al. 2000. Human factors explain the increased losses from weather and climate extremes. Bulletin of the American Meteorological Society, 81(30): 437 ～ 442.
Chen Z, Yang G. 2013. Analysis of drought hazards in North China: distribution and interpretation. Natural hazards, 65(1): 279 ～ 294.
Cheng X H, Nitsche G, Wallace J M. 1995. Robustness of low-frequency circulation patterns derived from EOF and rotated EOF analyses. Journal of Climate, 8(6): 1709 ～ 1713.
Clegg S L, Wigley T M L. 1984. Periodicities in precipitation in north–east China, 1470–1979. Geophysical Research Letters, 11(12): 1219 ～ 1222.
Coulston J W, Riitters K H. 2003. Geographic analysis of forest health indicators using spatial scan statistics. Environmental Management, 31(6): 764 ～ 773.
Currie R G. 1984. Periodic (18.6) and cyclic (11-year) induced drought and flood in western North America. Journal Geophysical Research, 86: 7215 ～ 7230.
Didan K, Huete A. 2006. MODIS vegetation index product series collection 5 change summary. MODIS VI C5 Changes, (6):1 ～ 17.

Duffy K J. 2011. Identifying sighting clusters of endangered taxa with historical records. Conservation Biology, 25(2): 392 ～ 399.

Ebbesmeyer C C. 1991. 1976 step in the Pacific climate: forty environmental changes between 1968—1975 and 1977—1984. Proceedings of the 7th annual pacific climate workshop, (26): 115 ～ 126.

Endt P M, Patter D M, Buechner W W, et al. 1951. An objective approach to definitions and investigations of continental hydrologic droughts. Journal of Hydrology, 7(3):491 ～ 494.

Graham N E. 1994. Decadal-scale climate variability in the tropical and North Pacific during the 1970s and 1980s: Observations and model results. Climate Dynamics, 10(3): 135 ～ 162.

Gräler B, van den Berg M J, Vandenberghe S, et al. 2013. Multivariate return periods in hydrology: a critical and practical review focusing on synthetic design hydrograph estimation. Hydrology and Earth System Sciences, 17(4): 1281 ～ 1296.

Grimaldi S, Serinaldi F. 2006.Asymmetric copula in multivariate flood frequency analysis. Advances in Water Resources, 29(8): 1155 ～ 1167.

Grinsted A, Moore J C, Jevrejeva S. 2004. Application of the cross wavelet transform and wavelet coherence to geophysical time series. Nonlinear Processes in Geophysics, 11(5-6): 561 ～ 566.

Habiba U, Shaw R, Takeuchi Y. 2011. Drought risk reduction through a Socio—economic, Institutional and Physical approach in the northwestern region of Bangladesh. Environmental Hazards, 10(2): 121 ～ 138.

Hägerstrand T. 2010. What about people in regional science?. Papers of the regional science association, 24(1): 143 ～ 158.

Hameed S, Yeh W M, Li M T, et al. 1983. An analysis of periodicities in the 1470 to 1974 Beijing precipitation record. Geophysical Research Letters, 10(6): 436 ～ 439.

He Y, Chen Y, Tang H, et al. 2011. Exploring spatial change and gravity center movement for ecosystem services value using a spatially explicit ecosystem services value index and gravity model. Environmental monitoring & Assessment, 175(1-4): 563 ～ 571.

Hewitt K. 1995. Excluded perspectives in the social construction of disaster. International Journal of Mass Emergencies and Disasters， 13(3): 317 ～ 339.

Hsu, K C, Li, S T. 2010. Clustering spatial–temporal precipitation data using wavelet transform and self-organizing map neural network. Advances in Water Resources, 33(2): 190 ～ 200.

Hu Q, Feng S. 2000. A southward migration of centennial-scale variations of drought/flood in eastern China and the western United States. Journal of Climate, 14(6): 1323 ～ 1328.

IPCC. 2007. Climate change 2007: synthesis report. Contribution of Working Groups I, II and III to the Fourth Assessment Report of the Intergovernmental Panel on Climate Change. Cambridge: Cambridge University Press.

IPCC. 2013. Working Group I Contribution to the IPCC Fifth Assessment Report, Climate Change 2013: The Physical Science Basis: Summary for Policymakers. Cambridge: Cambridge University Press.

Jarvis C H, Stuart N. 2001. A comparison among strategies for interpolating maximum and minimum daily air temperatures. Part II: The interaction between number of guiding variables and the type of interpolation method. Journal of Applied Meteorology, 40(6): 1075 ～ 1084.

Joe H. 1997. Multivariate models and multivariate dependence concepts. London: Chapman & Hall.

Kang S J, Lin H. 2007. Wavelet analysis of hydrological and water quality signals in an agricultural watershed. Journal of Hydrology, 338(1-2): 1 ~ 14.

Kawamura, R. 1994. A Rotated EOF Analysis of Global Sea Surface Temperature Variability with Interannual and Interdecadal Scales. Journal of Climate, 24(3): 707 ～ 715.

Kessler, W S. 2001. EOF Representations of the Madden–Julian Oscillation and Its Connection. Journal of Climate, 14(13): 3055 ～ 3061.

Kraak M-J. 2003. The space-time cube revisited from a geovisualization perspective: Proceedings of the 21st International Cartographic Conference (ICC) "Cartographic Renaissance", Durban: South Africa, 10 ～ 16.

Kulldorff M. 1997. A spatial scan statistic. Communications in statistics –Theory and Methods, 26(6): 1481 ～ 1496.

Kulldorff M. 2001. Prospective time periodic geographical disease surveillance using a scan statistic. Journal of the royal statistical society: Series A(Statisties in Society), 164(1): 61 ～ 72.

Kulldorff M. 2014. SaTScanTM: Software for the Spatial and Space-time Scan Statistics. www.satscan.org. [2018-10-12].

Kulldorff M, Athas W, Feurer E, et al. 1988. Evaluating cluster alarms: a space-time scan statistic and brain cancer in Los Alamos, New Mexico. American Journal of Public Health, 88(9): 1377 ～ 1380.

Kulldorff M, Heffernan R, Hartman J, et al. 2005. A space-time permutation scan statistic for disease outbreak detection. PLoS Medicine, 2(3): 216 ～ 224.

Kulldorff M, Nagarwalla N. 1995. Spatial disease clusters: detection and inference. Statistics in Medicine, 14(8): 799 ～ 810.

Kunkel K E, Andsager K, Easterling D R. 1999. Long-term trends in extreme precipitation events over the conterminous United States and Canada. Journal of Climate, 12 (8):2515 ～ 2527.

Labat D. 2005. Recent advances in wavelet analyses: Part 1. A review of concepts. Journal of Hydrology, 314(1-4): 275 ～ 288.

Latif M, Grotzner A. 2000. The equatorial Atlantic oscillation and its response to ENSO. Climate Dynamics, 16(2-3): 213 ～ 218.

Lehmann A, Getzlaff K, Harlass J. 2011. Detailed assessment of climate variability in the Baltic Sea area for the period 1958 to 2009. Climate Research, 46(2): 185 ～ 196.

Lin X. 2007. Integration of climate proxy and study on the dry-wet variations in China for the last 500 years. Beijing: Beijing Peking University.

Lloyd-Hughes B. 2012. A spatio-temporal structure-based Approach to drought characterisation. International Journal of Climatology, 32(3): 406 ～ 418.

Logan K E, Brunsell N A, Jones A R, et al. 2010. Assessing spatiotemporal variability of drought in the U.S. central plains. Journal of Arid Environments, 2010, 74(2): 247 ~ 255.

Lu W F, Wang Q. 1986. Division and evolution of drought and flood phases during the latest 200 years in eastern China. Advances in Atmospheric Sciences, 3(4): 505 ~ 513.

Malizia N. 2013. Inaccuracy, uncertainty and the space-time permutation scan statistic. Plos One, 8(2)52034: 1 ～ 15.

Mckee T B, Doesken N J, Kleist J. 1993. The relationship of drought frequency and duration to time scales. Eighth Conference on Applied Climatology, 17(22): 179 ～ 183.

Mendoza B,Velasco V, Jauregui E. 2006. A Study of Historical Droughts in Southeastern Mexico. Journal of Climate, 19(12): 2916 ～ 2935.

Miller A J, Cayan D R, Barnett T P, et al. 1994. The 1976–1977 climate shift of the Pacific Ocean. Oceanography, 7(1): 21 ～ 26.

Mullon L, Chang N B, Weiss J. 2012. Cross wavelet analysis for retrieving climate teleconnection signals between sea surface temperature and forest greenness. In: Gao W, Jackson J, Chang N B. Remote sensing and modeling of ecosystems for sustainability IX. California USA: SPIE- International Society for Optical Engineering:8513OA.

Munoz-Diaz D, Rodrigo F S. 2004. Spatio-temporal patterns of seasonal rainfall in Spain (1912–2000) using cluster and principal component analysis: comparison. Annales Geophysicae, 22(5): 1435 ～ 1448.

Naus J. 1965. The distribution of the size of the maximum cluster of points on the line. Journal of the American Statistical Association, 60(310): 532 ～ 538.

Nelsen R B. 1999. An Introduction to Copulas. New York: Springer-Verlag.

Ogurtsov M G, Kocharov G E, Lindholm M, et al. 2002. Evidence of solar variation in tree-ring-based climate reconstructions. Solar Physics, 205(2): 403 ～ 417.

O' Loughlin J, Witmer F D W, Linke A M. 2010. The Afghanistan-Pakistan Wars, 2008-2009: Micro-geographies, Conflict diffusion, and clusters of violence. Eurasian Geography and Economics, 51(4): 437 ～ 471.

Pauling A, Luterbacher J, Casty C, et al. 2006. Five hundred years of gridded high—resolution precipitation reconstructions over Europe and the connection to large-scale circulation. Climate Dynamics, 26(4): 387 ～ 405.

Phillips D L, Dolph J, Marks D. 1992. A comparison of geostatistical procedures for spatial analysis of precipitations in mountainous terrain. Agricultural and Forest Meteorology, 58(1-2): 119 ～ 141.

Prabhakar S V R K, Shaw R. 2008. Climate change adaptation implications for drought risk mitigation: A perspective for India. Climate Change, 88(2):113 ～ 130.

Qian W, Hu Q, Zhu Y, et al. 2003. Centennial-scale dry-wet variations in East Asia. Climate Dynamics, 21(1): 77 ～ 89.

Ramos M C. 2001. Divisive and hierarchical clustering techniques to analyse variability of rainfall distribution patterns in a mediterranean region. Atmospheric Research, 57(2): 123 ～ 138.

Sahin S, Cigizoglu H K. 2012. The sub-climate regions and the sub-precipitation regime regions in Turkey. Journal of Hydrology, 450: 180 ～ 189.

Sang Y F. 2013. A review on the applications of wavelet transform in hydrology time series analysis. Atmospheric Research, 122: 8 ～ 15.

Shahid S, Behrawan H. 2008. Drought risk assessment in the western part of Bangladesh. Natural Hazards, 46(3): 391 ～ 413.

Sheffield J, Andreadis K, Wood E, et al. 2009. Global and continental drought in the second half of the twentieth century: Severity-area-duration analysis and temporal variability of large-scale events. Journal of Climate, 22(8): 1962 ～ 1981.

Sklar M. 1959. Fonctions de répartition à n dimensions et leurs marges. Paris: Université Paris.

Tabios G Q, Salas J D. 1985. A comparative analysis of techniques for spatial interpolation of precipitation. Water Resources Bulletin, 21(3): 365 ～ 380.

Tank A M G K, Können G P. 2003. Trends in indices of daily temperature and precipitation extremes in Europe, 1946—1999. Journal of Climate, 16(22):3665 ～ 3680.

Todisco F, Mannocchi F, Vergni L. 2013. Severity–duration–frequency curves in the mitigation of drought impact: an agricultural case study. Natural Hazards, 65(3): 1863 ～ 1881.

Torrence C, Compo G P. 1998. A Practical Guide to Wavelet Analysis. American Meteorological Society, 79(1): 61 ～ 78.

Touchan R, Xoplaki E, Funkhouser G, et al. 2005. Reconstructions of spring/summer precipitation for the Eastern Mediterranean from tree-ring widths and its connection to large-scale atmospheric circulation. Climate Dynamics, 25(1): 75 ～ 98.

Tuia D, Ratle F, Lasaponara R, et al. 2008. Scan statistics analysis of forest fire clusters. Communications in Nonlinear science and numerical simulation, 13(8): 1689 ～ 1694.

Vicente-Serrano S M. 2006. Spatial and temporal analysis of droughts in the Iberian Peninsula (1910–2000). Hydrological Sciences Journal, 51(1): 83 ～ 97.

Wang J. 2006. Spatial Analysis. Beijing: Science Press.

Wang S W, Zhao Z C. 1981. Droughts and floods in China, 1470—1979. Cambridge: Cambridge University Press.

Wang Y, Chen Y, Li Z. 2013. Evolvement characteristics of population and economic gravity centers in Tarim river basin, Uygur autonomous region of Xinjiang, China. Chinese Geographical Science, 23(6): 765 ～ 772.

Wang A, Lettenmaier D P, Sheffield J. 2011. Soil moisture drought in China, 1950—2006. Journal of climate, 24(13): 3257 ～ 3271.

Warren Liao T. 2005. Clustering of time series data-a survey. Pattern Recognition, 38(11): 1857 ～ 1874.

Xu K, Yang D, Yang H, et al. 2015. Spatio-temporal variation of drought in China during 1961—2012: A climatic perspective. Journal of Hydrology, 526:253 ～ 264.

Yang T, Shao Q X, Hao Z C, et al. 2010. Regional frequency analysis and spatio-temporal pattern characterization of rainfall extremes in the Pearl River Basin, China. Journal of Hydrology,380(3-4): 386 ～ 405.

Zelenhasić E, Salvai A. 1987. A method of streamflow drought analysis. Water Resources Research,23(1): 15 6 ～ 168.

Zhai P M, Zhang X, Wan H, Pan X. 2005. Trends in total precipitation and frequency of daily precipitation extremes over China. Journal of Climate, 18(7):1096 ～ 1108.

Zhang Q, Chen J Q, Becker S. 2007. Flood/drought change of last millennium in the Yangtze Delta and its possible connections with Tibetan climatic changes. Global and Planetary Change, 57(3-4): 213 ～ 221.

Zhong W, Xue J B, Peng X Y, et al. 2005. Dryness-wetness change and regional differentiation of flood-drought disasters in Guangdong during 1480-1940AD. Journal of Geographical Sciences, 15(3): 286 ～ 292.

Zscheischler J, Mahecha M D, Harmeling S, et al. 2013. Detection and attribution of large spatiotemporal extreme events in Earth observation data. Ecological Informatics, 15(2): 66 ～ 73.